Christoph Klose und Axenia Schäfer

Die Geheimnisse der professionellen Baumfällung

Das umfangreiche Werk
zur Arbeit mit der Motorsäge

Bildnachweis
Sämtliche Fotografien und Grafiken stammen von den Autoren.

Die in diesem Buch enthaltenen Empfehlungen und Angaben sind vom Autor mit größter Sorgfalt zusammengestellt und geprüft worden. Eine Garantie für die Richtigkeit der Angaben kann aber nicht gegeben werden. Autor und Verlag übernehmen keine Haftung für Schäden und Unfälle. Bitte setzen Sie bei der Anwendung der in diesem Buch enthaltenen Empfehlungen Ihr persönliches Urteilsvermögen ein.
Dies ist ein Lehrbuch.
Es soll Sie begleiten und bereichern.
Es soll Ihnen Freude machen.
Es soll Ihre Arbeit im Wald sicher machen.
Es ersetzt aber keine Schulungen (z.B. nach DGUV 214 059 oder AS Baum 1 der Berufsgenossenschaft SVLFG) und macht das Lesen von Betriebsanleitungen nicht überflüssig.
Waldarbeit ist und bleibt gefährlich. Sie erfolgt stets auf eigene Verantwortung.
Der Verlag Eugen Ulmer ist nicht verantwortlich für die Inhalte der im Buch genannten Websites.

Anmerkung des Verlags zur Schreibweise (Gendering): Gendergerechtigkeit und Inklusion sind bei uns gelebte Praxis – bei der Auswahl unserer Themen, bei der Recherchearbeit, in der Gestaltung. Unsere Texte meinen alle. Damit unsere Inhalte jedoch gut lesbar bleiben, verzichten wir in diesem Werk auf die jeweilige Mehrfachnennung oder Anpassung der Schreibweise bestimmter Bezeichnungen an die weibliche, männliche oder diverse Form.

Bibliografische Information der Deutschen Nationalbibliothek
Die Deutsche Nationalbibliothek verzeichnet diese Publikation in der Deutschen Nationalbibliografie; detaillierte bibliografische Daten sind im Internet über http://dnb.d-nb.de abrufbar.

Dies ist ein Nachdruck der 2019 im Verlag Schäfer & Schäfer GbR erschienenen ersten Auflage.

Wollgrasweg 41, 70599 Stuttgart (Hohenheim)
E-Mail: info@ulmer.de
Internet: www.ulmer.de
Projektleitung: Mark Ellenberger
Herstellung und Umschlaggestaltung: Verlag Eugen Ulmer
Druck und Bindung: Pustet, Regensburg
Printed in Germany

ISBN 978-3-8186-2252-7

Für unsere Väter, die schon gehen mussten.

Für unsere Mütter, die die besten Waldstullen der Welt machen.

Für alle, die mit ihrer Arbeit
zum Erhalt des Waldes
beitragen wollen.

Dies ist ein Lehrbuch.

Es soll Sie begleiten und bereichern.
Es soll Sie zum kritischen Denken verführen.
Es soll Ihnen Freude machen.
Es soll Ihre Arbeit im Wald sicher machen.

Es ersetzt aber keine Schulungen (z.B. nach DGUV 214 059 oder AS Baum 1 der Berufsgenossenschaft SVLFG) und macht das Lesen von Betriebsanleitungen nicht überflüssig.

Wir teilen unser Wissen und unsere Erfahrung und haben dieses Buch mit größter Sorgfalt zusammengestellt. Fehlerhafte Darstellungen von Schnitt- und Arbeitstechniken sind leider dennoch niemals auszuschließen. Wir übernehmen keine Haftung für Schäden an Menschen und Sachen. Waldarbeit ist und bleibt gefährlich. Sie erfolgt stets auf eigene Verantwortung.

Editorial des AGDW-Präsidenten Hans-Georg von der Marwitz

Liebe Leserinnen,
liebe Leser!

Wer einen eigenen Wald bewirtschaftet, spürt nicht nur eine große Verantwortung für ein Stück lebendige Natur, sondern auch ein hohes Maß an Lebensfreude. Einen Wald zu hegen und zu pflegen heißt, mit dem Rhythmus der Natur zu leben, neue Bäume zu pflanzen, alte Bäume zu ernten, um sie zu Holz zu verarbeiten.

Für uns Waldeigentümer geschieht dies nach dem Prinzip der Nachhaltigkeit, das der sächsische Berghauptmann Hans Carl von Carlowitz vor über 300 Jahren erfunden hat: Für jeden Baum, der geerntet wird, wird ein neuer Baum gepflanzt. Damit bleiben unsere Wälder in einer guten Balance.

Auch die Arbeit mit dem Holz ist eine wunderbare Erfahrung. In Zeiten großer Entfremdung von Wald und Natur aufgrund unseres urbanen und hochtechnologischen Lebens bringt uns dies der Natur wieder ein Stück näher.

Darüber hinaus ist die Holzernte ein wesentliches Element unserer Waldwirtschaft. Sie zählt zu den herausfordernden, qualifizierten, aber auch nicht ungefährlichen Tätigkeiten unserer Branche. Wer das Holzfällen nicht allein den Förstern überlassen, sondern selbst mit der Motorsäge im Wald arbeiten möchte, sollte Kurse besuchen und sich von Profis beraten lassen. Denn diese Arbeit ist trotz Schnittschutzhosen und moderner Technologie mit einem gewissen Unfallrisiko verbunden.

Dieses Kompendium gibt einen Überblick über die Arbeit mit der Motorsäge, es beleuchtet die unterschiedlichen Facetten – und es warnt vor den Gefahren. Die beiden Autoren vermitteln ihr Wissen, ihre Erfahrung und ihre Begeisterung, aber ebenso die riskanten Seiten der Waldarbeit. Damit wird die ganze Klaviatur des „Holzmachens" abgedeckt. Die Texte werden von nützlichen wie schönen Bildern begleitet und machen damit dieses Lehrbuch so lesenswert.

Viel Freude beim Lesen!

Ihr

Hans-Georg von der Marwitz

Präsident der AGDW – Die Waldeigentümer

Inhaltsverzeichnis

Testosteron und Östrogen

Dieses Buch hat zwei Autoren: Christoph Klose und Axenia Schäfer. Wir haben uns zusammengetan, weil wir die Leidenschaft für die Waldarbeit teilen und weil wir beide Freude am Schaffen Hand in Hand und obendrein jede Menge Spaß am Lernen haben.

Waldarbeit geht nur Hand in Hand, mit wachem Auge und vorausdenkendem Verstand, wenn Sicherheit für Leib und Leben oberstes Gebot sein soll. Man muss sich darauf verlassen können, dass jeder die Gefahren im Blick hat und seinen Platz kennt, wenn die Motorsäge läuft, Keile gesetzt werden und der Baum fällt oder liegende Kronen und Stämme aufgearbeitet werden. In den Pausen hockt man schweigend auf einem Baumstumpf, teilt belegte Brote, warmen Kaffee, eine Flasche Wasser – und genießt den Pausenplatz, wo es nach Harz riecht und die Wipfel rauschen. Man bestaunt selbstzufrieden das bereits Geschaffte und ehrfürchtig das, was noch zu tun ist.

Christoph Klose, Landkind, Förster, Fachkraft für Arbeitssicherheit, Ausbilder für Forst- und Arbeitssicherheitsthemen und Inhaber von LAUBBUB:

„Seit 2009 bilde ich u.a. als Arbeitslehrer und Motorsägentrainer für Landesbetriebe, die Feuerwehr, die Bundeswehr, für Unternehmen und Lehr- und Versuchsanstalten aus. Rund 1.500 Personen haben meine Kurse bisher besucht.

Als ich mit meiner forstwirtschaftlichen Ausbildung im Herbst 1999 begann, hatte ich im Forstpraktikum das große Glück, von Martin Franz, einem tollen Lehr- und Forstwirtschaftsmeister, sehr viel über den praktischen Umgang mit der Motorsäge und

Axenia Schäfer, Landwirtskind, Altenpflegerin, promovierte Philosophin und Chefredakteurin von QUICUMQUE, Zeitschrift für autarkes Leben:

„Ich bin ein typischer Privatwaldbesitzer, habe ein paar Hektar am Ende der Welt. Als ich in deren Besitz kam, waren die kleinen Waldparzellen im Hang schon 15 Jahre nicht mehr ordentlich bewirtschaftet worden. Und ich hatte bis dato noch keine Motorsäge in der Hand gehabt und noch nie einen Baum gefällt.

Also besuchte ich einen Kettensägenkurs – als einzige Frau unter 20 Männern, die alle seit einer Ewigkeit Brennholz warben. Ich be-

die Baumfällung zu lernen. Irgendwann im Herbst 1999 ging ich dann an die Niedersächsische Waldarbeitsschule am Rande des Harzes – mit geschwollener Brust und viel Testosteron im Blut (was ja grundsätzlich auch gut ist als Mann). Ich war der Meinung, ich kann schon alles an der Säge.
Es kam, wie es kommen musste: Bei einem Motorsägeneinsatz – wir sollten uns ausprobieren und jüngere, „unwürdige" Fichten fällen – schnitt ich mir ordentlich mit der Motorsäge ins Bein. Zum Glück war nichts Schlimmeres passiert; außer, dass die Hose kaputt und ich peinlich berührt war, als mich meine Mitstreiter im Kurs mit der Schiene der Säge in der Schnittschutzhose sahen. Hatte ich doch zuerst ein großes Maul gehabt.
Dafür saß die Lektion. Ich dachte über mein Handeln intensiver nach und kam zu folgenden ewigen Binsenweisheiten: 1. Gesundheit ist das höchste Gut. 2. Jeder Meister seines Fachs hat irgendwann mal als völlige Lehrlingskatastrophe angefangen. 3. Lerne immer im Leben – am besten von den Besten. 4. Wer alleine arbeitet, addiert; wer zusammen arbeitet, multipliziert."

kam am Prüfungstag die Säge kaum an und den Vortritt an den schmächtigen Fichten. Immerhin: mein Baum fiel wie geplant. Aber es ist eine Sache, im Kurs unter Aufsicht und Anleitung zu fällen, und eine andere, im eigenen wilden Wald zu zweit die ersten Bäume in Angriff zu nehmen. Mein Kompagnon, das war mein Vater, der einiges über Regelfällung und Kettensägen wusste. In aller Ruhe hat er mit mir trainiert und mir Tricks und Kniffe gezeigt. Wir haben viel Zeit im Wald verbracht, aufgeräumt, Holz gemacht und heimgeholt und jede Stunde genossen.
Die hohe Schule der Holzfällung habe ich aber erst bei Christoph Klose kennengelernt. Der Zufall führte uns zusammen, als ich das zweite QUICUMQUE-Magazin plante. Seitdem sind wir regelmäßig gemeinsam unterwegs. Dabei lerne ich nicht nur praktisch von ihm, sondern begleite zudem seine Arbeit mit der Kamera. Hier zeigt sich Christophs Professionalität ganz besonders: Die Aufnahmen greifen nämlich gewaltig in gewohnte Abläufe ein und verlangen dem Kettensägenführer größte Konzentration ab."

Christoph Klose und Axenia Schäfer

1. Einleitung

The General

Kapitel 7
S. 179

Auf der Welt gibt es (fast) überall Bäume. Sicherlich gibt es einige Bäume, die sehr hoch gewachsen sind (z.B. 70 m hoher Eukalyptus in Australien, Sequoien in Nordamerika), welche, die ein großes Holzvolumen besitzen (der „General", eine Riesensequoie in Kalifornien, wird auf über 1.400 m^3 geschätzt), und welche, die auf Brettwurzeln stehen (z.B. der Kapokbaum in den Tropen). In ihrem allgemeinen Aufbau sind Bäume jedoch trotzdem gleich.
Große kulturelle Unterschiede bestehen hingegen in der Welt in der Art und Weise, wie man Bäume fällt. Diese kulturellen Unterschiede speisen sich zum einen aus dem Leben in und mit dem Ökosystem Wald am jeweiligen Standort, dem zur Verfügung stehenden Werkzeug, der Art der Holzverwertung sowie den Baumarten selbst, und zum anderen aus Gesetzen und Unfallverhütungsvorschriften. Es macht z.B. einen Unterschied, ob man in den Weiten Kanadas eine riesige Douglasie fällt oder in der Schweiz Nadelholz aus dem Steilhang oberhalb einer Siedlung erntet.
Wir folgen in unserem umfangreichen Kompendium zur Fällarbeit überwiegend den Anforderungen in Deutschland, denn dort kennen wir uns aufgrund unserer täglichen Arbeit am besten aus. So berücksichtigt dieses Buch deutsche Regelungen der Unfallversicherungsträger (nationale Vorschriften, Informationen, Hinweise, Regeln und Normen, z.B. aus DGUV „Waldarbeiten", DGUV „Seilarbeiten", VSG 4.2 sowie VSG 4.3 der SVLFG). Jedoch möchten wir hier nicht stur die unterschiedlichen Regelwerke abbilden.
Unser Ziel und unser Anspruch ist es, viele aus unserer Sicht nützliche Techniken der Waldarbeit mit der Motorsäge und mit Hilfsmitteln zu erläutern, so dass Profis wie geübte Anfänger mit den verschiedensten Fällsituationen zurecht kommen, kräfte- und energiesparend arbeiten können und vor allem Unfälle, so gut es nur geht, vermieden werden.

Niemand wird als Meister seines Fachs geboren. Im Gegenteil. Während der vielen Jahre Ausbildungstätigkeit und Waldarbeit haben wir viel von Teilnehmern, Kollegen und Helfern aus der Praxis und für die Praxis gelernt. Wir freuen uns darüber, immer wieder Neues zu erfahren. Deshalb sind Sie, lieber Leser, recht herzlich zum Austausch und zur Wissensmehrung eingeladen.
Sie finden unsere jeweils aktuellen Kontaktdaten im Internet.

Kettensägenmassaker und Verantwortung

Wie die meisten Dinge, hat auch das Arbeiten mit einer Motorsäge zwei Seiten – eine gute und eine weniger gute. Die gute ist, dass Technik das Arbeiten oft einfacher und sicherer macht. Die schlechte ist, dass mit dem technischen Erfolgszug der Motorsäge weltweit Wälder in ihren Lebensräumen stark dezimiert und zurückgedrängt werden.
Aber schon vor über 300 Jahren, und damit lange vor Einführung der Motorsäge, gab es in Mitteleuropa eine große Holznot, weil die Wälder stark übernutzt wurden. Der sächsische Berghauptmann Hannß Carl von Carlowitz schrieb 1713 in seinem bis heute sehr beachteten Werk *Sylvicultura oeconomica, oder Haußwirthliche Nachricht und Naturmäßige Anweisung zur Wilden Baum-Zucht*, dass nur so viel Holz eingeschlagen werden dürfe, wie nachwächst, um diese Ressource dauerhaft nutzen zu können. 1776 merkte Hans Dietrich von Zanthier, der Gründer der ersten Wald- und Forstschule der Welt, zur Nachhaltigkeit an: „Es ist gewiss, dass kein Mensch bloß für sich, sondern auch für andere und für die Nachkommenschaft leben muss."
Wir sind der Überzeugung, dass die Mahnungen der beiden herausragenden Forstmänner ungebrochen gelten: Es dürfen nur so viele Bäume gefällt werden, wie (nachhaltig) im Forst nachwachsen – eine gewaltige Herausforderung in Zeiten des Klima- und Waldwandels. Es gilt, Verantwortung für das eigene Tun und Lassen im Wald zu übernehmen. Die Verantwortung endet nicht beim persönlichen Wohl und Privatinteresse, sondern jeder, der dieses Buch liest, ist aufgerufen, auch etwas für das allgemeine Wohl und kommende Generationen zu tun, sich aktiv für die Natur einzusetzen, sie pfleglich zu nutzen, zu schützen und zu erneuern. Das ist uns ein Herzensanliegen.

1.1. Holzmachen – vor allem ein Winterjob

Es ist Winter. Es ist Samstagmorgen. Und das smarte Phone klingelt doch schon um sieben Uhr. Wir Süchtigen der Waldarbeit wissen: Wenn Waldtag ist, gleiten die Beine blitzschnell aus dem weichen Bett. Waldtag heißt: Heute soll Brennholz für den nächsten Winter eingeschlagen werden. Die Wettermeldung für den Tag ist fantastisch, kein Regen. Obwohl – Regen kann der Wald gebrauchen.
Es wird zügig und gut gefrühstückt, Stullen werden geschmiert und mit einem zufriedenen Lächeln verschwindet die Thermoskanne Tee zusammen mit einer Flasche Wasser im Rucksack. Das Außenthermometer zeigt angenehm kühle Temperaturen – perfekt für den körperlich anstrengenden, dafür jedoch das Gehirn durchlüftenden Arbeitstag. Waldjacke und persönliche Schutzausrüstung für zwei sind eingepackt (gefällt wird nämlich niemals alleine) sowie die gute Zehnpfund-Motorkettensäge (MKS), der stabile Betriebsmittelkanister mit Kraftstoff und Kettenöl, ein Feilenset, der Motorsägenschlüssel, geeignete Keile, ein Spalthammer und der Fällheber mit Wendehaken. Der Kollege wuchtet noch Seilzug und Seil in den Kofferraum und stellt seine Kettensäge samt Ersatzkette dazu.
Im ruhigen Wald angekommen, gehts gleich los: Die Rettungskette steht (d.h. die genaue Ortsbezeichnung ist bekannt und kann absolut zielsicher über einen nahe gelegenen Rettungspunkt oder mit Flurnamen und Parzellennummer beschrieben werden, Handyempfang und -ladung sind geprüft, Erste-Hilfe-Set ist am Mann), der Waldweg ist in beiden Richtungen mit Warnschildern abgesichert und das Team in Schutzkleidung mit dem Arbeitsmaterial auf dem Weg zum ersten Baum, den es nach einem eintrainierten Regelablauf zu fällen gilt. Das fängt TOP an!
Und im heimischen Wald kreischt nun die Säge. Oder doch nicht? Neben den normalen, lotrecht stehenden Bäumen gibt es auch noch ganz dicke, krumme, abgestorbene, abgetrocknete, faule, hohle, extrem schief stehende und miteinander verwachsene Bäume sowie dünne Peitschen. Traue ich mir wirklich zu, jeden dieser Abweichler mit der Motorsäge und weiterem unterstützenden Waldarbeitsgerät zu fällen?

Im Jahr 2017 entfielen bei der SVLFG 6,6 % der über 83.000 meldepflichtigen Unfälle und fast 23 % der tödlichen Unfälle auf Forst- und Waldarbeiten. Waldarbeiten und insbesondere das Arbeiten mit der Motorsäge sind sehr gefährlich und unfallträchtig. Waldarbeit gehört zu den gefährlichsten Arbeiten überhaupt!
Auf der anderen Seite macht Waldarbeit Freude, wenn man eine Neigung für diese Tätigkeit, eine gute Tagesform sowie ausgezeichnetes Arbeitsgerät besitzt, und vor allem, wenn man weiß, wie man mit den Arbeitsgeräten umgehen muss. Das vorliegende Kompendium soll in die Geheimnisse der Waldarbeit einführen und dabei helfen, die Arbeit sicherer zu machen.
Sie erfahren in diesem Buch einiges über Arbeitsorganisation, Arbeitssicherheit und Gesundheitsschutz bei der Motorsägen- und Waldarbeit (Kapitel 2).
Sie werden das Hauptarbeitsgerät Motorsäge (Kapitel 3) sowie die verschiedenen Arbeits- und Hilfsmittel für Baumfällungen kennenlernen (Kapitel 4), in ihre Handhabung eingeweiht und mit Tipps und Tricks versorgt (Kapitel 7). Sie werden erfahren, wie man das Gerät ergonomisch, also bestmöglich körperschonend, sowie effizient, also produktiv und wirtschaftlich, einsetzt. Und sie werden den Werkstoff Holz kennenlernen (Kapitel 6).
Das Herzstück dieses Buches ist Kapitel 5: Es erläutert die verschiedenen Fälltechniken und besonderen Arbeitsverfahren, die für normale wie spezielle Fällsituationen sowie die Aufarbeitung von Baumstämmen und Kronen anwendbar sind.

TOP
Kapitel 2
S. 19 f.

Generalregeln bei Baumfällungen

1. Im Falle eines Falles erschlägt der Baum alles!
2. Bäume sind gemäß GMV und MKS zu fällen!

GMV = Gesunder Menschenverstand
MKS = „Mach kein' Schiet!"

Allein der Kettensägenführer trägt die Verantwortung für sich und seine Mithelfer. Die Angaben in unserem Buch sind sorgfältig ausgewählt und geprüft, sie ersetzen aber keine Praxisschulungen (z.B. nach DGUV 214 059 oder AS Baum 1 der Berufsgenossenschaft SVLFG). Motorsägeneinsatz im Wald ist und bleibt eine sehr gefährliche Tätigkeit.

Die Fällrichtung peilen: Christoph Klose bei einer Baumfällung im Hang.

2. Perfekte Arbeitsorganisation: Sichere und gesunde Waldarbeit

Wie kann man die Waldarbeiten angehen, damit sie so sicher wie möglich sind, der Gesundheit zuträglich und obendrein den Beteiligten noch mehr Freude bereiten? Durch perfekte Arbeitsorganisation vor, während und nach der Waldarbeit. Wer das einmal ausprobiert hat, wird es nicht mehr missen wollen – und dazu möchten wir in diesem kurzen Kapitel verführen.

2.1. Arbeitssicherheit und Gesundheitsschutz

Die Gesundheit ist des Menschen höchstes Gut. Sie lässt sich in vier Bereiche aufteilen: Psyche, Körper, soziale Beziehungen und Sinnhaftigkeit des eigenen Lebens. Alle vier können wir bei Waldarbeiten abdecken – unmittelbar und langfristig ruinierend, genauso wie fördernd. Förderlich für den Waldarbeiter sind Arbeitssicherheit (direkte Gefahrenabwehr) und Gesundheitsschutz (dauerhaftes Wohlergehen). Wir sollten sorgfältig auf unsere eigenen Verhaltens- und Verfahrensweisen achten, um uns unsere Gesundheit bei der Waldarbeit zu erhalten. Dazu dient die Arbeitsorganisation.
Allerdings ist der Mensch ein Gewohnheitstier, und mit Gewohnheiten ist das so eine Sache: Sie kleben kräftig an uns. Neue Muster lernen wir i.d.R. am leichtesten durch Freude und Lust oder Angst und Schmerz. Die angenehmeren Varianten sind Freude und Lust, haben aber gerne mal ein Motivationsproblem – weil man tausend Dinge eben „schon immer so gemacht hat".
Um der körperlichen Gesundheit bei Motorsägearbeiten eine Chance zu geben, beginnen wir entsprechend mit den Gefahren, so dass man durch Einsicht, aus Angst vor Schmerzen und Krankheit, lernt. Suboptimale Pädagogik wohl, aber das Ganze wird doch schnell schön: Man stellt nämlich bald fest, dass man bei geeigneten Maßnahmen zum eigenen Gesundheitsschutz richtig viel zusätzlichen Spaß bei der Arbeit mit der Motorsäge gewinnt.

Was kann passieren bei Motorsägearbeiten?
1. Unfälle (akute Einwirkungen)
   - Schnittverletzungen durch die Motorsäge,
   - Getroffenwerden von umstürzenden Bäumen, Totästen und Stammteilen,
   - Erfrierungen, Sonnenbrand und Hitzeschock sowie Hautveränderungen an den Füßen.
   - Außerdem kommt es bei der Waldarbeit häufig zu Zeckenbissen (Übertragung von Frühsommer-Meningoenzephalitis und Borreliose), es besteht erhöhte Gefährdung durch Kontakt mit Fuchsbandwurm, Eichenprozessionsspinnern, Hanta-Viren sowie dornigen und giftigen Pflanzen (z.B. Robinie, Ambrosia).
2. Langfristige Körperschäden/Krankheiten:
   - Auswirkungen der Hand-Arm- und Ganzkörperschwingungen durch die Motorsäge,
   - Schwerhörigkeit, Schwindel bei Ohrenschädigung durch den Lärm der Motorsäge,
   - Schäden durch Abgase und Kontakt mit Gefahrstoffen (v.a. Verbrennungsabgase und Spülverluste der Motorsäge),
   - Schäden durch unergonomische Arbeitsweisen.

2.2. Unfälle bei Wald- und Fällarbeiten

Bei der Waldarbeit muss alles daran gesetzt werden, Unfälle zu vermeiden – das ist die beste Art, Freude an dieser Tätigkeit zu haben und zu behalten. Jedoch verbleibt immer ein Restrisiko, das „allgemeine Lebensrisiko", wie es im Rechtsdeutsch so schön heißt. Das Leben ist eben lebensgefährlich.

Unfälle bei Motorsägearbeiten passieren aufgrund technischer oder organisatorischer Mängel oder aufgrund dessen, dass der Mensch selbst ein Mängelwesen ist. Unfallstudien der Berufsgenossenschaft (SVLFG) und Unfallkassen der Bundesländer weisen als Schwachstelle bei der Waldarbeit eindeutig die arbeitende Person aus: Grob gesagt, sind zwischen 75 und 85 % aller meldepflichtigen Unfälle (= mindestens 3 Tage Krankschreibung) bei der Berufsgenossenschaft bzw. Unfallkasse auf das Eigenversagen der arbeitenden Person zurückzuführen. Geringer, aber deshalb nicht weniger gravierend, fallen mit 10 bis 20 % Organisationsmängel und mit 3 bis 5 % technische Mängel ins Gewicht.

2017 ereigneten sich im Arbeitsgebiet Forst und Wald zwei Drittel der 27 tödlichen Unfälle und über ein Drittel der 5.484 meldepflichtigen Unfälle bei Fällarbeiten und Holzaufarbeitung (SVLFG). Betrachtet man die Verteilung der Unfälle über die letzten Jahre nur für diese beiden Tätigkeiten, entfallen auf die Holzaufarbeitung rund zwei Drittel der Unfälle und ein Drittel auf Fällarbeiten, letztere wiegen jedoch schwerer.

Treten Unfälle oder auch Beinahe-Unfälle auf, stimmt häufig etwas nicht im Arbeitssystem. Dieses sollte deshalb regelmäßig (und nicht nur bei Ereignissen) analysiert werden; findet man Fehler, muss das Arbeitssystem unbedingt verändert werden.

2.3. Batterie- und Akkuorgane

Wir stellen uns den menschlichen Körper vereinfacht so vor: Wir haben viele Organe, die entweder wie eine einfache Batterie auf die Dauer entladen oder wie ein Akku immer wieder aufgeladen werden können. Manche Organe haben sowohl Akku- als auch Batterieeigenschaften, das Gehirn beispielsweise. Organe, die (auch) einfachen Batterien zugerechnet werden können, sind nach Entladung nicht mehr voll funktionsfähig und i.d.R. irreversibel geschädigt.

Batterieorgane sind
- Ohren (Gleichgewichtsorgan, Hörzellen)
- Augen
- Haut, Lunge, Blutsystem
- Wirbelsäule, Gelenke
- Gehirn, Nerven

Akkuorgane sind
- Muskeln
- Bandapparat
- Haut
- Knochen
- Gehirn

Deswegen gelten die drei Grundregeln:
Auf die Tagesdosis achten.
Auf Schutzmaßnahmen achten.
Auf die eigenen Verhaltensweisen achten.

Niemand wird als Meister seines Fachs geboren.
Mit sorgfältiger Planung, gutem Werkzeug und geeigneter Arbeitstechnik sowie Übung, Übung, Übung, ganz in Ruhe, kommt man der Meisterschaft jeden Tag ein bisschen näher.

Unfallgründe

Wer einmal einen Unfall erlebt hat, wer selbst verunfallte oder einen anderen verunglücken sah, der weiß, dass jede Unachtsamkeit und Nachlässigkeit bei der Waldarbeit schlimme Folgen haben kann. Unsere kleine Liste mit Beispielen soll dazu dienen, die eigene Aufmerksamkeit erneut zu schärfen für die **TOP**-Themen, die zu Unfällen führen können. TOP steht für Technik, Organisation und Personen:

Technik:
- Verdeckte Mängel an der Motorsäge und anderem Hilfsgerät (z.B. undichter Benzinschlauch)
- Verschleißdefekte an der Motorsäge und anderem Hilfsgerät (z.B. Riss im Fällheber)
- Verdeckte Mängel an der persönlichen Schutzausrüstung/PSA (z.B. fehlende Schnittschutzlage in der Hose)
- Verschleißdefekte an der PSA (z.B. Kunststoff des Schutzhelms spröde)

Organisation:
- Keine Organisation der Rettungskette
- Falsches Gerät, zu wenig Hilfsmaterialien und Geräte
- Unübersichtliche Umgebungssituation
- Arbeit ohne oder mit mangelhafter Gefährdungsbeurteilung
- Blindflugaufträge („Mach mal eben dort"; keine Einweisung in die Baustelle)
- Kein oder mangelhaftes Einrichten der Baustelle
- Arbeit ohne oder mit mangelhaftem Arbeitsauftrag
- Keine Schlagordnung (Stämme liegen kreuz und quer)
- Wechselnde Personen im Arbeitsteam und/oder zu wenige Personen
- Auswählen von für die Arbeit ungeeigneten Personen (nicht fit, nicht ausgebildet, nicht eingewiesen)
- Mangelhafte Kommunikation auf der Baustelle (keine Kommunikationsregeln)

Personen:
- Unachtsamkeit oder Gedankenlosigkeit (z.B. beim Betanken der Säge essen, rauchen oder die Säge am Tankort starten)
- Gewohnheiten, falsche Routinen und deren fehlende Überprüfung
- Hektik, Zeitdruck
- Selbstüberschätzung, mangelnde Absprache („Ich mach mal eben!")
- Psychische Belastung durch ad hoc-Aufträge („Mach mal eben!")
- Unerfahrenheit, Unwissenheit, fehlende Aus- und Weiterbildung
- Sozialer Druck („Stell dich doch nicht an!", „Das wirst Du doch wohl noch hinkriegen!") oder sozialer Stress (schwelende Konflikte)
- Verminderte psychische Belastbarkeit (z.B. persönliche Probleme und Sorgen)
- Dummheit (z.B. bei Sturm rausfahren)
- Unzureichende körperliche Fitness
- Keine Tagesplanung, keine Pausen
- Abgelenktsein in der Situation (Träumerei, Telefon)
- Missachten der Ablaufschritte einer sicheren Baumfällung (z.B. kein Fluchtweg angelegt)

2.4. Die Organisation der Waldarbeiten

2.4.1. Gefährdungsbeurteilung

Das Ziel der Gefährdungsbeurteilung (= Gefahrenbeurteilung) besteht darin, Gefahren bei der Arbeit frühzeitig zu erkennen und diesen im Vorfeld entgegenzuwirken. Die Gefährdungsbeurteilung beginnt daher bereits vor dem Erreichen der Baustelle und wird auch während und nach den Arbeiten durchgeführt.
Für die Gefährdungsbeurteilung gibt es einen simplen Ablauf, den man am besten in jeder Planungs- und Arbeitsphase wiederholt. Sie besteht – einfach gesagt – aus den folgenden vier bzw. fünf Schritten:

1. Gefahren erkennen
2. Risiko ermitteln
3. TOP-Maßnahmen ergreifen
4. Wiederkehrende Kontrolle der Punkte 1 bis 3
5. Ggf. schriftliche Dokumentation der Punkte 1 bis 4 (siehe nächste Seite)

Das bedeutet:
1. Sehen, hören, fühlen, riechen, also mit den Sinnen die Gefahren wahrnehmen, und die Gefahrenschwere abschätzen.

Beispiel: *Ein 2 m langer Totholzast hängt in 2 m (leichte Gefahr) oder 10 m Höhe (schwere Gefahr). Der Totast liegt lose in der Krone (hohe Eintrittswahrscheinlichkeit) oder ist noch fest mit dem Stamm verbunden (mittlere Eintrittswahrscheinlichkeit).*

2. Einschätzen, welches potenzielle Unfallrisiko besteht: Gefahrenschwere x Eintrittswahrscheinlichkeit = Unfallrisiko.
3. Technische, organisatorische und personenbezogene Maßnahmen (TOP) treffen, um das Risiko zu minimieren (TOP siehe S. 19 f.).
4. Der Waldarbeiter muss immer aufmerksam sein; die Gefährdungsbeurteilung ist ein kontinuierlicher Prozess.
5. Für Profis verpflichtend: Dokumentation der Gefahrenbeurteilung mit Notizen, Skizzen, Fotos, Kartenmaterial.

Für die Planung eignen sich Checklisten. Sie helfen hervorragend, um für die Wald- und Fällarbeiten alle wichtigen technischen, organisatorischen und personenbezogenen Arbeitssicherheits- und Gesundheitsschutzmaßnahmen zu treffen.

Wer macht was, wann, wo, womit und wozu: Mit Listen vergisst man eigentlich nichts.

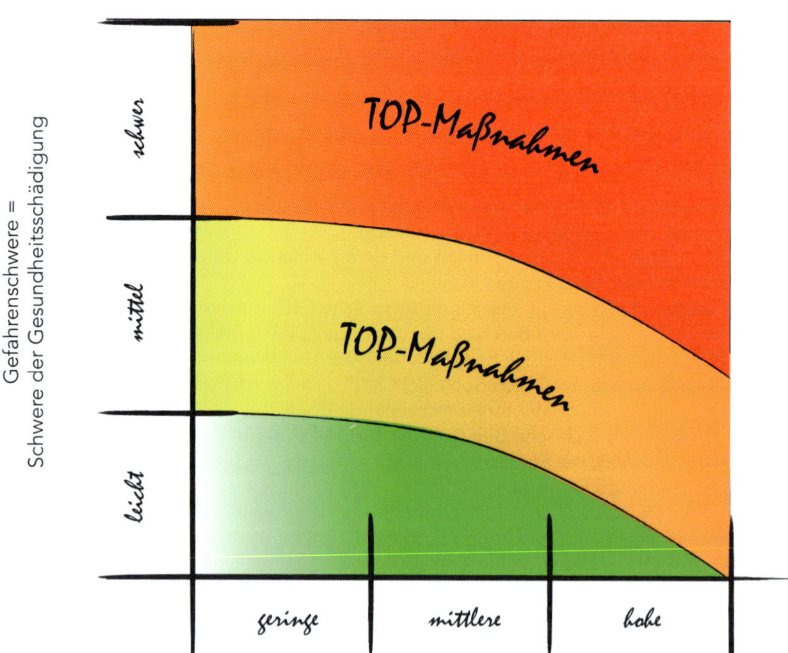

Anhand einer einfachen Unfallrisikomatrix, welche die Gefahrenschwere/Schwere der Gesundheitsschädigung (leicht, mittel, schwer) und ihre Eintrittswahrscheinlichkeit (geringe, mittlere, hohe) abbildet, lässt sich ablesen, ab wann TOP-Maßnahmen zur Gefahrenabwehr notwendig greifen müssen.

Leitfragen der Gefährdungsbeurteilung

Leitfrage 1: Habe ich alle Gefahren erkannt?
Sehen, hören, fühlen, riechen: Gefahren wahrnehmen und beschreiben sowie die Gefahrenschwere einschätzen.

Leitfrage 2: Welches Unfallrisiko besteht?
Gefahrenschwere x Eintrittswahrscheinlichkeit = Unfallrisiko

Leitfrage 3: Ist alles TOP?
Habe ich alle **T**echnischen, **O**rganisatorischen, **P**ersonenbezogenen Maßnahmen getroffen, um das Unfallrisiko zu minimieren?

STOP-Regel: Wenn nicht alles TOP ist, dann sage ich „STOP!".
Sicherheit und **S**ubstitution: Anderes Arbeitsverfahren auswählen (z.B. zusätzlicher Einsatz der Seilwinde) oder Arbeiten verschieben (z.B. wenn zu viel Wind aufkommt).

Leitfrage 4: Habe ich nichts vergessen?

Leitfrage 5: Habe ich alles Wichtige dokumentiert?

2.4.2. Alles TOP?

Die zentrale Frage lautet: Alles TOP? Klingt nach Binsenweisheit, wird aber oft missachtet: Entscheidend für eine sichere Baumfällung sind geeignete **T**echnik, geeignete **O**rganisation und geeignete **P**ersonen.
Für Profis fängt der TOP-Check schon vor der Arbeit auf dem Betriebsgelände an, um Mensch und Material zu schützen und zu schonen. Auch für den Privatwaldbesitzer und Brennholzwerber sind solche Überprüfungen von enormem Nutzen. Und was einem anfangs sehr theoretisch und übertrieben vorkommen mag, erweist sich in der Durchführung als simpel, hilfreich und letztlich unerlässlich.

Vor dem Beginn der Baumfällung muss ein Unternehmer eine „vorausschauende Gefährdungsbeurteilung" durchführen und dokumentieren (Punkt 5, S. 18). Daneben führt jeder Arbeitende selbst eine eigene Gefährdungsermittlung zumindest im Kopf am Baum (Baumansprache) und für die Baumumgebung (Umgebungsansprache) wiederkehrend durch (Punkte 1 bis 4, S. 18).
Ein Baum wird also quasi gedanklich bereits mehrmals gefällt oder aufgearbeitet, bevor tatsächlich Hand und Säge angelegt werden. Im jeweiligen Beurteilungsprozess werden nach dem 4-Punkte-Schema systematisch alle möglichen und tatsächlichen Gefahren analysiert und das Unfallrisiko bewertet sowie geeignete Schutzmaßnahmen zum Wohle der Arbeitenden und Dritter und zum Schutz von Sachgütern ergriffen.

Während der Arbeiten geht man immer wieder die Wirksamkeit von TOP-Maßnahmen in aller Ruhe und konzentriert durch, so dass das Unfallrisiko für alle Beteiligten minimiert ist:

**Alles TOP an der Baustelle?
Alles TOP am Baum?**

Arbeitsmaterial und Arbeitsprozesse müssen, selbst wenn es sehr pedantisch und unpraktisch erscheint, im Verlauf der Arbeit immer wieder geprüft werden: Ist eine geeignete Fälltechnik ausgewählt? Befindet sich niemand im Gefahrenbereich? Ist die Kette der Motorsäge noch scharf? Und so weiter.
Hat man auch nur das vage Gefühl, dass nicht alles TOP ist, dass irgendwo Mängel im Arbeitssystem bzw. bei den Arbeiten bestehen, sagt man grundsätzlich „STOP!" Das „S" vor dem „TOP" steht einerseits für „Sicherheit", andererseits auch für das schlaue Wort „Substitution", also Ersetzen (z.B. Gerät, Arbeitsverfahren, Betriebsstoffe).

Nach der Fällarbeit, vor Verlassen der Baustelle sowie am Ende des Arbeitstages muss kontrolliert werden, ob alle Gefahren beseitigt sind. Es gilt, den Arbeitsort aufgeräumt und für Dritte sicher zu hinterlassen: Sind alle Aufhängerbäume gefällt? Sind im Hang zurückbleibende Kronen vor Abrutschen gesichert?
Gemeinsam wird ausgewertet: „Was war gut? Was machen wir demnächst besser?" Zuhause steht die Pflege, Wartung und Instandsetzung der Arbeitsgeräte an.

Planung der TOP-Maßnahmen
Man unterscheidet allgemeine Planung der TOP-Maßnahmen, wozu z.B. Rettungsplan, Betriebsanweisungen, Betriebsanleitungen oder Rechtsnormen gehören, und spezielle Planung der TOP, zu denen z.B. Gefährdungsbeurteilungen für die Baustelle und Einzelbäume zählen, verkehrsrechtliche Anordnungen, Arbeitsauftrag, Landkarte vom Einsatzort, Materiallisten und Pläne zum Einrichten der Baustelle im Wald, an der Straße oder auf einem Privatgelände.
Es kann über Leben und Tod entscheiden, ob man eine passende Fälltechnik anwendet, ob man bei einem Notruf seinen Standort kennt und ob man die Baustelle richtig abgesperrt hat.
Betriebsanleitungen dienen dazu, das eingesetzte Werkzeug sicher verwenden zu können: Es gibt Unerfahrene an der Kettensäge, die verrückt genug sind, die nachlaufende Kette mit der behandschuhten Hand anhalten zu wollen. Und es gibt erfahrene Waldarbeiter, die den mitunter heftigen Rückschlag der Säge gar nicht mehr im Sinn haben und mit Glück nur die Funktion von Schutzhelm und Visier neu kennenlernen.
Es ist wichtig, bei gefährlichen Arbeiten sicheres (auf CE-Zeichen achten) und wiederkehrend geprüftes Arbeitsgerät (bei Unternehmen u.a. durch eine befähigte Person) einzusetzen.
Rechtsnormen, Informationen, Hinweise und (technische) Regeln (u.a. von der Berufsgenossenschaft SVLFG) helfen sehr, den Arbeits- und Gesundheitsschutz sowohl innerhalb eines Betriebes als auch im privaten Waldarbeitseinsatz (z.B. im bäuerlichen Wald) einzuhalten.

Wer beruflich oder ehrenamtlich mit der Motorsäge arbeitet und nicht nur im eigenen Waldstück, muss dafür ausgebildet sein, Helfer müssen in ihre Tätigkeit mindestens eingewiesen sein, alle müssen körperlich und geistig fit sein, um die anstrengende und gefährliche Arbeit durchführen zu können. Maschinen müssen funktionstüchtig und sicher sein, die persönliche Schutzausrüstung muss den Anforderungen entsprechen.

Beispiele für TOP-Maßnahmen (Technik, Organisation, Personen)

- (T): Material vor dem Einsatz auf sichtbare Mängel überprüfen.
- (T): Material vor dem Einsatz auf Funktionstüchtigkeit überprüfen.
- (T): Geeignete Motorsäge(n) einsetzen.
- (T): Geeignetes weiteres Gerät zur Baumfällung einsetzen.

- (O): Niemals Alleinarbeit im Wald.
- (O): Rettungskette sicherstellen.
- (O): Reihenfolge der zu fällenden Bäume festlegen (sogenannte Schlagordnung) – nach dem Motto „Vom Leichten zum Schweren".
- (O): Inneren und äußeren Gefahrenbereich festlegen.
- (O): Rückweichen sowie Rückweichenplätze anlegen.
- (O): Arbeitsplatz am Baum von hinderlichem Bewuchs, Ast- und Kronenmaterial freiräumen.
- (O): Zum Ergebnis der Baumansprache passende Fälltechnik auswählen.

- (P): Nur ausgebildete und in die Arbeiten unterwiesene Personen dürfen Bäume fällen.
- (P): Nur in die Waldbaustelle eingewiesene Personen dürfen bei der Arbeit helfen.
- (P): Vom Motorsägenführer ist die persönliche Schutzausrüstung zu tragen, bestehend aus Helmkombination (Helm, Visier, Gehörschutz), Arbeitshandschuhen, Schnittschutzhose und Schnittschutzschuhen.
- (P): Von Hilfspersonen ist die jeweils vorgeschriebene Schutzausrüstung zu tragen (immer Sicherheitsschuhe, immer ein Schutzhelm, meist Gehörschutz, immer Arbeitshandschuhe).

2.4.3. Baumansprache

Zur sicheren Baumfällung gehört die Baumansprache, also die Beurteilung eines Baumes nach den Eigenschaften:

- Höhe und Brusthöhendurchmesser (BHD)
- Lot oder Neigung
- Krone (Form, Belaubung, Ausladung, ungefähres Gewicht, Totholz, Platzverhältnisse, Verhakelung mit Nachbarbäumen usw.)
- Stammwuchs (gerade Fasern, gedreht, gebogen, Zwiesel usw.) und Rinde (Stärke, Narben)
- Stammfuß (z.B. Verletzungen, Faserverlauf)
- Laub- oder Nadelbaum
- Holzart (lang- oder kurzfaserig)
- Bodenverankerung (z.B. einseitig)
- Gesundheit (z.B. faul, morsch, hohl, gerissen)

2.4.4. Umgebungsansprache

Außerdem gehört zur sicheren Baumfällung die Umgebungsansprache, also die Beurteilung von

- Geländeform (z.B. Hang oder Ebene),
- Raumverhältnissen (z.B. Fällschneise, Rückweichen, Bestandsdichte),
- Hindernissen (z.B. Steine, Bodenwelle, Bach),
- Leitungen (v.a. Telefon, Strom),
- Verkehrslinien (v.a. Straßen, Wege, Eisenbahntrassen; bei Arbeiten im Bereich öffentlicher Straßen und bei Schienen muss man eine verkehrsrechtliche Anordnung beim Amt einholen),
- Sichtverhältnissen (z.B. Nebel),
- Windverhältnissen (z.B. böig),
- Bodenverhältnissen (z.B. gefroren, durchweicht),
- Vegetation (v.a. Schling- und Dornenpflanzen, kleine Bäumchen),
- Nachbarbäumen (z.B. Totholz in den Kronen, abgestorbene Bäume, die umfallen können) und
- schutzwürdigen Objekten in der Umgebung (z.B. Haus, Gartenzaun, Auto, Laterne).

Baumeigenschaften
Kapitel 6
S. 165

BHD
Kapitel 7
S. 181

2.5. Sicherheit bei der Baumfällung

Fünf Faktoren bestimmen die Fällrichtung und Grenzen des Arbeitens und damit die Sicherheit der Arbeit:

1. Gefahren und Raumverhältnisse in der Umgebung
2. Baumdimension (Höhe, BHD)
3. Baumsituation (Lot, Gesundheit, Wuchs etc.)
4. Arbeitsgerät, das zur Verfügung steht
5. Können des Motorsägenführers bzw. des Arbeitsteams

2.5.1. Regelablauf einer Baumfällung

Von zentraler Bedeutung für die Arbeitssicherheit ist die Auswahl einer geeigneten Fälltechnik. Sie bestimmt Richtung und Zeitpunkt des Fallens des Baumes. Darüber hinaus ist für die eigene Sicherheit und die Sicherheit anderer folgender wiederkehrender Regelablauf bei Baumfällungen unabdingbar:

1. Baum aufsuchen
   a. Werkzeugablage
   b. Arbeitsplatz grob von hinderlichem Bewuchs, Ast- und Kronenmaterial freiräumen
2. Gefährdungsbeurteilung (Baum- und Umgebungsansprache)
   a. Gefahren ansprechen

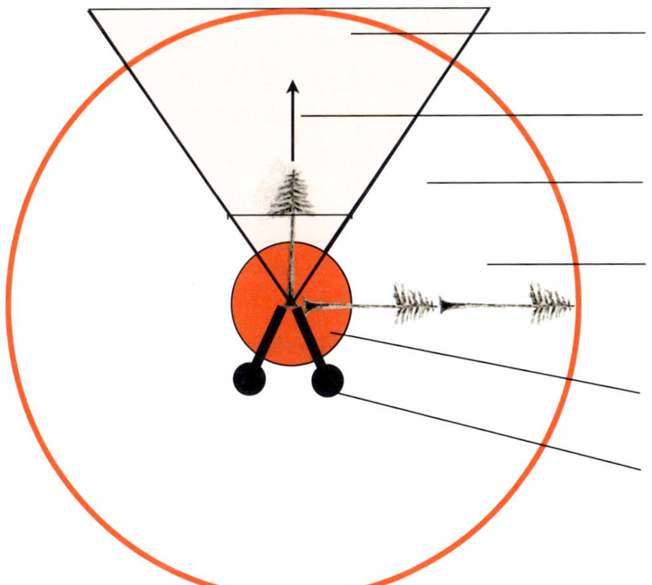

Innerer und äußerer Gefahrenbereich bei der Baumfällung, absoluter Gefahrenbereich und möglicher Fallbereich des zu fällenden Baumes.

Fällrichtung prüfen

Kapitel 7
S. 190 f.

b. Gefahren beurteilen
c. Maßnahmen des Arbeitsschutzes treffen
d. Kontrolle der Arbeitsschutzmaßnahmen
3. Bestimmung von Fällrichtung, Fällziel und Fälltechnik
4. Arbeitsplatzvorbereitung
   a. Werkzeuge entgegengesetzt zur Fällrichtung ablegen
   b. Rückweichenplatz anlegen im äußeren Gefahrenbereich (außerhalb des inneren Gefahrenbereichs = Kronenbreite + 3 m, mindestens 9 m Entfernung zum Stammfuß)
5. Fallkerbanlage und Kontrolle der Fällrichtung
6. Sicherheit am Arbeitsort herstellen
7. Durchführung des Fällschnitts (i.d.R. unter Einsatz von Fällhilfen, insbesondere Keilen)
8. Vom sicheren Rückweichenplatz aus den Fall des Baumes beobachten und abwarten, bis auch ggf. Nachbarbaumkronen nicht mehr schwingen.

Konkret kann das an einem Regelbaum wie folgt aussehen:
(1) Nachdem die persönliche Schutzausrüstung (PSA) angelegt und der Baum aufgesucht ist, wird die Motorsäge und das andere Werkzeug des Fällungsteams am Arbeitsort abgelegt und der Arbeitsplatz grob vorbereitet.
(2) Bevor die Säge angesetzt werden darf, muss eine Einschätzung aller bei der Baumfällung auftretenden Gefahren erfolgen. Diese Gefährdungsbeurteilung ist gesetzlich vorgeschrieben. Die Einschätzung von Gefahren und Unfallrisiko sowie das Treffen von geeigneten Sicherheitsmaßnahmen geschieht zum einen für die Umgebung und zum anderen am Baum selbst. Hier ist es sehr wichtig, dass man sich Zeit nimmt, um auch wirklich auf der sicheren Seite zu sein.

Schlag-ordnung: MGV

Kapitel 5
S. 101

(3) Als ein Ergebnis der Gefährdungsbeurteilung wird nun die Fälltechnik und Fällrichtung des Baumes im Gelände (u.a. mit Hilfe des Führungsauges) festgelegt.

Führungs-auge

Kapitel 7
S. 181

(4) Werkzeugablage entgegengesetzt zur Fällrichtung und Anlage von mindestens einem Fluchtweg (Rückweiche) mit Rückweichenplatz für den Motorsägenführer bzw. zwei Rückweichen für das Zwei-Personen-Arbeitsteam entgegengesetzt zur Fällungsrichtung – zumeist seitlich schräg nach hinten verlaufend, im Steilhang hangparallel.
(5) Erst jetzt (ggf. nach Seileinbringung) darf die Säge an den Baum und es wird der Fallkerb in Fällrichtung im Stammfußbereich geschnitten und überprüft. Die Fallkerbsehne befindet sich im 90°-Winkel zur Fällungsrichtung.
(6) Nachdem diese Arbeit beendet ist, wird die Motorsäge erst einmal ausgestellt und die „Micky-Mäuse" werden von den Ohren genommen. Es folgt nämlich die unerlässliche Sicherheitskontrolle: Der Motorsägenführer dreht sich einmal 360° im Kreis und schaut, ob sich auch keine Personen und Tiere im äußeren Gefahrenbereich befinden. Dann ruft er mit lauter Stimme „Aaaaaaachtung! Baaaaum fällt!" …und wartet kurz auf (k)ein Echo.
(7) Nun ist es soweit. Die Säge wird erneut angeworfen, das geniale Knattern durchdringt die Stille, die Konzentration bei den Arbeitenden ist jetzt voll da: Der Fällschnitt wird ausgeführt.
In den angefangenen Fällschnitt wird ein Sicherungskeil gesetzt – denn wer „Baumfällung" sagt, der sagt i.d.R. auch „Keil(e) setzen". Mit dem sauberen Fällschnitt werden gleichzeitig Bruchstufe und Bruchleiste ausgeformt. Fällt der Baum noch nicht, muss meist ein Nachsetzkeil in den Fällschnitt geschlagen werden. Es heißt keilen, bis der Baum beginnt, sich zu bewegen. Ggf. ein weiteres Mal für Arbeitssicherheit sorgen (zweiter Achtung-Ruf).
(8) Gibt es irgendwelche Anzeichen dafür, dass der Baum fällt, muss der Motorsägenführer beziehungsweise das Fällteam zügig den zuvor angelegten Fluchtweg einnehmen und i.d.R. mindestens 9 m rückweichen. Das ist ein langer Weg!
Vom Rückweichenplatz aus wird das Fallen des Baumes beobachtet sowie in die Kronen des Fällungsgeschehens geblickt. Es wird so lange abgewartet, bis sich die Kronen der Nachbarbäume beruhigt haben und keine Gefahren mehr – etwa durch herabfallende Totäste – für den Baumfällhelden und seine(n) Partner entstehen können. Die Motorsäge wird ausgestellt, das Zweitaktpöttern verhallt im Wald. Die liegende Beute wird begutachtet, Schultern werden geklopft, es wird sich gefreut und zustimmend genickt: „Diese Baumfällung war sicher!"

2.5.2. Schlagordnung

Mit einem „Schlag" ist der Holzeinschlag im (Wald-)Bestand gemeint. Und weil es für die eigene Arbeit beim Holzeinschlag sicherer ist und es die spätere Holzrückung auch wesentlich einfacher macht, sollte man auf eine gute Schlagordnung achten. Dazu gehört, dass
1. eine Reihenfolge der zu fällenden Bäume festgelegt wird,
2. die Baumstämme nach den Fällungen nicht kreuz und quer im Bestand herumliegen und
3. das Fällungsteam auch an den Holzrücker denkt: Die gefällten Stämme sollten im Bestand so geordnet liegen, dass sie ohne zusätzlichen Aufwand und ohne dass beim Abtransport Schäden an den verbleibenden Bäumen entstehen aus dem Waldbestand gerückt werden können.

2.6. Das Motorsägekonzept

Es gibt einen faszinierend einfachen Gedanken, mit dem man sich die Arbeit mit der Motorsäge wesentlich erleichtert und seine Gesundheit schont. Dieser Gedanke heißt „Motorsägekonzept" und zieht sich durch den gesamten Arbeitsablauf. Er besitzt viel Power, und deswegen lieben wir dieses Konzept so sehr!
Der simple, um nicht zu sagen banale Grundgedanke für dieses weitreichende Konzept: Die Motorsäge wird von einer arbeitenden Person bedient.

Praktisch bedeutet das: Es zerren Kräfte am Körper des Motorsägenführers und er ist Abgasen, Vibration und Lärm ausgesetzt.

Beim Halten und Führen wirkt die Motorsäge wie ein physikalischer Hebel besonders auf den Lendenwirbelbereich des Motorsägenführers. Dieser Hebel kann außerordentlich hohe Kräfte entfalten und zum Bandscheibenvorfall, zu großen Schmerzen und unter Umständen zu ziemlicher Lebensunzufriedenheit führen. Zum Wohle der eigenen Gesundheit sollte es daher das Ziel sein, sämtliche schädigenden Hebelkräfte auf ein „gesundes" Maß zu reduzieren. Das kann ergonomisch (die Belastungen des Körpers bei der Arbeit reduzierend) und technisch über folgende Wege geschehen:
(1) Den (körpereigenen) Krafthebel in der Länge verkürzen oder aufheben:

- Die Motorsäge nahe am Körper führen.
- Die Motorsäge am eigenen Körper abstützen.
- Die Motorsäge auf dem Holzuntergrund abstützen.
- Den Krallenanschlag der Motorsäge als Hebel beim Sägen einsetzen.
- Den eigenen Körper beim Vorbeugen an einen Baum anlehnen.
- Umgreifen und mit dem Daumen Gas geben, wenn die Kettensäge mit waagrecht gehaltener Schiene bedient wird.

(2) Die Gewichtsmasse der Motorsäge reduzieren, d.h. für die Sägearbeiten eine leistungs- und damit auch eine gewichtsangepasste Motorsäge verwenden.
Die Verkürzung des Hebels einerseits und die Reduktion der Gewichtskraft der Motorsäge andererseits sind die beiden Königswege der Rückenentlastung.

Das wiederum hat folgende tolle Effekte:
Wird die Motorsäge ergonomisch bei Fällung und Aufarbeitung geführt und wird die richtige Leistungs- und Gewichtsklasse bei den Fällarbeiten eingesetzt, dann …

→ geht es dem Rücken besser,
→ bleibt die eigene Leistungsfähigkeit länger am Tag erhalten (längere Konzentration des Arbeitenden und dadurch höhere Arbeitssicherheit/geringere Unfallhäufigkeit),
→ ist der körperliche Verschleiß beim Arbeitenden geringer,
→ ist der Betriebsmittelverbrauch bei der Motorsäge angepasst,
→ werden der Arbeitende und die Umwelt weniger mit Abgasen belastet,
→ ist der Verschleiß der Motorsäge angepasst,
→ sind die Arbeiten im Wald produktiver, d.h. man schafft mehr in derselben Zeit,
→ wird es wirtschaftlicher, denn diese höhere Produktivität führt zu einer Verringerung der Aufarbeitungskosten je Holzfestmeter,
→ wird es nochmals wirtschaftlicher, denn die Kosten für Betrieb, Wartung und Pflege der Motorsäge sind angepasster.

Zu den TOP-Maßnahmen beim Motorsägeneinsatz gehören:

- Technik
  - Neueste Technik einsetzen: vibrationsarme Motorsägen oder Akkutechnik, schadstoffarme Betriebsmittel (Sonderkraftstoff, Bio-Kettenöl).
- Organisation
  - Richtige Leistungs- und Gewichtsklasse der Motorsäge verwenden.
- Personen
  - Hebelprinzipien berücksichtigen (richtiges Bedienen der Motorsäge/ergonomisches Arbeiten).

Welche Motorsäge soll man kaufen?
Wichtig ist zu wissen, welche Arbeiten man mit der Motorsäge hauptsächlich ausführen will. Die Auswahl der Motorsäge wird nämlich nach den zu bearbeitenden Holzdimensionen getroffen. Wird Schwachholz oder mittelstarkes Holz gefällt, ist eine leichte Motorsäge bestens geeignet (bis 2,5 kW bzw. bis 3,4 PS; Systemgewicht: bis 5,0 kg). Im mittelstarken Holz kann es bereits sinnvoll sein, für die Fällarbeiten eine mittlere Motorsägengröße, sogenannte Allrounder, einzusetzen (bis 3,5 kW bzw. bis 4,8 PS; Systemgewicht: bis 6,0 kg) und für die Aufarbeitung der Krone und Trennschnitte eine kleine, leichte Motorsäge zu wählen. Im Starkholz reicht eine mittlere Säge nicht mehr aus. Hier kommen zwei bis drei verschieden große Motorsägenklassen zum Einsatz: schwere Fällsägen (ab 3,5 kW bzw. ab 4,8 PS; Systemgewicht: > 6,0 kg), mittelschwere sowie leichte Motorsägen. Man kann natürlich, da der Geldbeutel ja auch einen Einfluss auf die Auswahl im Sägenfuhrpark hat, Kompromisse eingehen, z.B. einen stärkeren, mittelschweren Allrounder mit einer längeren Schiene zur Fällung wählen und eine leichte Motorsäge für die Entastung im Kronenbereich.

Holzdimensionen
Kapitel 5
S. 89

Motorsägeklassen
Kapitel 3
S. 29 f.

**Simpel und wirksam: das Motorsägekonzept. Es betrachtet die Interaktion zwischen Mensch, Maschine, Werkstück und Umwelt.
Die Motorsäge wirkt wie ein langer Hebel – ist er angepasst, reduzieren sich alle schädlichen Einwirkungen durch die Motorsägenarbeit auf Mensch, Maschine und Umwelt.**

CHECKLISTE FÜR DIE BAUMFÄLLUNG

Einsatz- bzw. Vorplanung (Planung der Arbeiten)

- Gefahrenbeurteilung durchführen (ggf. ergänzen mit Fotos, Skizzen, Karte)
- Rettungsplan erstellen
- Arbeitsauftrag erstellen (Gefahrenbeurteilung und Rettungsplan beifügen)
- Wettercheck durchführen
- Motorsäge(n) nach dem Motorsägekonzept auswählen
- Betriebsmittel bereitstellen (Sonderkraftstoff und Bio-Kettenschmieröl)
- Werkzeugliste (Checkliste) abarbeiten
- Materialliste für Absicherungs- und Absperrmaßnahmen der Baustelle abarbeiten
- Sicht- und Funktionsprüfung der Motorsäge sowie der Hilfsmaterialien
- PSA „Motorsägearbeiten" zusammensuchen und auf Einsatztauglichkeit prüfen
- Erste-Hilfe-Ausrüstung (Verbandpäckchen für Waldarbeit, Trillerpfeife, Telefon)
- Kfz auf Ladungssicherung prüfen (insbesondere Motorsäge und Gefahrstoffkanister)
- Personencheck durchführen (Wer hat das Kommando? Wer soll was tun? Kann er das? Sind alle körperlich und psychisch einsatzbereit? Bringt jeder genug Zeit mit?)
- Für Wechselkleidung, Verpflegung und Hygiene sorgen
- Ggf. Einweisung, Unterweisung in Geräte (u.a. Bedienungsanleitung lesen)
- Ggf. Betriebsanweisung im Betrieb bereithalten
- Ggf. verkehrsrechtliche Anordnung bei der Ordnungsbehörde einholen (bei Arbeiten im öffentlichen Verkehrsraum)
- Ggf. PSA „Warnschutzkleidung" bei Arbeiten im öffentlichen Verkehrsraum bereithalten
- Ggf. mit Netzbetreibern Kontakt aufnehmen (z.B. bei Arbeiten im Bereich von Strom- oder Gasleitungen)
- Ggf. angrenzende Nachbarn (oder andere) über die beabsichtigten Wald- bzw. Baumarbeiten informieren
- Ggf. natur- und artenschutzrechtliche Belange bei den Wald- bzw. Baumarbeiten berücksichtigen (z.B. Planung des zeitlichen Einsatzes im Jahr)

Arbeitsdurchführung (Wald- und Fällarbeiten)

- Wald- bzw. Baumbaustelle vor Ort einrichten
- Allgemeine Kommunikationsregeln festlegen (Wer hat bei den Arbeiten „den Hut auf"? Wie wird der Motorsägenführer bei laufender Motorsäge angesprochen?)
- Besprechung der Arbeiten und des Arbeitsauftrags vor Ort (inkl. Einweisung ins Gelände und Verhalten bei Unfällen, Rettungskette checken, Pausenorganisation)
- Materialaufnahme und Beginn der Fällarbeiten/der Arbeiten am Baum
- Wiederkehrender Ablauf der Baumfällung (in 8 Schritten einen Baum sicher fällen)
- Wetterbedingungen und Fitness der Arbeitenden wiederkehrend überprüfen
- Ggf. Prüfung der Funktionstüchtigkeit des Arbeitsmaterials (z.B. Kettenschärfe)

Abschlussarbeiten (Arbeiten am Tagesende)

- Arbeitsplatz (Baustelle im Wald bzw. Baumbaustelle) aufräumen
- Nachbesprechung der Baustelle und Dokumentation wichtiger Dinge
- Geräte auf Vollzähligkeit und Mängel überprüfen (Checkliste)
- Geräte und Hilfsmittel reinigen und warten (auf wiederkehrende Prüfungen achten)
- Geräte verstauen
- Kontinuierliche Verbesserungen im gesamten Arbeitsablauf besprechen
- Ggf. weitere Nacharbeiten (z.B. Holz aufmessen, Rechnungen stellen bzw. bezahlen, mit Dritten kommunizieren, Gerät zur Werkstatt bringen, Betriebsmittel kaufen für den nächsten Einsatz)

Die Rettungskette

1. **Standort wissen, bevor man in den Wald geht.**
   - Flurbezeichnung, Rettungspunkt, Koordinaten kennen.
   - Telefon mitnehmen (vorher Ladung und im Wald Empfang überprüfen).

2. **Unfallereignis erkennen.**
   - Aufmerksam sein.
   - Situation einschätzen (gibt es Zugang zur verletzten Person oder ist sie unter einem Baum begraben, eingeklemmt oder im Hang abgestürzt).

3. **Erste Hilfe leisten, wenn möglich.**
   - Besteht kein unmittelbarer Zugang zur Person, zuerst den Notruf absetzen, da Freischneiden, Ausgraben oder Klettern viel kostbare Zeit in Anspruch nimmt und nicht immer erfolgreich ist.

4. **Notruf absetzen.**
   - Flurbezeichnung, Rettungspunkt oder Koordinaten angeben.
   - Unfallsituation schildern.
   - Absprache, ob das Rettungsteam abgeholt oder mit der Trillerpfeife gelotst wird.
   - Fragen der Rettungsleitstelle abwarten.

5. **Rettungsdienst vom vereinbarten Treffpunkt abholen/mit Trillerpfeife lotsen und in den Standort einweisen.**

2.7. Sonst noch was? Ja!

Auf die eigene Arbeitssicherheit und den Gesundheitsschutz bei Baumfällarbeiten zu achten, ist die eine Seite der Medaille einer guten Arbeitsorganisation und Arbeitspraxis. Die andere Medaillenseite betrifft den Arbeits- und Gesundheitsschutz für das Arbeitsteam und Dritte (z.B. Nachbarn, Spaziergänger, Rad- und Autofahrer), betrifft den Schutz und die Sicherheit von besonderen Sachen (z.B. Strom- oder Gasleitungen) und betrifft den Natur- und Artenschutz. Auch diese Aspekte müssen bei der Arbeitsorganisation und Arbeitspraxis berücksichtigt werden.

Unterstützung der Mitarbeiter
Gefährliche Arbeiten mit Motorsäge und Seilzuggeräten sind erst ab 18 Jahren erlaubt (Ausnahme zum Zweck der Berufsausbildung). Bei sonstigen Arbeiten im Wald dürfen alle helfen, die fit sind, eingewiesen und unterwiesen ins Gerät sowie eingewiesen in die Baustelle und die Abläufe. Das Jugendarbeitsschutzgesetz ist einzuhalten.
In Betrieben sind Betriebsanweisungen bereitzuhalten. Das sind i.d.R. Einseiter mit Gefahrenhinweisen und entsprechenden Schutzmaßnahmen für Geräte, Gefahr- und Biostoffe sowie Arbeitsverfahren.

Für gefährliche Arbeitsgeräte sollten die Bedienungsanleitungen aufgehoben werden, damit sie jederzeit gelesen und für eine Gefährdungsbeurteilung herangezogen werden können.

Die gute Nachbarschaft
Sind Motorsägearbeiten in der Nähe von Wohngebieten geplant, so sollte man die eigenen Arbeitszeiten mit Rücksicht auf die angrenzenden Nachbarn planen. Wenn es sogar die eigenen Nachbarn bzw. die Nachbarn von Freunden sind, dann ist es natürlich einer guten Nachbarschaft dienlich, wenn man sie über die beabsichtigten Wald- bzw. Baumarbeiten informiert. Das gehört zum guten Ton und Miteinander dazu.

Baumfällungen an öffentlichen Wegen
Werden Gehölz- und Fällarbeiten im öffentlichen Verkehrsraum oder direkt an diesen angrenzend ausgeführt, muss bei der Straßenverkehrsbehörde der örtlichen Gemeinde eine verkehrsrechtliche Anordnung (kurz: VAO) eingeholt werden. Sie ist eine amtliche Genehmigung der zuständigen Behörde (es wird meist ein kostenpflichtiger Bescheid erteilt) und beinhaltet Anweisungen und Auflagen zur Verkehrssicherung für die beabsichtigten Arbeiten an oder neben einer öffentlichen Straße

Einweisung ins Arbeitsgerät Motorsäge am schönsten Arbeitsplatz der Welt, dem Wald. Neben etlichen Sicherheitseinrichtungen verfügt die Motorsäge über geometrische Eigenschaften. Sie zu kennen und zu nutzen und das Handling zu üben (hier z.B. durch Schneiden von Quadern mit vier Stechschnitten – Christoph Klose hält das Ergebnis in der linken Hand), kann Baumfällungen sicherer machen.

Geometrie der Motorsäge
Kapitel 3
S. 51

(Arbeitsstelle). Der Bescheid beinhaltet mindestens die folgenden Punkte: (a) Beschreibung der Arbeitsstelle, (b) Beschreibung der geplanten Arbeiten, (c) Durchführungszeitraum der Arbeiten, (d) Regeln (Plan) zur Beschilderung und Verkehrsleitung (z.B. durch Lichtzeichenanlagen) und es wird (e) eine verantwortliche Person für die beabsichtigten Arbeiten im Verkehrsraum benannt. Häufig wird auch darauf hingewiesen, dass man sich bei der örtlichen Polizeidienststelle vor und nach den Arbeiten melden muss.

Eine verkehrsrechtliche Anordnung sollte in jedem Fall beantragt werden, wenn sich die beabsichtigten Fäll- und Gehölzarbeiten in irgendeiner Weise auf den Straßenverkehr auswirken (im Übrigen bezieht sich das nicht nur auf die Autofahrer, sondern auch auf andere Verkehrsteilnehmer, wie z.B. Fußgänger und Radfahrer). Der Antrag kann i.d.R. formlos bei der Behörde gestellt werden. Ratsam ist es jedoch, bei der Gemeindebehörde erst einmal anzurufen, ihr das eigene Vorhaben genau zu skizzieren (Zeit und Ort) und exakte Fragen ebenso beantworten wie stellen zu können. Ein Bescheid ist rechtlich bindend für den Durchführenden; Abweichungen vom Bescheid sind nicht möglich. Bei den tatsächlichen Arbeiten im öffentlichen Verkehrsraum ist zusätzlich zu beachten, dass alle Arbeitenden die vorgeschriebene persönliche Schutzausrüstung und Warnschutzkleidung tragen müssen.

Baumfällungen in der Nähe von Infrastruktur

Müssen Bäume im Einzugsbereich von Strom- bzw. Hochspannungsleitungen oder sonstigen Infrastrukturlinien (z.B. an Eisenbahnstrecken, Schifffahrtswegen, Telefon-, Gas- oder Ölleitungen) gefällt werden, dann muss Kontakt mit dem zuständigen Netzbetreiber oder der zuständigen Behörde aufgenommen werden. Hinweise zum Betreiber von Stromleitungen bspw. findet man meist auf Schildern, die an den Masten der Stromleitungen montiert sind.

Belange des Natur- und Artenschutzes

Zu guter Letzt sind noch natur- und artenschutzrechtliche Belange zu berücksichtigen. Es bestehen nämlich rechtliche Unterschiede, wo, wann und welche Bäume man fällen darf. Bei diesen Fragen ist u.a. zu klären, ob sich ein Baum in einer „gärtnerisch gepflegten Anlage" befindet (also nicht im Wald) oder in einem Wald mit z.B. naturschutzrechtlichen Auflagen. Wer sich auskennt, guckt ins Gesetz, alle anderen fragen am besten beim Grünamt der Gemeinde oder, in Waldangelegenheiten, beim zuständigen Forstamt nach.

Außerdem kann man zusätzlich den eigenen Verstand einschalten und z.B. keine Habitatbäume fällen (bewohnte Bäume, etwa von Specht, Fledermaus, Bilch oder Eule) oder ungefährliche Schönheiten. Ist jedoch Gefahr für die öffentliche Sicherheit im Verzug, müssen auch solche Bäume weichen.

Bäume gibt es in gärtnerisch gepflegten Anlagen, an Straßen und Wegen, in Wäldern in und außerhalb von Naturschutzgebieten. Jeder Standort hat seine eigenen Auflagen und Bestimmungen, die bei Baumfällarbeiten zu berücksichtigen sind.

Hier wurde ein Baum mit dem Seil umgezogen:
Eine sichere Baumfällung mit Kastenschnitt und überschnittenem Stützband.

3. Die Motorkettensäge:
Das Hauptwerkzeug für Waldarbeiten und Baumfällungen

Das Waldmoped, die Motorkettensäge, ist das zentrale Handwerkszeug des Waldarbeiters. Jedem schlägt das Herz höher, wenn sie schnurrt und läuft. Und jeder kennt es: Das Biest springt nicht an, die Kette ist stumpf oder irgendetwas anderes funktioniert nicht so, wie es soll.

Im dritten Kapitel möchten wir alles Wichtige rund um die Motorsäge vorstellen, damit die Waldarbeit gelingt. Wir spielen die Musik des Dreiklangs „Sicherheit, Ergonomie, Präzision". Unser Motto: Haltung an der Motorsäge bewahren!

3.1. Die Motorsäge

Motorsägen gibt es in verschiedenen Größenklassen und Typen. Welche man einsetzt, hängt davon ab, welche Arbeiten man zu erledigen hat. Man sollte immer die kleinstmögliche Säge wählen, um ergonomisch und ökonomisch unterwegs zu sein. Auch gibt es jede Menge Hersteller von Kettensägen. Sägen von Stihl, Husqvarna und Dolmar/Makita sind Marken, auf die man mit hoher Wahrscheinlichkeit trifft, wenn man einem professionellen Waldarbeiter begegnet.

Typen

Die wichtigsten Typen für die Waldarbeit sind Back- und Top-Handle-Sägen. Back-Handle-Sägen sind die „normalen" Motorsägen. Sie werden vom Sägerücken (engl. „back") aus gegriffen. Sogenannte Top-Handle-Sägen werden am hinteren Handgriff von oben (engl. „top") gegriffen. Dieser Motorsägentyp darf nicht im Bodenbetrieb eingesetzt werden, sondern ist für Arbeiten im Baum gedacht. Der Top-Handle-Sägetyp ist vor allem deshalb sehr gefährlich, weil der Bediener dazu verleitet wird, sie nur mit einer Hand zu bedienen.

Eigenschaften

Motorkettensägen wiegen, über den Daumen gepeilt, zwischen 3 und 10 kg, haben zwischen 2 und 9 PS und ihr Hubraum reicht von 25 bis 120 cm^3. Neben den klassischen Benzinmotorsägen gibt es Akku- und Elektrosägen.

Akkusägen

Akkusägen sind kabellose Elektrosägen, die sehr leise und anspringfreudig sind (per Knopfdruck). Ihr hohes Drehmoment ist sofort da. Sie arbeiten ohne Abgase und vibrationsarm (deshalb haben sie häufig kein Antivibrationssystem). Sie sind außerdem wartungsärmer als Benzinmotorsägen. Ein großer Nachteil der Akkusägen besteht darin, dass sie nicht so leistungsstark sind und der Akku unter Volllast und bei dickem, hartem Holz nicht lange hält (er reicht aber zum Entasten von zwei bis drei Fichten). Deshalb werden Akkusägen noch nicht bei der professionellen klassischen Baumfällarbeit eingesetzt. Beliebt sind sie bei Sägearbeiten in der Baumpflege (Baumkletterei und Hubarbeitsbühneneinsatz). Man vergisst leider bei der Akkusäge leicht, Öl nachzutanken. Außerdem hört man nicht, dass die Säge startklar ist; sie ist wie ein durchgeladener Revolver.
Da die Akkusäge noch wenig gebräuchlich bei der Waldarbeit ist, konzentrieren wir uns in diesem Kapitel auf die Benzin-Motorsäge.

Motorsäge-konzept

Kapitel 2
S. 22 f.

Kettentypen

Heutzutage kommen fast ausschließlich Hobelzahnketten als Halbmeißel- und Vollmeißelketten zum Einsatz. Halbmeißelketten haben abgerundete Seitenkanten (Zahnbrust) und sind etwas fehlertoleranter beim Schärfen. Außerdem ist bei ihnen der Rückschlag-Effekt geringer. Vollmeißelketten haben eine größere Schneidkraft, verlangen jedoch exaktes Schärfen und sauberes Holz, da die

Motorsägentypen: Back-Handle und Top-Handle

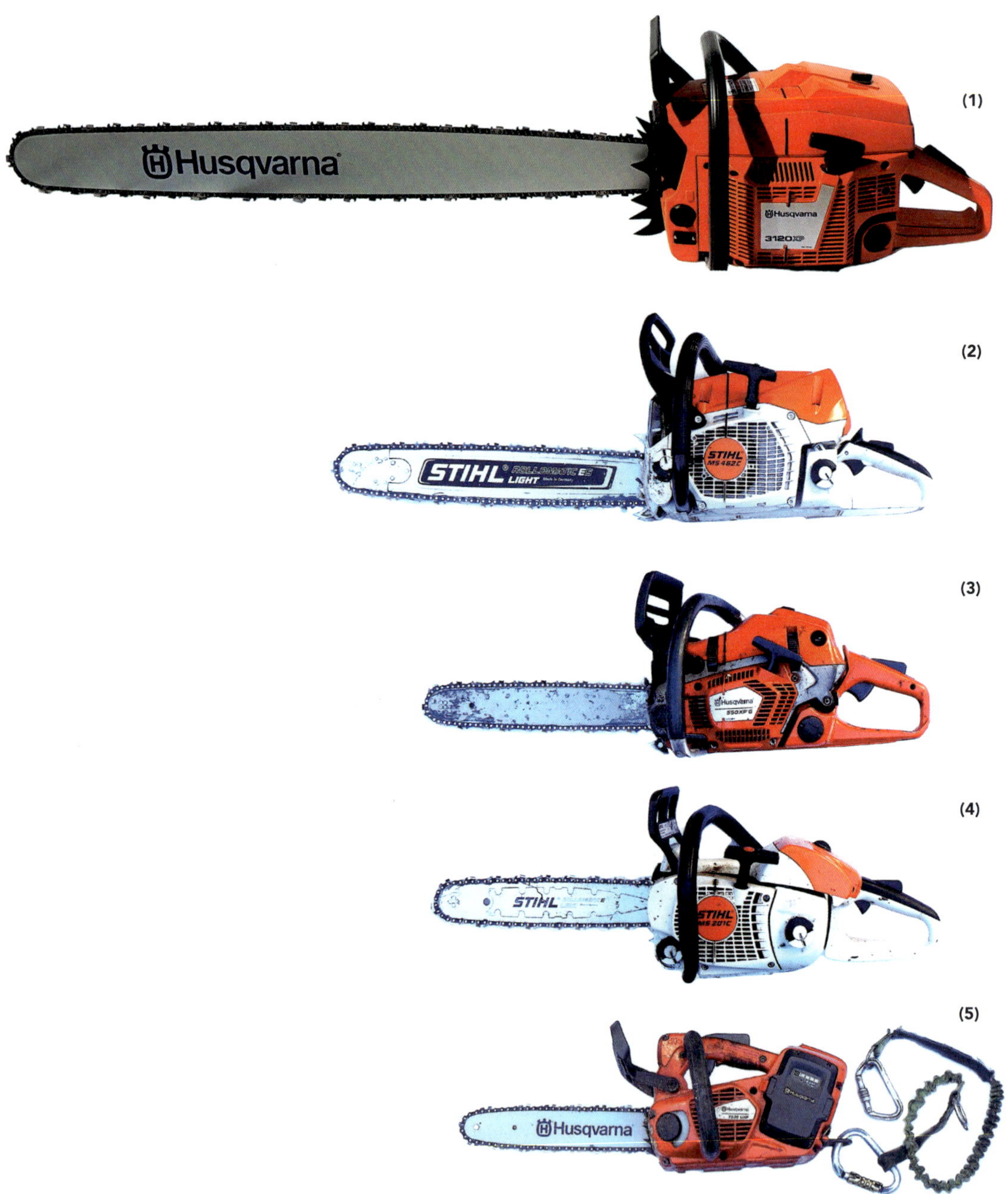

Motorsägen gibt es in zwei Modellvarianten. Back-Handle-Sägen (1 - 4), bei denen der hintere Handgriff am Rücken der Motorsäge gerade nach hinten verläuft, und Top-Handle-Sägen (5), bei denen der hintere Handgriff zentral oben auf dem Motorsägenblock liegt. Wir haben Modelle in fünf verschiedenen Gewichtsklassen ausgesucht:
(1) Husqvarna 3120 XP: Hubraum 118,8 cm³; 6,2 kW/8,4 PS; Systemgewicht (SG) 13 kg; Schiene: 105 cm
(2) Schwere Klasse (Fällsäge): STIHL MS 462 C-M: Hubraum 70,0 cm³; 4,4 kW/6,0 PS; SG ca. 7,2 kg; Schiene: 50 cm
(3) Mittlere Klasse (Allrounder): Husqvarna 550 XP G: Hubraum 50,1 cm³; 3,0 kW; 4,1 PS; SG ca. 5,6 kg; Schiene: 38 cm
(4) Leichte Klasse (Aufarbeitung): STIHL MS 201 C-M: Hubraum 35,2 cm³; 1,8 kW/2,4 PS; SG ca. 4,4 kg; Schiene: 35 cm
(5) Für Baumkletterer (Top-Handle-Säge mit Akku-Betrieb): Husqvarna T 536 Li XP: ca. 4,5 kg (inkl. Leine); Schiene: 30 cm

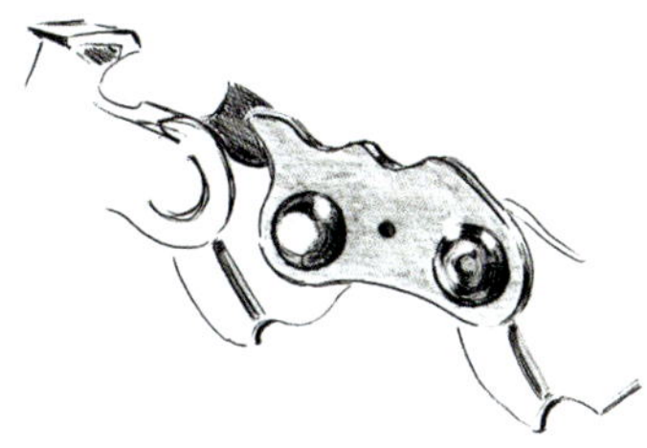

Links: Halbmeißelkettenglied mit Sicherheitstiefenbegrenzer
Mitte: Vollmeißelkettenglied mit Standardtiefenbegrenzer
Rechts: 3-Höcker-Verbindungsglied zur weiteren Minderung der Rückschlaggefahr

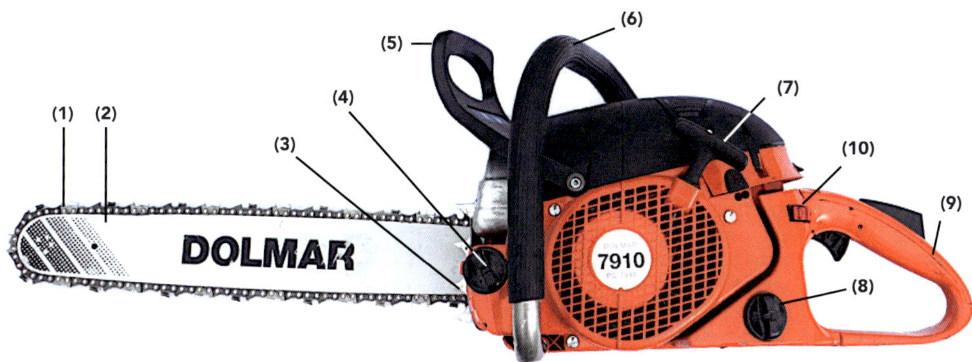

(1) Kette, (2) Schiene, (3) Krallenanschlag, (4) Deckel Kettenöltank, (5) vorderer Handschutz mit integrierter Kettenbremse, (6) vorderer Handgriff,
(7) Anwerfseil, (8) Deckel Kraftstofftank, (9) hinterer Handgriff, (10) Start-/Stop-Schalter (Notaus-Knopf)

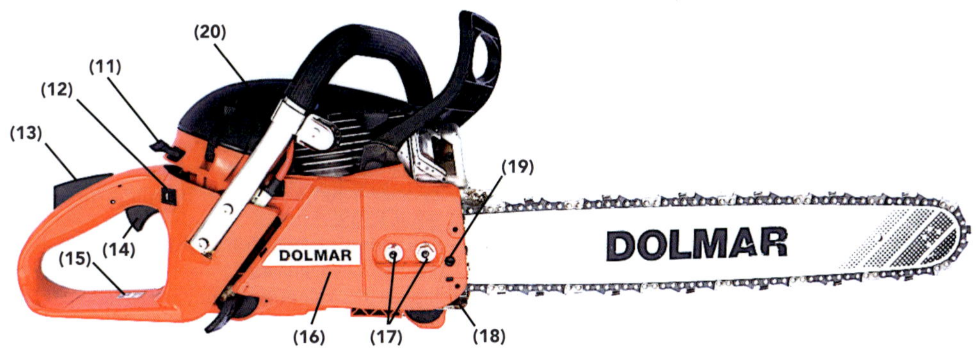

(11) Kaltstarthebel/Choke, (12) Griffheizung, (13) Gashebelsperre, (14) Gashebel, (15) hinterer Handschutz, (16) Kettenraddeckel, (17) Muttern zur Schienen- und Kettenraddeckelbefestigung, (18) Kettenfangbolzen, (19) Kettenspannschraube, (20) obere Abdeckung; Dekompressionsventil: siehe S. 35

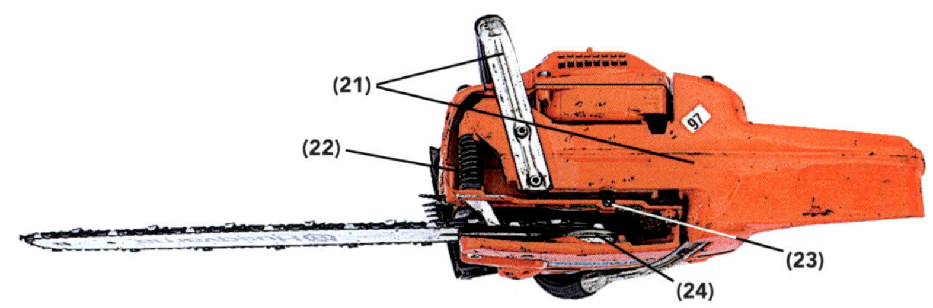

(21) Untersystem Griffeinheit; über Vibrationsdämpfer werden die beiden Untersysteme Griffeinheit und Schiene-Motorblock miteinander verbunden, (22) Federelement zur Vibrationsdämpfung, (23) Öleinstellschraube, (24) außenliegende Kupplungsglocke

Tiefenbegrenzer richten

Kapitel 3
S. 43

Kickback/ Rückschlag

Kapitel 3
S. 50

Stechschnitt

Kapitel 3
S. 50

spitzen Zähne bei Kontakt mit Metall und Steinen schneller leiden als die der Halbmeißelketten.
Bei den Tiefenbegrenzern der Kette unterscheidet man Standard- und Sicherheitstiefenbegrenzer. Standard ist ein relativ steil abfallender Tiefenbegrenzer, der den Stechschnitt erleichtert, aber dafür auch die Rückschlag- bzw. Kickbackgefahr erhöht. Der Sicherheitstiefenbegrenzer fällt deutlich flacher ab, wodurch sich sowohl die Schnittleistung als auch die Kickbackgefahr vermindert. Manche Ketten verfügen über ein zusätzliches Sicherheitsglied zwischen den Hobelzahngliedern, mit dem der Kickback-Effekt weiter reduziert wird. Aber niemand wähne sich in falscher Sicherheit:

Alle Motorsägenschienen, egal mit welcher Kette sie laufen, schlagen zurück!

Aufbau der Motorsäge

Eine Benzin-Motorsäge besteht im Wesentlichen aus einem Motor, der die auf einer Schiene sitzende Kette antreibt, einem Luftfilter, einer Kupplung, je einem Tank für Kraftstoff und Kettenöl, einem Gehäuse, zwei Handgriffen, wovon der hintere mit Gashebel und Gashebelsperre ausgestattet ist, einem Anwerfseil, einer Kettenbremse, die zugleich einen Handschutz darstellt, einem Krallenanschlag und einem Kettenfangbolzen.

Sicherheitseinrichtungen der Motorsäge

Die wesentlichen Sicherheitseinrichtungen der Motorsäge sind

- Kettenbremse mit vorderem Handschutz
- verbreiterter Handschutz am hinteren Griff
- Kettenfangbolzen
- Gashebelsperre
- Krallenanschlag
- Antivibrationssystem (AVS)
- Notaus-Knopf
- Transportschutz für die Schiene

Die Kettenbremse wird bei einem Kickback in Sekundenbruchteilen ausgelöst. Schnellt die Säge hoch, drückt entweder der linke Handrücken am vorderen Handgriff den Handschutz automatisch nach vorne oder dessen Massenträgheit stoppt über eine Verbindung zur Kupplung die Kette abrupt.
Der Kettenfangbolzen befindet sich im Einlaufbereich der Schiene. Er mindert die Gefahr, dass eine bei laufendem Betrieb reißende Kette unter der Säge durchschlägt und den Motorsägenführer trifft. Der verbreiterte Handschutz für die gasgebende Hand erhöht zusätzlich deren Sicherheit.
Die Gashebelsperre dient dazu sicherzustellen, dass nicht unbeabsichtigt Gas gegeben werden kann, sondern nur bei gleichzeitiger Bedienung von Sperre und Gashebel.
Der Krallenanschlag fixiert die Säge bei einlaufender Kette am Holz und verringert die Kickbackgefahr.
Das Antivibrationssystem aus Stahlfedern oder Kunststoffpuffern, mit denen die Handgriffe von Motor und Schiene getrennt werden, minimiert die Übertragung der Vibration der Säge auf die Hände des Sägenführers und damit die Gefahr, an Morbus Raynaud (Weißfingerkrankheit) zu erkranken.
Der Notaus-Knopf ermöglicht ein schnelles Abschalten der Motorsäge.
Der Transportschutz für die Schiene verhindert Unfälle und Beschädigung von anderem Material durch die scharfe Kette.

Routine-Check der Motorsäge für eine sichere Bedienung

Vor Einsatz der Kettensäge sollte immer geprüft werden, ob

- Kraftstoff- und Öltank befüllt sind,
- die Säge hinreichend sauber, v.a. nicht verharzt ist,
- kein Material ermüdet ist,
- der Luftfilter sauber ist,
- die Ölschmierung der Kette funktioniert,
- die Kette in Ordnung ist (Nieten, Tiefenbegrenzerabstände und Schärfwinkel der Zähne),
- die Kette richtig sitzt, (in Laufrichtung) läuft und korrekt gespannt ist,
- die Kettenbremse auslöst,
- alle Schrauben fest an ihrem Platz sitzen und
- die Säge sich „richtig anfühlt" (Vibriert sie mehr als sonst, hört man ungewohnte Geräusche?).

Kraftstoff und Öl für die Kettensäge

Ohne Kraftstoff und Kettenschmieröl nutzt die beste Motorsäge nichts. Ein Doppel- bzw. Kombikanister hat beides: ein Behältnis für Sprit und eines für Öl.
Besonders praktisch sind solche Kanister, wenn sie mit Schnelleinfüllstutzen ausgestattet sind, weil hier nichts daneben geht. Bevor man die Tanks befüllt, die Einfüllstutzen kurz niederdrücken, damit Gas entweichen kann. Man beginnt den Tankvorgang immer mit dem Kettenöl, weil sonst die Gefahr besteht, dass man das Kettenöl vergisst.
Zuerst den Öltank aufschrauben, Öl einfüllen und diesen Tankdeckel wieder verschließen. Dann erst den Kraftstofftank öffnen. Hat man beide Tanks gleichzeitig geöffnet, stehen die Chancen gut, Öl oder Sprit zu verlieren, die Tanks zu vertauschen oder Dreck einzusammeln.
Beim Betanken muss die Motorsäge ausgeschaltet sein, es sind Handschuhe zu tragen und man

Vor Inbetriebnahme einer Motorsäge ist die Gebrauchsanleitung zu lesen, und bei jedem Einsatz der Motorsäge ist der Verstand einzuschalten!

Prüfen der Kettenschmierung: Säge mit Vollgas knapp über einer hellen Fläche laufen lassen. Der Schmierverlust, und damit die gute Kettenschmierung, ist am Ölstreifen auf dem Untergrund erkennbar.

Kombikanister für Kraftstoff und Kettenschmieröl. Die Schnelleinfüllstutzen erlauben verlustfreies Einfüllen der Betriebsmittel in die Motorsägentanks. Am Kombikanister ist Platz für Motorsägenschlüssel, Ersatzkette und Schraubendreher.

Schnelleinfüllstutzen in geschlossenem (links) und offenem Zustand (rechts). Beim Einsetzen in die Tanks geht nichts daneben und diese können auch nicht überlaufen.

darf weder essen noch trinken noch rauchen. Nach dem Tanken ist die Motorsäge aus Sicherheitsgründen an einem anderen Ort, wo keine Kraftstoffgase in der Luft hängen, zu starten. Wenn Sprit beim Tanken daneben geht, darf man die Motorsäge erst starten, wenn man sie abgewischt und kurz abgewartet hat, bis dieser Kraftstoff verdunstet ist.
Da für Transport und Lagerung der Säge die Öleinstellschraube zu verschließen ist, nicht vergessen, diese für den Einsatz wieder aufzudrehen (Schraube runterdrücken – sie hat eine Feder – und bis zum Ende drehen).
Kraftstoffkanister müssen zugelassen und mit einem Gefahrstoffhinweis ausgestattet sein (je nach Sonderkraftstoff z.B. UN 1203 oder 1268). Kunststoffkanister haben ein Prägedatum, ab dem der unbeschädigte Kanister fünf Jahre verwendet werden darf. Stahlbehälter haben i.d.R. kein Verfallsdatum. Zum Transport müssen die Tanks fest verschlossen sein – also Schnelleinfüllstutzen abschrauben und Kanisterdeckel aufschrauben. Zusätzlich ist für eine Sicherung gegen Verrutschen und Umkippen zu sorgen sowie für ausreichende Belüftung des Laderaums. Es gilt Rauchverbot im Auto und es ist ein BC-Feuerlöscher mit mindestens 2 kg Löschmittel mitzuführen, wenn man Gefahrgut transportiert. Beim Be- und Entladen der Kraftstoffe ist der Fahrzeugmotor auszuschalten. Kraftstoffkanister sind über Nacht aus dem Fahrzeug zu nehmen.
Die Höchstmengen, die transportiert werden dürfen, folgen der sogenannten 1000-Punkte-Regel: Gefährliche und brennbare Stoffe werden nach Punkten eingeteilt. Multipliziert man z.B. den Berechnungsfaktor 3 für Sonderkraftstoff mit 300 Litern, die man vielleicht kutschieren möchte, bleibt man unter 1000 Punkten und damit im Rahmen des Erlaubten.
Auch daheim darf man nur begrenzte Mengen an Kraftstoff lagern, z.B. im Hauskeller 10 Liter Sonderkraftstoff und in Arbeitsräumen und Garagen je 20 Liter in zugelassenen 10-Liter-Kanistern. Es ist verboten, Gefahrstoffe in der Nähe von Lebensmitteln zu lagern. Weil sich Gesetze und Verordnungen schnell ändern können, ist jeder angehalten, sich bei entsprechenden Stellen (z.B. der SVLFG) regelmäßig zu informieren.
Hat man versehentlich Öl in den Benzintank gefüllt, die Säge auf keinen Fall starten, sondern das Öl ganz ablassen und dann Sprit auffüllen; beim Start wird es ein wenig nach Pommesbude riechen.
Unsere Tipps erfolgen ohne Gewähr. Wer sicher gehen will, dass seine Säge keinen Schaden nimmt, liest die Gebrauchsanleitung des Motorsägenherstellers und zieht seinen Motorsägen-Fachhändler zu Rate.

Pflicht: Sonderkraftstoff

Bei handgeführten Zweitaktmaschinen, wie es die Motorkettensäge ist, besteht die gesetzliche Pflicht für Unternehmen, Sonderkraftstoff einzusetzen. Es darf kein Benzingemisch mehr verwendet werden, da bei laufender Säge zu hohe Anteile giftigen Benzols und Kohlenmonoxids freigesetzt werden. Sonderkraftstoff hat hingegen viele Vorteile: Er verbrennt sauberer, ist sparsamer im Verbrauch und umweltverträglicher, die Leistung des Motors ist verbessert (dadurch geringerer Verschleiß an der Säge), es stinkt weniger und die Öl-Kraftstoff-Phasen entmischen sich nicht so schnell. Der Kraftstoff muss nicht gemischt werden – man verliert weder Sprit noch wertvolle Sägezeit. Ein zunächst höherer Preis für den Sonderkraftstoff stellt sich damit langfristig als günstiger heraus.
Achtung! Wer seine Kettensäge bisher mit Gemisch gefahren hat, kann nicht einfach Sonderkraftsstoff in den Tank einfüllen, weil dieser dann Benzolablagerungen am Zylinderkolben löst – mit der Gefahr eines Kolbenfressers. Die Umstellung sollte vom Fachmann vorgenommen werden.
Bei den Kettenschmierölen kann man zwischen mineralischen und Bioölen wählen. Mineralische Öle sind schlecht für die Umwelt und sollten deshalb aus unserer Sicht nicht eingesetzt werden. Bioöle sind auf pflanzlicher Basis hergestellt, gelten als biologisch abbaubar und haften aufgrund von Additiven gut auf der Kette. Sie verkleben/verharzen dafür aber bei Luftkontakt vergleichsweise schnell, was besonders auffällt, wenn die Säge längere Zeit steht. Um das zu verhindern, sind folgende Maßnahmen ratsam: Nach Motorsägengebrauch die Öleinstellschraube zudrehen und den Öltank komplett befüllen. Läuft die Kette schwergängig auf der Schiene, so kann sie mit Hilfe eines Föhns geschmeidig gemacht werden. Dazu den Föhn im Ketten-/Schienenbereich anhalten.

Links: Prägeherstellungsdatum, von dem ab ein unbeschädigter Kraftstoffkanister fünf Jahre verwendet werden darf.
Rechts: Pflicht auf jedem Kraftstoffkanister ist die Gefahrstoffkennzeichnung.

Anlassen der Motorsäge

Um die Motorsäge anzulassen, ist ein abgasfreier, sicherer Standplatz zu wählen. Kettenbremse einlegen und Schienenschutz abziehen. Falls die Säge über ein Dekompressionsventil verfügt, dieses eindrücken. Gibt es eine Kraftstoffpumpe, bedient man diese ein paarmal, bis Kraftstoff den Ballon füllt. Die Säge auf einer ebenen Fläche aufstellen, mit der linken Hand am vorderen Griff auf den Boden drücken und zusätzlich mit dem rechten Fuß im hinteren Handgriff fixieren. Alternativ kann die Säge zum Starten mit dem hinteren Handgriff zwischen den Oberschenkeln eingeklemmt werden. Die linke Hand muss die Säge am vorderen Handgriff fest und sicher halten.

Kaltstart: Ist die Säge kalt oder frisch betankt, stellt man den Starterknopf auf die Choke-/Kaltstartposition und reißt die Säge mehrmals schnell und kräftig an, bis ein kurzes Brummen des Motors zu hören ist (hört man trotz Gehörschutz). Jetzt den Knopf von der Choke- auf die Normalposition zurückschieben und die Motorsäge starten. Bei manchen Sägen geht der Knopf automatisch vom Choke in die Normalposition.

Warmstart: Ist die Säge am Tag bereits gelaufen, reicht es i.d.R., sie mit dem Startknopf in Normalposition (Kettenbremse einlegen) anzuziehen.

Sägen mit hoher Leistung verfügen meist über ein **Dekompressionsventil**, was das Starten erleichtert. Wird der Dekompressionsknopf zum Starten nicht eingedrückt, kann es sein, dass nicht nur die Säge nicht anspringt, sondern man sich die Hand bricht, weil der Kolben zurückschlägt und das Anwerfseil dabei ruckartig einzieht.

Oben links: Dekompressionsventil (blauer Knopf), oben rechts: manuelle Kraftstoffpumpe.
Unten links: Starten der Motorsäge im Stehen, die Säge sicher zwischen die Beine geklemmt.
Mitte rechts: Bodenstart der Motorsäge halb kniend, die Fußspitze fixiert die Säge im hinteren Handgriff.
Unten rechts: Bodenstart der Motorsäge halb abgehockt, die Ferse fixiert die Säge im hinteren Handgriff.

Die abgesoffene Motorsäge

Auch das passiert jedem: Das Biest springt nicht an und schließlich hat man so oft am Anwerfseil gezogen, dass die Zündkerze der Motorsäge feucht vom Sprit ist – die Säge ist „abgesoffen". Wer keine halbe Stunde warten will, bis die Zündkerze von alleine abgetrocknet ist, kann drei Tricks anwenden:

No. 1 (unser Favorit): Säge mit der Schiene nach rechts auf den Boden stellen. Kettenbremse einlegen und mit dem rechten Knie den Motorsägenkörper fixieren. Mit der Linken Vollgas geben und mit der Rechten die Säge mehrmals schnell hintereinander anziehen. Dabei keinen Choke benutzen. Durch das Vollgas wird der Membranvergaser geöffnet, Luft wird angesaugt und die Zündkerze wird trockengepustet.

No. 2: Zeitaufwändig, aber brauchbar ist, die Zündkerze auszuschrauben, trockenzuwischen und wieder einzusetzen.

No. 3: Man kann auch den Luftfilter ausbauen, so dass wesentlich mehr Sauerstoff beim Startvorgang an die Zündkerze kommt. Man muss aber dann beim Starten aufpassen, dass kein Dreck in den Ansaugstutzen gelangt.

In jedem Fall lohnt es sich zu prüfen, ob der Luftfilter sauber ist, also überhaupt Luft angesaugt werden kann.

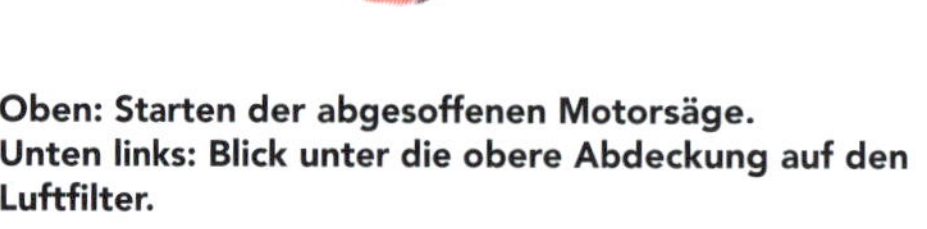

Oben: Starten der abgesoffenen Motorsäge.
Unten links: Blick unter die obere Abdeckung auf den Luftfilter.

Unten Mitte: Zündkerze.
Unten rechts: Luftfilter und Zündkerzenabdeckung sind entfernt. Blick auf Zündkerze und Ansaugstutzen.

Wartung und Pflege der Motorsäge
Das Sägen wird anstrengend, die Kette springt ab, der Motor geht ständig aus – sichere Anzeichen, dass Wartung und Pflege der Motorsäge anstehen. Im Wald und daheim sollte man über geeignetes Schärfgerät, Ersatzkette und weitere Ersatzteile für die Motorsäge (siehe grüner Kasten), ein paar (Reinigungs-)Werkzeuge sowie Know-how verfügen, um die Säge wieder flott zu kriegen. Im Fokus stehen allgemeine Grobreinigung, Kette, Schiene, Luftfilter und Ritzel.

Grobreinigung
Am Anfang kann unter Umständen gleich die Grobreinigung und Grobpflege stehen: Säge ausschalten, Öleinstellschraube zudrehen, Kette entspannen und den Kettenraddeckel abnehmen. Mit dem Motorsägenschlüssel, dem Borstenpinsel, der Zahnbürste oder der Druckluftpistole und, je nach Verschmutzungsgrad, einem Harzlöser für Kettensägen kann die Grobreinigung, v.a. im Antriebsbereich, vorgenommen werden.

Luftfilterreinigung
Der Luftfilter befindet sich unter der oberen Sägenabdeckung. Man kann ihn ausklopfen und von außen mit einem kleinen Borstenpinsel oder einer Zahnbürste vorsichtig (die Membranen sind fein) reinigen. Dazu den Luftfilter abziehen und Sorge tragen, dass kein Dreck in den Ansaugstutzen gelangt. Daheim kann man den Luftfilter mit Wasser und Geschirrspüler oder mit der Druckluftpistole säubern.
Achtung! Der Abstand zwischen Druckluft und Luftfilter sollte groß genug sein (mindestens 50 cm), damit der Filter nicht beschädigt wird. Nur von innen nach außen pusten.

Bei einigen Motorsägen werden von Herstellern serienmäßig Papierluftfilter eingebaut. Bei diesen Filtern besteht das Problem, dass sie bei nasser Witterung feucht werden und sich besonders leicht zusetzen. Dann ist die ausreichende Zufuhr von Sauerstoff für die Verbrennung möglicherweise nicht nur behindert, sondern sogar blockiert. Alternativ kann ein Kunststofffilter verwendet werden.

Öleinstellschraube
Kapitel 3
S. 31, 34

Nützliche Werkzeuge und Ersatzteile

- Motorsägenschlüssel und kleiner Schraubendreher für die Öleinstellschraube
- Schärfgerät (Feilen mit Feillehre oder Feilhilfe)
- Feilbock
- Borstenpinsel oder Zahnbürste
- Lappen
- Harzlöser
- Ersatz-Luftfilter
- Ersatz-Kette
- Ersatz-Zündkerze
- Ersatz-Anwerfseil
- Ersatz-Ritzel mit Splinten
- Ersatz-Kettenfangbolzen
- Ersatz-Führungsschiene

Feilböcke
Kapitel 3
S. 46 f.

Auseinandergebaute Luftfilter: links neuer, sauberer Luftfilter; rechts verschmutzter Luftfilter.

Systemeinheit „Kette, Ritzel, Schiene"
Kette, Ritzel (Antriebsstern, Kettenrad) und Schiene bilden eine Systemeinheit – die Garnitur, welche die Motorkraft in Schneidkraft umsetzt. Die drei Systemelemente nutzen sich im Laufe der Zeit ab. Damit ihre Abnutzung aufeinander abgestimmt ist, sollten pro Ritzel abwechselnd drei Ketten und bis zu zwei Schienen eingesetzt werden. Die Kette dehnt sich nämlich im Laufe der Zeit und das Ritzel bekommt entsprechende Einlaufspuren.

Das Ritzel
Man unterscheidet Profil-/Stern- und Ringkettenräder. Sie werden i.d.R. getauscht, sobald sichtbarer Verschleiß, v.a. in Form von Einlaufspuren, vorliegt. Das Ritzel findet sich unter der Kettenabdeckung an der Kupplungsglocke. Der Verschleiß am Ritzel erhöht sich übrigens, wenn die Kette nicht ausreichend gespannt ist. Daher immer auf die Kettenspannung achten.

Die Schiene
Die Kette läuft in der Führungsschiene, landläufig auch Schwert genannt. Sie ist beim Sägen starken Belastungen ausgesetzt und benötigt Pflege und Wartung. Im hinteren Bereich findet sich der Anschluss, der mit Muttern fixiert wird. Die Schienennut führt die Treibglieder der Kette. Die Schienenspitze gibt es mit und ohne Umlenkstern. Große, starke Sägen haben häufig keinen Umlenkstern sondern Hartmetallpanzerungen gegen Verschleiß. Umlenkstern und Kette müssen zueinander passen – die technischen Daten für die passende Kette sind auf der Schiene eingestanzt. Der Schienenverschleiß ist besonders auf der Unterseite, unmittelbar hinter der Schienenspitze hoch; deshalb sollte die Schiene bei jeder Reinigung gedreht werden, um eine gleichmäßige Abnutzung zu erreichen. Dazu kann man sich mit einem Stift eine Markierung setzen, die eine Kontrolle darüber erlaubt, ob man diesen Wartungsschritt auch nicht vergessen hat.

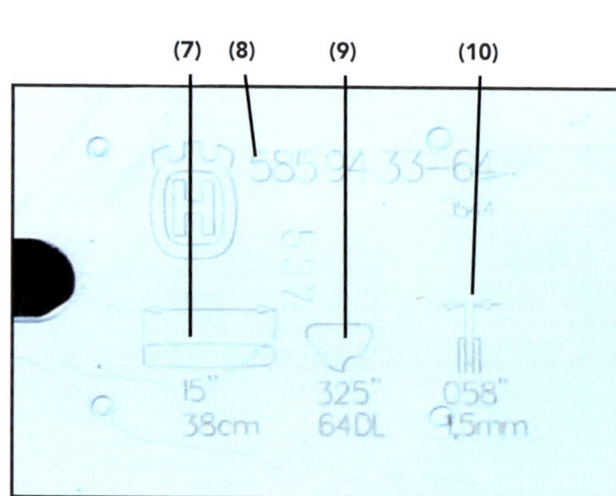

Feilböcke

Kapitel 3
S. 46 f.

(1) Anschluss für die Befestigungsschrauben der Abdeckung
(2) Aufnehmer für den Kettenspannbolzen
(3) Öleintrittsbohrung
(4) Angaben zu Schiene und Kette
(5) Bohrloch, z.B. um die Schiene aufzuhängen
(6) Umlenkstern

Angaben zu Schiene und Kette:
(7) Führungsschienenlänge in Zoll und cm
(8) Teilenummer der Schiene
(9) Kettenteilung (Kettengröße) in Zoll und Anzahl der Treibglieder (Kettenlänge)
(10) Treibgliedstärke bzw. Nutbreite der Führungsschiene

Links: Außenliegende Fliehkraftkupplung, das Kettenrad liegt hinter der Kupplungsglocke. Rechts: Nach innen liegende Fliehkraftkupplung; das Sternkettenrad ist zu sehen.

Die Schienennut (inklusive der Öleintrittsbohrungen) sollte unmittelbar nach den Sägearbeiten gesäubert werden, da sie sich oft mit festerem ölgetränkten Sägemehl zusetzt. Die Reinigung kann mit einem Schienennutreiniger erfolgen; ein Stück festerer Draht tut es aber auch. Die Nut sollte bei Schienen mit einem Umlenkstern immer in Richtung Anschluss bzw. Öleintrittsbohrungen gesäubert werden, da ansonsten der Umlenkstern zu- und somit festgesetzt werden könnte.
Verschleiß ist bei der Schiene üblich: Im Normalfall entsteht bei Gebrauch der Säge ein dünner Metallgrat an den Außenflanken der Schiene. Dieser muss immer wieder entfernt werden (= Richten der Schiene). Die Schiene wird dazu flach an einer Tisch- oder Werkbankkante angelegt. Mit der Flachfeile streicht man in einem Winkel von 45° entlang der Außenseite der Schienennut, um den Seitengrat zu entfernen. Der Grat sollte auf jeder Schienenseite mit möglichst wenigen Feilenstrichen abgenommen werden. Alternativ kann auch ein Führungsschienenrichter zum Entgraten verwendet werden.

Die Kette

Die Kette läuft auf Schiene und Kettenrad – auf der Schienenoberseite nach vorne (auslaufende Kette) und auf der Unterseite nach hinten (einlaufende Kette). Die Kette sollte weder zu stramm noch zu lasch gespannt sein: Sie muss sich wenig anheben und trotzdem noch mit lediglich zwei Fingern leicht in der Schiene nach vorne schieben lassen.
Man kann auch den Schnapptest durchführen: Kette in der Mitte der Oberseite anfassen, nach oben ziehen und loslassen (Schnappgeräusch). Sie sollte in ihre ursprüngliche Lage zurückspringen und dabei wieder fest an der Schiene anliegen.

Die Hobelzahnkette

Ursprünglich geht die Kettensägenidee wohl auf den Würzburger Arzt Bernhard Heine zurück, der um das Jahr 1830 der chirurgischen Fachwelt eine Knochenkettensäge (Osteotom) präsentierte. Das Hobelzahnprinzip bei der Motorsäge wurde vermutlich 1946 durch Joe Cox in Oregon/USA entwickelt, und die ursprüngliche Funktionsweise einer Kettensäge mit einfachen Sägezähnen war ab dieser Zeit überholt.

Oben: Die Schienennut mit einem Feilenstrich richten.

Unten links: Führungsschienenrichter.

Mitte rechts: Die Kettenspannung durch Anheben mit zwei Fingern prüfen. Die Kette muss zurückspringen und wieder fest an der Schiene anliegen (Schnapptest).
Unten rechts: Nach dem Schnapptest durch vorschieben der Kette mit zwei Fingern prüfen, ob sie nicht zu stramm sitzt.

Kette schärfen

Kapitel 3
S. 43 ff.

Die Standzeit einer Kette ist von vielen Faktoren abhängig: Kettenteilung, Form und Breite des Schneidezahns, Schärfwinkel, Qualität des Kettenmaterials (verwendete Stähle), Motorleistung der Maschine, Geschwindigkeit der Kette (Motordrehzahl), Kettenlänge/Anzahl der Schneidezähne, Schienenart, Schienenlänge, Alter von Schiene und Ritzel, Holzart, Verschmutzungsgrad des Holzes, Holzfeuchtigkeit, Holzhärte/Holzdichte, Jahreszeit (z. B. gefrorenes Holz), Kettenspannung, Vorschubdruck am Zahn (ausgeübter Druck beim Schneiden) und der Schärfmethode.

Eine Hobelzahnkette muss immer wieder gepflegt und vor allem geschärft werden. Motorsägenarbeit macht nämlich erst richtig Freude, wenn die Säge ohne Mühe butterweich ins Holz einsinkt. Und nur mit einer scharfen Hobelzahnkette erzielt man eine gute Schnittleistung. Scharfe Sägezähne produzieren gleichmäßige und große Späne. Werden die Späne immer kleiner oder so fein wie Sägemehl, dann ist dies ein sicheres Zeichen dafür, dass die Kette stumpf geworden ist und geschärft werden sollte. Stärkeres Drücken einer stumpfen Säge hilft nicht, sondern erhöht nur den Verschleiß von Kupplung, Schiene, Ritzel und Kette. Auch der Luftfilter der Säge kann unter Umständen dadurch schneller verstopfen. Je früher die Kette geschärft wird, desto weniger Material muss vom Zahn abgenommen werden.

Für schöne Zähne der Sägekette sollte man sie nicht nur einfach lieblos mit der Rundfeile beschrubbeln, sondern die Feilen richtig ansetzen. Hier hilft nach unserer Auffassung etwas Wissen über Aufbau und Funktionsweise der Hobelzahnkette.

Aufbau der Hobelzahnkette

Eine moderne Hobelzahnkette besteht aus folgenden fünf Elementen: Schneidgliedern mit abwechselnd einem linken und einem rechten Schneidezahn, Treibgliedern, Verbindungsgliedern mit Nietbolzen und Verbindungsgliedern ohne Nietbolzen.

Ein Schneidezahn besteht aus sechs Elementen: Zahndach, Dachschneide, Zahnbrust mit Brustschneide, Zahngrund, Tiefenbegrenzer und Zahnchassis.

Bei den Hobelzahnketten unterscheidet man grundsätzlich auch noch nach (a) Teilung und (b) Zahnunterschieden (in Vollmeißelkette und Halb- bzw. Teilmeißelkette; Rundmeißelketten kommen eigentlich nicht mehr vor) sowie (c), ob es sich um normal gehärtete Ketten oder extra gehärtete Spezialketten (diese lassen sich nicht von Hand schärfen) handelt. Üblich ist bei der Hobelzahnkette der Einsatz von normal gehärteten Stahlkettenelementen. Wird die Motorsäge jedoch häufig im stark verschmutzten Holz oder bei Splitterholz eingesetzt, so können spezialgehärtete Ketten recht nützlich sein.

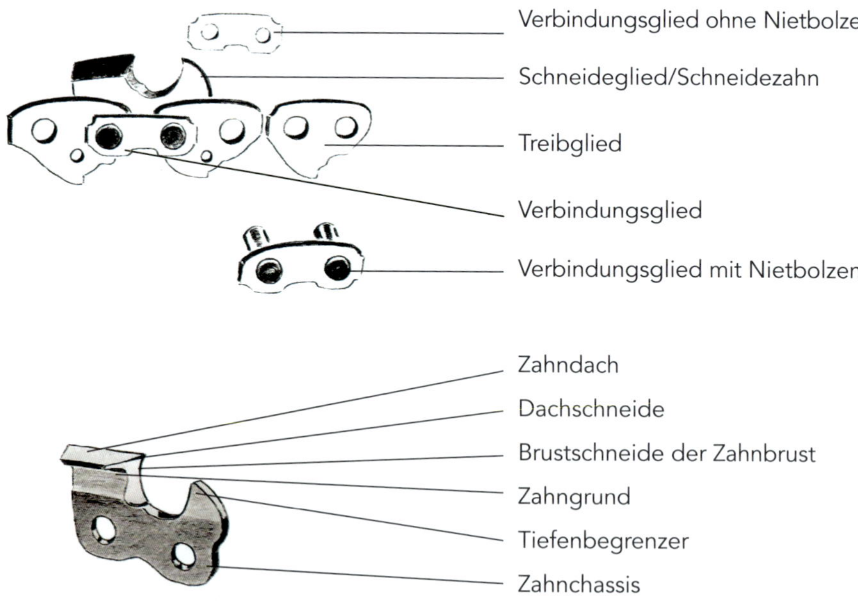

Kettengröße ermitteln

Die Kettengröße wird ausgedrückt als Kettenteilung. Diese erhält man leicht, indem man den Abstand zwischen 11 Nieten an der Kette (gemessen von Nietbolzenmitte zu Nietbolzenmitte) mit dem Zollstock in Zentimeterangabe ermittelt. Dieser Abstandswert wird nun durch 10 geteilt. Dann weiß man allerdings noch nicht, um welche Kettenteilung es sich wirklich handelt, da die Teilung der Kette (historisch bedingt) in Zoll und nicht in Zentimetern erfolgt. Also muss man den ermittelten metrischen Wert durch 2,54 cm (1 Zoll = 2,54 cm) teilen; Dehnungstoleranzen können vorkommen.

Beispiel: *Der Abstand zwischen 11 Nietbolzen der Kette beträgt 8,255 cm; geteilt durch 10 ergibt 0,8255 cm. Die 0,8255 cm werden nun durch 2,54 cm geteilt. Das Ergebnis ist eine Kette in der Teilung 0.325". Die Maßeinheit für Zoll sind zwei Anführungsstriche; die Dezimalstellenangabe erfolgt durch Setzen eines Punktes; häufig werden Kettenteilungen auch als Brüche dargestellt, wie z.B. eine 3/8 Teilung, was 0.375" entspricht.*

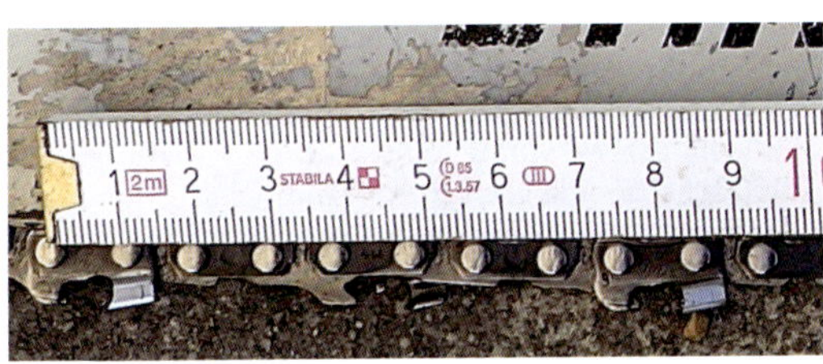

Ermitteln der Kettengröße: Messen des Abstandes zwischen 11 Nietbolzen mit dem Zollstock (hier 9,525 cm).

Kettengeschwindigkeit ermitteln

Die Geschwindigkeitsformel lautet: Geschwindigkeit (v) = Weg / Zeit. Da die Motorsägenkette über das Kettenrad bzw. Ritzel angetrieben wird, muss die Geschwindigkeit als Kreisgeschwindigkeit (Winkelgeschwindigkeit) berechnet werden: Kreisgeschwindigkeit = Kreisumfang * Drehzahl. Die Kettengeschwindigkeit der Motorsäge ist die Geschwindigkeit des Kettenzahnes auf dem Antriebsritzel. Sie wird von den Herstellern in Meter pro Sekunde [m/s] angegeben. Die Angabe wird übrigens auch bei den verschiedenen Schnittschutzklassen der persönlichen Schutzausrüstung verwendet. Technisch wird die Kettengeschwindigkeit bei maximaler Motorleistung und Drehzahl direkt am Kettenrad ermittelt, ohne Berührung der Kette mit Holz. Die Formel für die Kettengeschwindigkeit auf dem Antriebsritzel der Motorsäge ist folgende:

Schnitt-schutz-klassen
Kapitel 4
S. 58

$$v\,(Kette) = \frac{2 * T * Z * n}{60 * 1.000}\quad bzw.\, gekürzte\ Formel:$$

$$v\,[in\ m\ pro\ s]\,(Kette) = \frac{T * Z * n}{30.000}$$

- v = Kettengeschwindigkeit der Motorsäge [m/s]
- n = Drehzahl [1/min]
- T = Teilung der Kette [mm]
- Z = Anzahl Kettenradzähne („Zähne auf dem Kettenrad")

Die Daten zum rechnerischen Ermitteln der Kettengeschwindigkeit (Werte für n, T, Z; v) können i.d.R. der Bedienungsanleitung zur Motorsäge entnommen werden. Das Kettenritzel stellt hierbei den „Umfang der Kreisbahn" dar und die „Drehzahl" kann einfach aus den Leistungsangaben der Motorsäge abgelesen werden. Der Umfang des Kettenritzels setzt sich zusammen aus der Anzahl der Zähne des Kettenritzels und der doppelten Kettenteilung. Die Teilung wird in der Formel verdoppelt, da ein Kettenzahn zwei Teilungen mitnimmt (1 Treib- und 1 Verbindungsglied). Es wird durch 60 geteilt, um die Drehzahl von Minute auf Sekunde umzurechnen, und durch 1.000 geteilt, um die Teilung von Millimeter auf Meter umzurechnen. Wenn die Teilungsangabe in Zentimetern in die Formel eingeht, dann fällt eine weitere Null aus dem Bruch weg; und es wird dann im gekürzten Bruch durch 3.000 geteilt.

Beispiel:

Auf der Schiene der Motorsäge befindet sich i.d.R. die Angabe der Kettenteilung. Bei einer 0.325" (Zoll) Kette beträgt die Teilung 8,25 mm. In der Bedienungsanleitung zur Motorsäge wird die zulässige Höchstdrehzahl der Kurbelwelle angegeben. Bei einer STIHL 260 beträgt sie am Ritzel laut Angabe 14.000 U/min. In der Gebrauchsanleitung zur Motorsäge findet sich auch die Angabe zur Zahnanzahl des Kettenrades bei entsprechender Teilung. Bei der STIHL 260 beträgt die Anzahl der Zähne, die auf dem Kettenrad laufen, 7 Zähne. Daraus ergibt sich unten stehende Rechnung:

$$v\,(Kette) = \frac{0{,}825 * 7 * 14.000}{3.000}\ ;\ Ergebnis:\ v\ =\ 26{,}95\frac{m}{s}\ \ (bzw.\, 26{,}95 * 3{,}6 = 97{,}02\frac{km}{h})$$

$$v\,(km/h) = 1\frac{m}{s} * \frac{60 * 60}{1.000} = 3{,}6\ Umrechnungsfaktor:\ \frac{m}{s}\ zu\ \frac{km}{h}$$

Funktionsweise der Hobelzahnkette

Die Dachschneide eines Zahns schneidet den Span im vorderen Bereich ab; dabei bewirkt die Geschwindigkeit des Zahns im Schnitt ein ziemlich gerades Abnehmen des Spans. Gleichzeitig mit der Dachschneide wirkt die Brustschneide desselben Zahns und schneidet den Holzspan seitlich ab. Der Span wird vom Holzkörper in Form eines Dreiecks abgehoben. Erst der nächste Hobelzahn, der nun i.d.R. eine gegenüberliegende Brustschneide besitzt, schneidet den Span auf der gegenüberliegenden Seite mit der Brustschneide ab und trennt ihn im hinteren Bereich mit Hilfe seiner Dachschneide vollkommen vom Holzkörper.

Der Tiefenbegrenzer der Hobelzahnkette erhält neben der Tiefenbegrenzungsfunktion die Aufgabe, den Span aus dem Schnitt zu räumen. Daher wird der Tiefenbegrenzer gelegentlich auch als Räumer bezeichnet. Die Tiefenbegrenzung entsteht durch den Abstand zwischen Dachschneide und Tiefenbegrenzer; dieser Abstand gibt zugleich an, wie dick der Span wird.

Durch insgesamt vier Schnitte (2 x Dachschneiden- und 2 x Brustschneidenschnitt) entsteht so ein meist quadratisch geformter Holzspan – allerdings nur, wenn ein Holzstück quer zur Faser mit normaler oder höherer Kettengeschwindigkeit geschnitten wird.

Der Schärfwinkel an der Dachschneide des Zahns ist für die quadratische Spanform hauptverantwortlich. Die Hersteller von Ketten geben für die verschiedenen Motorsägenketten Schärfwinkel zwischen 25° und 35° an. Wir meinen aber, dass man jeden Zahn, unabhängig von Zahnform, Teilung und Hersteller, mit einem 30° Schärfwinkel schärfen sollte. Das hat folgende Vorteile: 1. der maximale Schärfwinkel, der aus Gründen der Arbeitssicherheit nicht mehr als 35° betragen darf, wird in jedem Fall eingehalten, 2. die Kosten der Kettenbeschaffung halten sich im Rahmen (z.B. kostet 1 mm Feilabtrag einer 24 Euro teuren Kette ungefähr 4 Euro) und 3. kann man sich diese Regel ganz einfach merken.

Bei einem Längsschnitt im Holz werden die Holzfasern indes wie aus einer Spaghettipackung längs herausgezogen und nicht gleich durchtrennt. Das Abschneiden des Längsspans geschieht bei einem großen Schärfwinkel des Zahns erst sehr spät. Ist der Schärfwinkel des Zahns **(3)** jedoch stumpf (z.B. 10°), so wird der Span in Längsrichtung kürzer abgeschnitten. Es ist deshalb leichter, einen Längsschnitt mit einem stumpfen Schärfwinkel zu schneiden; zudem wird auch das Kettenradgehäuse durch kürzere Späne weniger bzw. nicht so stark verstopft. Längsschnitte werden z.B. bei der Herstellung von Bohlen und Brettern benötigt. Sie können mithilfe eines transportablen Sägewerks hergestellt werden, bei denen Motorsägen mit Längsschnittketten mit einem geringen Schärfwinkel von 0° bis 10° (0° = 90°-Winkel der Dachschneide zur Schiene) zum Einsatz kommen. Längsschnittketten eignen sich jedoch nur für solche Einsätze, bei denen parallel mit der Holzfaser geschnitten wird.

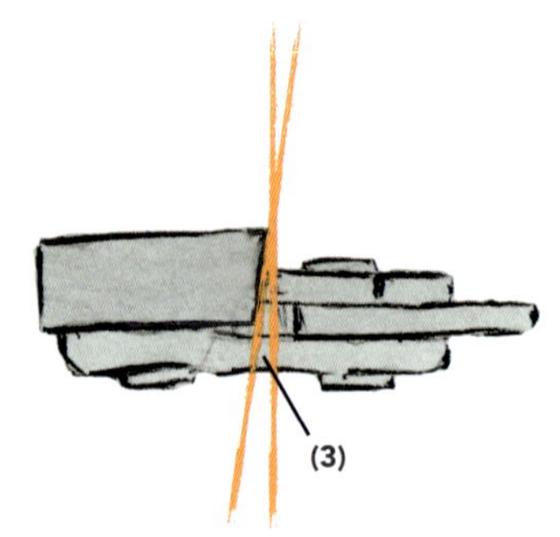

Oben links: Durch insgesamt vier Schnitte (2 x Dachschneiden- und 2 x Brustschneidenschnitt) entsteht ein quadratisch geformter Holzspan, wenn ein Holzstück quer zur Faser mit normaler oder höherer Kettengeschwindigkeit geschnitten wird.

Oben rechts: Neben der Hand Längsschnittfasern. Das Abschneiden mit der Faser (Längsspan) geschieht im Vergleich zum Schnitt quer zur Faser bei einem großen Schärfwinkel des Zahns erst sehr spät.

Unten rechts: Der Schärfwinkel der Zähne in Längsschnittketten beträgt 0 bis 10°. Bei 0° steht die Dachschneide im rechten Winkel zur Schiene.

3.2. Die Kette schärfen

Ist der Zahn scharf, ist das das Ergebnis einer Komposition aus der richtigen Rundfeilengröße, der richtigen Feilenführung, dem passenden Feilendruck und einem korrekt gefeilten Tiefenbegrenzer. Dann will die Kette auch ordentlich ran ans Holz – so wie Floppi ans Gehackte.

Die richtige Rundfeilengröße und ihre richtige Führung entscheiden über die drei Winkel am Hobelzahn: Brust- **(2)**, Schärf- **(3)**, und Dachwinkel **(4)**.

Eine optimale Rundfeilengröße ist dann gegeben, wenn sie die Dachschneide etwa 1/5 (20 %) ihres eigenen Durchmessers überragt **(1)**.

Die Rundfeile muss in geeigneten Winkeln geführt werden, um eine optimale Holzspanabnahme und dessen seitliche Abtrennung vom Holz zu gewährleisten. Neben dem Schärfwinkel von 25° bis maximal 35° wird ein Brustwinkel von 80 bis 85° bei Halbmeißel und 60 bis 70° bei Vollmeißelketten benötigt sowie ein Dachwinkel von 60°. Das optimale Schärfergebnis wird aber erst durch den richtigen Feilführungswinkel von 80 bis 90° sichergestellt **(5)**.

Eine scharfe Dach- und Brustschneide alleine nützen aber noch nichts. Um die Wirkung der vielen kleinen Hobel zu gewährleisten, muss mit der Flachfeile noch ein geeigneter Abstand zwischen Tiefenbegrenzer und Dachschneide hergestellt werden, der Tiefenbegrenzerabstand **(6)**. Der Tiefenbegrenzer muss immer leicht nach vorne hin abfallen. Dadurch wird der Zahnlauf im gefährlichen 12- bis 15-Uhr-Bereich an der Schienenspitze am Holz wesentlich geschmeidiger und der Rückschlag der Schiene (Kickback) ist vermindert.

Der Tiefenbegrenzerabstand ist bei Harthölzern (z.B. Eiche, Buche) und allgemein werksseitig bei den Sägeketten auf 0,65 mm gefeilt. Arbeitet man im Weichholz (z.B. Fichte, Kiefer, Weide), kann der Tiefenbegrenzerabstand auf max. 0,8 mm erhöht werden. Es gibt jedoch auch Kettenteilungen < 0.325": Hier ist hinsichtlich der Tiefenbegrenzerabstände in die Gebrauchsanleitung der Hersteller zu gucken; er beträgt meist 0,4 mm.

Kickback/ Rückschlag
Kapitel 3
S. 50

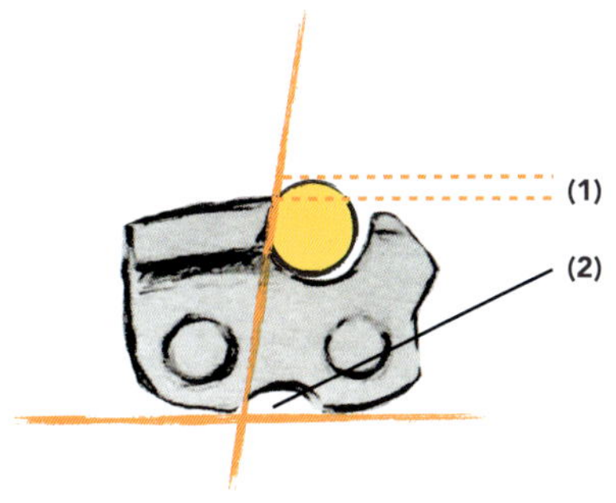

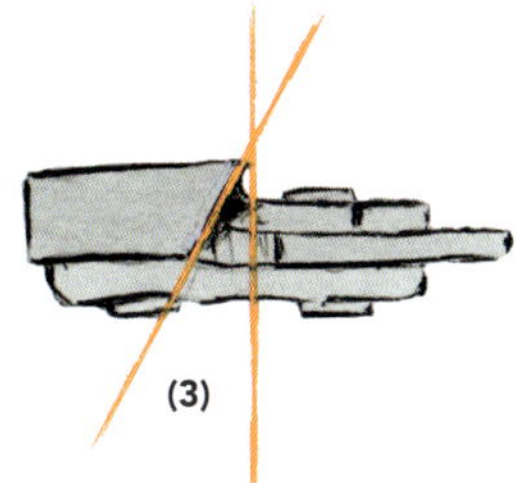

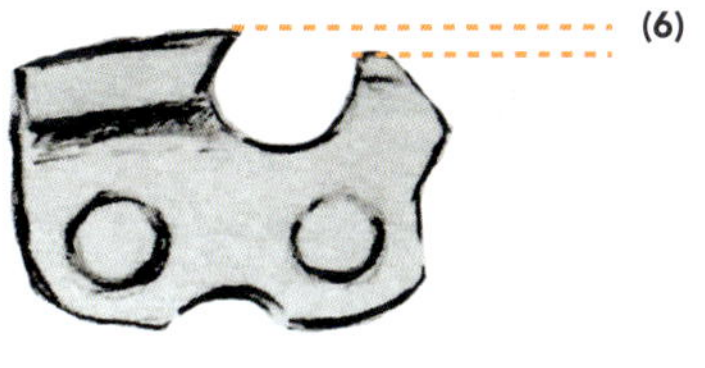

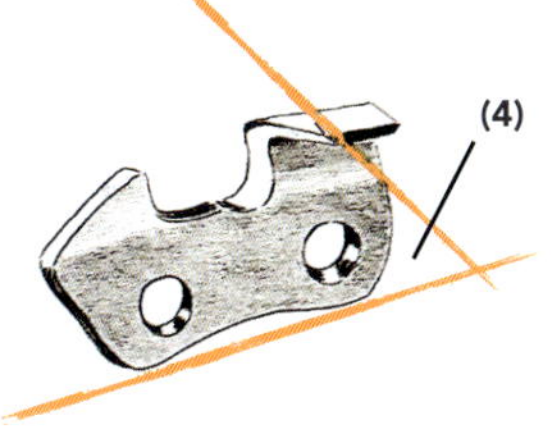

Universalwerte für Halbmeißelketten:

(1) Die Rundfeile sollte so gewählt werden, dass beim Feilen 1/5 des Feilendurchmessers über der Dachschneide steht.
(2) Brustwinkel: 80° bis 85°
(3) Schärfwinkel der Dachschneide: 30°
(4) Dachwinkel: 60°
(5) Feilführungswinkel: 80° bis 90°

(6) Tiefenbegrenzer: Abstand zwischen Oberkante Dachschneide und Oberkante Tiefenbegrenzer: i.d.R. 0,65 mm

Die vier Winkel zur scharfen Hobelzahnkette: Brust-, Schärf, Dach- und Feilführungswinkel.

Wie nun aber den Hobelzahn richtig schärfen? Die beiden wesentlichen Hilfsgeräte zum Schärfen sind natürlich die passende Rundfeile für den Hobelzahn und eine Flachfeile für den Tiefenbegrenzer. Daneben ist es jedoch sinnvoll, gerade wenn man nur selten Ketten schärft, einige Feilführungshilfen (Lehren) einzusetzen. So gibt es Lehren, um den geeigneten Schärfwinkel am Zahn einzuhalten; das Schärfgitter eignet sich hierfür hervorragend. Es besitzt zwei Magnete und wird an der Motorsägenschiene kurz unterhalb des zu schärfenden Zahns angeheftet. Die Rauten geben die Schärfwinkel für die Feile an.

Der Schärfwinkel wird außerdem auf dem Zahndach vorgegeben; manchmal findet er sich auf den Feilengriffen. Es gibt auch nützliche Lehren, um die richtige Feilengröße auszuwählen (auf der Feile selbst kann man den Durchmesser häufig nur mit einer Lupe ablesen oder man misst ihn mit einer Schieblehre).

Des Weiteren sollte sich im eigenen Schärfset auch ein Permanentmarker oder Wachstift befinden, mit dem man den kürzesten Zahn der Kette markiert – dann kommt man beim Zähneschärfen nicht so leicht durcheinander.

Das ganze Werkzeug kann man gut in einer Box aufbewahren. Rundfeilen kann man in ein Schlauchstück stecken; Flachfeilen kann man separat in ein Tuch einwickeln – beides schont die Feilen beim Transport und den Geldbeutel.

Die Kette schärft man am besten, wenn man Zeit und Ruhe hat, die Kette kalt und die Schiene in einen Schraubstock in günstiger Arbeitshöhe eingespannt ist.

Als erstes säubert man die Kette mit einem Pinsel von Verunreinigungen. Im nächsten Schritt wird die Kette etwas stärker als gewohnt auf der Schiene gespannt. Dadurch wird Wackeln und Kippen des einzelnen Hobelzahns beim Feilen vermieden. Anschließend den kürzesten Hobelzahn an der Kette mit einer Toleranz von bis zu 0,5 mm ermitteln; denn in diesem Toleranzbereich bleibt die Schnittführung der Sägekette im Holz erhalten. In diesem Vorbereitungsschritt werden die Zähne auch auf grobe Deformationen hin geprüft.

Für das Schärfen der rechten Zahnreihe die Säge mit der Schienenspitze nach links einspannen, für die linke Zahnreihe umgekehrt. Dann liegt die jeweilige Brustschneide des zu schärfenden Zahns auf der abgewandten Schienenseite.

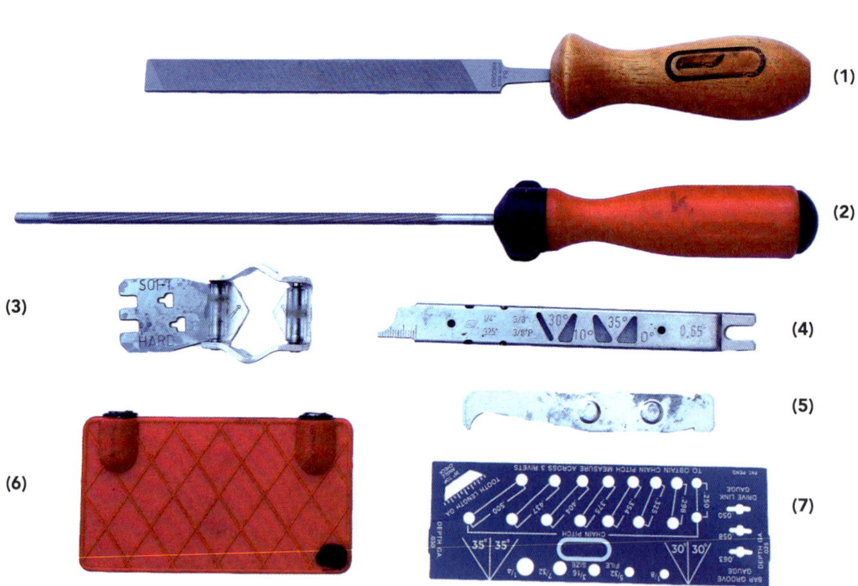

(1) Flachfeile
(2) Rundfeile
(3) Feilführungslehre für eine optimale Führung und optimalen Feilendruck am Zahn
(4) Universallehre mit Tiefenbegrenzerabstand, Haken links für das Säubern und Messen der Tiefe der Schienennut
(5) Schienennutreiniger
(6) Schärfgitter
(7) Universallehre für verschiedene Kettenteilungen und Feilengrößen

Jetzt darf die Rundfeile mit freier Hand oder mit Hilfe einer Feilführungslehre an den Zahn. Die ersten Feilenstriche (meist 2 bis 3) sollte man mit etwas mehr Kraft ausführen, um eine Art neues Feilbett im Zahn anzulegen. Die weiteren Feilstriche (2 bis 3) führt man dann mit wenig Kraft präzise durch, um dem Zahn den Feinschliff zu geben. Das Schärfergebnis kann man gut am glänzenden Metallabrieb am Zahn erkennen.

Der Tiefenbegrenzerabstand kann mit einer Lehre ermittelt werden. Er wird mit der Flachfeile gerichtet. Dazu die Feile zuerst waagrecht führen, um das Material gut abnehmen zu können, und dann auf der Hälfte des Feilenstrichs die Feile leicht nach vorne kippen, so dass der Tiefenbegrenzer nach vorne hin abgerundet wird.

Die Schneidezähne verfügen i.d.R. über Markierungen, an denen man die Verschleiß- und damit die Bearbeitungsgrenze für das Schärfen ablesen kann. Auf dem Zahndach ist sie identisch mit dem eingravierten Schärfwinkel und auf dem Tiefenbegrenzer ist sie seitlich eingebracht.

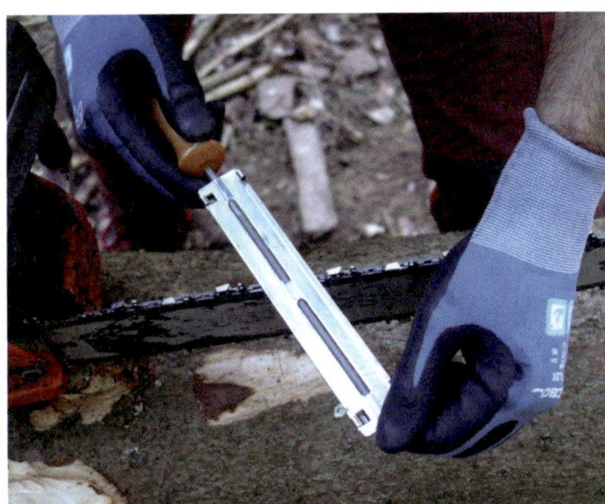

Oben links: Schärfen mit dem Schärfgitter.
Oben rechts: Schärfen mit einfacher Kettenschärflehre.
Mitte links: Schärfen mit einer Kombischärflehre, die in einem Arbeitsgang den Zahn schärft und den Tiefenbegrenzer abnimmt.
Mitte rechts: Rollenschärflehre, die für einen optimalen Anpressdruck der Rundfeile am Zahn sorgt.
Unten links: Feillehre für die Abnahme des Tiefenbegrenzers.

Feilböcke im Wald bauen

Sicherlich ist es am einfachsten, die Motorsäge samt Schiene in einen Schraubstock einzuklemmen. Der Tüftler kann natürlich einen solchen Schraubstock auf die Ladefläche seines Pritschenwagens montieren. Die meisten Waldarbeiter bedienen sich aber kleinerer Hilfsmittel und Tricks, von denen wir die geläufigsten vorstellen.

Mancher legt sich die Schiene mitsamt der Motorsäge in den Schoß und bearbeitet so die Kette mit Rund- und Flachfeile. Wer jedoch nicht sehr geübt ist im Kettenschärfen, kommt mit dieser Methode meist nur zu recht groben Ergebnissen.

Wesentlich besser sind folgende Fixierungsmethoden der Motorsägenschiene:

1. Ein Metallfeilbock wird in den liegenden Stamm oder einen Baumstumpf eingeschlagen. Dann wird die Motorsägenschiene darin fixiert.

BHD
Kapitel 7
S. 181

2. Einen dünneren Baum in ungefährer Bauchhöhe fällen (Schwachholzbereich; ca. 15 cm BHD). Den Baumstumpf von oben mittig ca. 10 cm einschneiden. Die Schiene bis zur Hälfte ihrer Höhe in den Schnitt einlegen und die Säge mit dem Krallenanschlag kräftig an den Stamm drücken. Dann mit dem Motorsägenschlüssel senkrecht die Schiene im Schnitt verkeilen.

3. In der Führungsschiene befindet sich mittig im vorderen Drittel ein Loch. Als Feilbock dient der Motorsägenschlüssel, der durch eine Schraube mit Flügelmutter ergänzt wird. Zunächst wird die dünne Griffseite des Motorsägenschlüssels in den liegenden Stamm bzw. Baumstumpf eingeschlagen. Dann wird die Schiene am Motorsägenschlüssel mit Hilfe von Schrau-

Oben: Fixieren der Schiene mit einem Metallfeilbock.
Mitte: Fixieren der Schiene an einem Schwachholzstumpf mit Hilfe des Motorsägenschlüssels.
Unten: Fixieren der Schiene mit Motorsägenschlüssel, Schraube und Flügelmutter.

be und Flügelmutter fixiert. Dazu den Schraubenkopf zuerst in die Öffnung des Motorsägenschlüssels stecken und den Schaft durch das Bohrloch an der Schiene. Mit der Flügelschraube wird die Säge am Motorsägenschlüssel fixiert.

4. Einen dünneren Baum in ungefährer Bauchhöhe mit der Schiene mittig durchstechen (Schwachholzbereich; ca. 15 cm BHD) und die Säge mit dem Krallenanschlag kräftig an den Stamm drücken. Ggf. ist es nötig, die Schiene von vorne, zwischen Holz und Schiene, mit dem Motorsägenschlüssel zu verkeilen.

5. Einen dünneren Baum in ungefährer Bauchhöhe fällen (Schwachholzbereich; 15 bis 20 cm BHD). Den Baumstumpf mittig ca. 25 cm tief einschneiden. Diesen Schnitt 3 bis 4 cm unterhalb der Querschnittsfläche des Baumstumpfs nach links und rechts hin geringfügig erweitern, so dass eine Art Holzklemmbank im Bereich des Stumpfquerschnitts entsteht. Die Klemmbank ist jedoch erst dann voll funktionsfähig, wenn eine der beiden Klemmbacken mit Hilfe eines Keils geschlossen werden kann. Um das zu erreichen, muss ein waagrechter Schnitt an einer der beiden Klemmbackenseiten gesetzt werden. Der Schnitt sollte so tief erfolgen, dass eine flexible Holzleiste anschließend an den Senkrechtschnitt stehenbleibt (z.B. Anlage eines 10 %-Quadrats). Nun wird die Schiene in die hölzerne Klemmbank gelegt, so dass die Kette frei rotieren kann. Auch hier wird die Motorsäge mit dem Krallenanschlag an den Stamm gedrückt. Zum Schluss wird die Klemmbank geschlossen und die Schiene fixiert, indem ein Keil in den waagrechten Schnitt fest eingeschlagen wird. Voilà, nun kann, wie zu Hause an der Werkbank, die Kette geschärft werden.

10 %-Quadrat

Kapitel 5
S. 84

Oben: Fixieren der Schiene mit dem Motorsägenschlüssel am durchstochenen Schwachholzstamm.

Unten: Fixieren der Schiene per Keil an einer Holzklemmbank, die in den Baumstumpf geschnitten wird.

3.3. Sicherheit, Ergonomie und Präzision

Motorsägearbeiten sind gefährlich – wir werden nicht müde, es zu wiederholen. Sie können körperlich anstrengend und entkräftend sein, es können andere Personen im Umkreis gefährdet werden und dann müssen noch die Schnitte mit der Motorsäge hundertprozentig sitzen, damit der Baum in die vorgesehene Richtung fällt. Neben der Auswahl der richtigen und gewarteten Motorsäge sowie dem Einsatz von geeignetem Hilfsgerät muss der Arbeitende bei der Bedienung der Motorsäge immer auch auf den Dreiklang „Sicherheit, Ergonomie, Präzision" achten. Hier helfen zum einen die Grundsätze der perfekten Arbeitsorganisation und das Motorsägekonzept, wie wir es in Kapitel 2 beschrieben haben. Was direkt an der Säge bedacht werden muss, stellen wir im Folgenden vor.

Daumengas

Kapitel 7
S. 187

Arbeitssicherheit für Bediener und Umgebung
Der laufende Betrieb der Motorsäge

Grundsätzlich gilt: Der Abstand zum Sägenführer beträgt mindestens 2 m im Radius.

Näherungsmöglichkeiten zum Sägenführer sind
(a) abwarten, bis die Motorsäge steht,
(b) von vorne mit Sicherheitsabstand auf sich aufmerksam machen,
(c) von hinten links mit langem Arm die rechte Schulterseite des Sägenführers berühren,
(d) mit einem längeren Stöckchen den Sägenführer sachte anpieksen.

Die Säge sicher halten

Kickback/ Rückschlag

Kapitel 3
Seite 50

Beide Hände umgreifen die Griffe vollumfänglich. Am vorderen Handgriff ist die Säge immer mit dem Vogelgriff zu halten: Der Daumen der linken Hand umschließt den Griff wie ein Vogel sein Sitzholz. Dadurch kann die Säge dem Bediener bei einem Kickback nicht aus der Hand geschleudert werden und diese nicht in die laufende Kette geraten.

Der hintere Handgriff ist so festzuhalten, dass man je nach Sägeposition mit dem Zeigefinger oder dem Daumen Gas gibt.

Auch bei Trennschnitten wird die Säge mit beiden Händen geführt, selbst wenn der Krallenanschlag die Säge am Holz sicher zu fixieren scheint.

Gasgeben

Das Arbeiten mit der Motorsäge erfordert ein sehr gefühlvolles Bedienen des Gashebels, um Vollgas, sachtes Gasgeben und den Wechsel zwischen beiden hinzubekommen.

Wenn der Schnitt fertig ist, dann ist er fertig, und dann nimmt der Bediener den Finger vom Gashebel. Erst wenn die Kette im Schnitt steht, wird die Schiene aus dem Schnitt herausgezogen, um die Bruchleiste nicht zu verletzen.

Der Säger bedient bei der Anlage von waagrechten Schnitten den Gashebel der Säge i.d.R. mit dem Daumen der rechten Hand. Das ist wesentlich ergonomischer (vor allem bleibt das Handgelenk bei waagrechter Haltung gestreckt) und erleichtert eine präzise Schnittführung.

Die stehende Grundkörperhaltung bei Motorsägearbeiten

Der Motorsägenbediener führt die Motorsäge mit beiden Händen und nimmt bei senkrechten Schnitten bzw. Arbeiten am liegenden Holz (bis maximal in Schulterhöhe; z.B. Entastung des stehenden Stamms im unteren Bereich) die Grundkörperhaltung eines Boxers ein: Die Beine stehen in einer breiten, sicheren Schrittstellung, der linke Fuß vorne. Das Arbeiten mit der Motorsägenschiene geschieht quasi über die linke Schuhspitze hinweg. Die Schiene verläuft dann parallel mit und vor dem Körper, so dass zum einen bei

Oben: Der Vogelgriff am vorderen Handgriff. Unten: Daumengas und gerades Handgelenk.

Die Boxerstellung, in der die Säge bei einem Kickback an Körper und Kopf vorbeischlägt.

einem Schienenrückschlag (Kickback) der Kopf des Sägenführers nicht getroffen wird. Zum anderen verletzt sich der Motorsägenführer bei einem Kettenabsprung nicht, da diese unterhalb der Schiene der Motorsäge und vor dem Körper des Motorsägenführers entlangfliegt. Die Boxerstellung stellt folglich eine für den Motorsägenführer sehr sichere Grundposition dar.
Die Boxerstellung behält der Motorsägenführer nicht nur bei senkrechten Schnitten im Holz bei, sondern auch als Grundposition bei der Entastung.

Die Grundkörperhaltung bei Fallkerbanlage und Fällschnitt

Bei der Anlage von Fallkerb und Fällschnitt verändert der Motorsägenführer die stehende Grundposition des Boxers. Er nimmt eine Fällungsstellung am Stammfuß ein. Der Arbeitende positioniert sich bei der Fallkerbanlage zunächst rechts am stehenden Baum mit Blick zum Fällziel und richtet seinen Oberkörper in Fällungsrichtung aus. In dieser Körperposition befindet sich die Motorsäge in waagrechter Stellung vor dem Baum und die Schiene verläuft nach links. Die Anlage des ersten Schnitts des Fallkerbs erfolgt (insbesondere aus ergonomischen Gründen) entweder kniend auf beiden Knien, halb kniend, halb abgehockt oder stehend (etwas gebeugt, aber der Arbeitende kann sich in dieser Körperhaltung gut am Baum mit der Schulter anlehnen). Der Rücken sollte in jedem Fall möglichst gerade gehalten werden. Aus dieser Position heraus schneidet man entweder einen Sohlenschnitt oder einen Dachschnitt. In einer solchen Fällungsstellung am Stammfuß kann der Motorsägenführer aufgrund des seitlichen Schwenkbereichs der Schiene nicht von einem Schienenrückschlag getroffen werden.
Bei der weiteren Anlage des Fallkerbs kommt es vor, dass der Motorsägenführer seine Position am Stamm verändern muss und wieder die Grundstellung des Boxers einnimmt, z.B. wenn er von der anderen Baumseite her die Fallkerbe fertigschneiden muss, weil die Schienenlänge nicht ausreicht.

perfekter Fallkerb
Kapitel 7
S. 187 ff.

Links oben: Anlage des Fallkerbs kniend.
Links Mitte: Ausführen eines Stechschnitts halb kniend, Entlastung des Rückens über den linken Arm auf dem Oberschenkel.
Links unten: Richtungsschnitt halb abgehockt, Entlastung des Rückens über den rechten Arm auf dem Oberschenkel.

Rechts oben: Peilen der Fällrichtung halb kniend mit ausgestelltem Bein, um eine sichere Position zu halten.

Riss in der Bruchleiste

Kapitel 5
S. 88

In diesem Fall beugt sich der Arbeitende ausnahmsweise über die Schiene. Die Kickbackgefahr ist hierbei gering.
Beide Grundpositionen des Motorsägenführers – Boxerstellung und Fällungsstellung am Stammfuß – kommen auch im letzten Schritt der Baumfällung, bei der Anlage des Fällschnitts, vor. Die Fällungsstellung am Stammfuß wird eingenommen, um den ersten Fällschnitt zu schneiden sowie die Bruchleiste auszuformen (z.B. für den Stechschnitt bei der Halteband-Fällschnitttechnik). Im weiteren Verlauf des Fällschnitts nimmt der Sägenführer i.d.R. die Boxerstellung ein, so dass er möglichst schnell seinen Fluchtweg einnehmen kann (z.B. beim Durchtrennen des Haltebandes mit der Motorsäge am langen Arm).

Präzise Sägen
Bei der sicheren Baumfällung müssen die Schnitte mit der Motorsäge so angelegt werden, dass nicht zu viel und auch nicht zu wenig geschnitten wird. „Zu viel" bedeutet, es besteht die Gefahr, dass die Bruchleiste (die Lebensversicherung des Motorsägenführers) geschmälert wird bzw. nicht mehr besteht, also totgeschnitten ist. Bei „zu wenig" besteht u.a. die Gefahr, dass der Baum aufreißt oder bei Keileinsatz die Bruchleiste frühzeitig ausgehebelt wird.
Dach- und Sohlenschnitt müssen sich immer in einer Linie, der Sehne treffen, um eine stabile Bruchleiste zu erhalten. Die Bruchleiste muss bei der Regelfälltechnik parallel geschnitten werden.
Sägen kann man mit einlaufender, ziehender Kette und mit auslaufender, schiebender Kette.
Beim Stechschnitt schneidet man auch mit der Schienenspitze. Vorsicht! Hier kann es zum extrem gefährlichen Kickback-Effekt kommen, bei dem die Säge in Sekundenbruchteilen mit großer Wucht (bis zu 180 kg) Richtung Sägenführer schlägt! Deshalb nicht mit dem Gefahrenbereich „12 bis 15 Uhr" der Schienenspitze arbeiten.

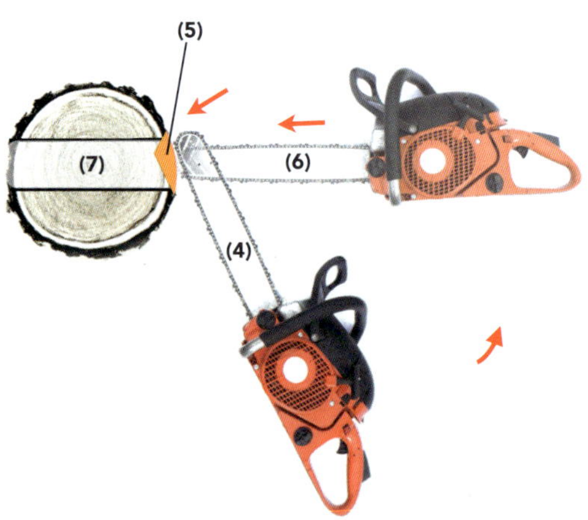

Rechts oben: (1) Der gefährliche Kickbackbereich der Schiene zwischen 12 und 15 Uhr. (2) Die auslaufende und die (3) einlaufende Kette. Die roten Pfeile geben die Laufrichtung der Kette an.
Rechts unten: Beim Stechschnitt wird zuerst (4) mit dem ungefährlicheren Bereich der Schiene der Stamm etwas eingeschnitten (5) und die Säge dann geschwenkt (6), um in den Stamm einzustechen (7).

Links oben: Anlage des Dachschnitts mit am Stamm angelehntem Oberkörper und in der Boxerstellung.
Links unten: Durchtrennen des Haltebandes am langen Arm in der Boxerstellung (hier bei einem starken Vorhänger).

Die Geometrie der Motorsäge nutzen

Um zu sehen, wo die Schiene im Holz verläuft, kann man sich die Geometrie der Motorsäge zunutze machen. Die Motorsäge bietet in ihrem Aufbau und ihren Markierungen einige Hilfen: Es herrschen geometrische Verhältnisse zwischen Motorsäge und Stock des Baumes:

- Linie: Schienenunterseite (einlaufende Kette) und hinterer Handschutz **(1)**.
- 90°-Winkel: Schienenunterseite oder hinterer Handschutz und vorderer Handgriff **(3)** bzw. Zielmarkierung auf dem Gehäusedeckel **(4)** der Motorsäge.

Zusätzlich kann man auf der Motorsägenschiene mehrere Markierungen aufzeichnen **(5)**. Die Markierungen verlaufen im 90°-Winkel zur Schiene, also in Fällrichtung (Trick des hessischen Fachlehrers Klingelhöfer). Durch sie kann man am Richtungsschnitt **(2)** beim Fällschnitt Parallelität herstellen, damit das Kippscharnier präzise in Fällungsrichtung ausgeformt wird.

Fällrichtung überprüfen
Kapitel 7
S. 190 f.

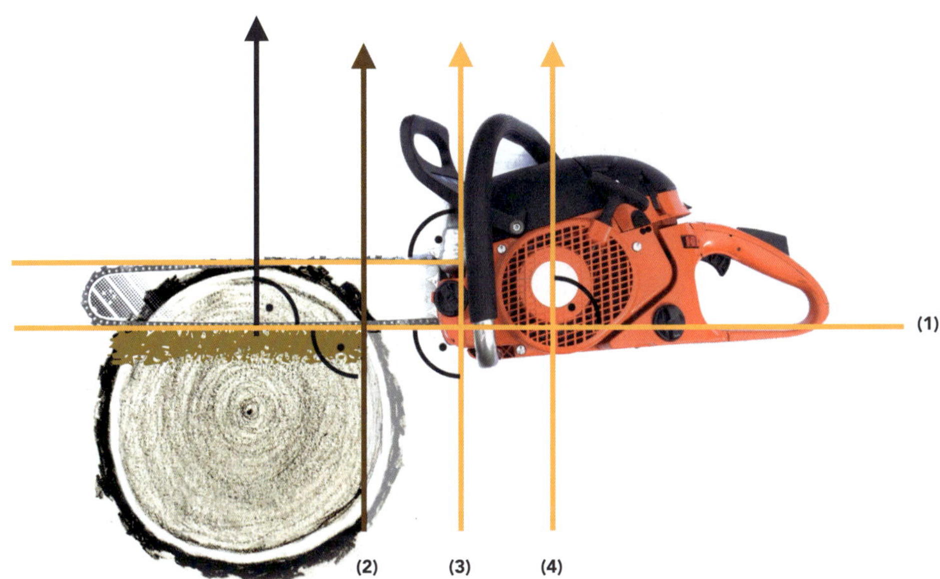

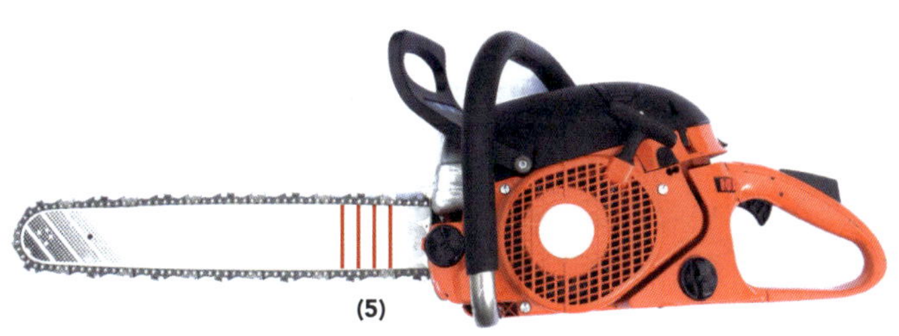

Schwarzer Pfeil: Fällungsrichtung.
(1) Peilungshilfe hinterer Handschutz.
(2) Richtungsschnitt.
(3) Handgriff und (4) Markierung auf dem Gehäusedeckel können als Peilungshilfen dienen.
(5) Markierung, die man auf die Schiene der Motorsäge als Peilungshilfen aufmalen kann.

Das präzise Sägen üben, indem man das Eckige aus dem Runden schneidet.

4. Das braucht der Mensch im Wald: Geräte und Hilfsmittel für die Baumfällung

Wer Bäume fällen möchte, braucht nicht nur eine Säge, sondern allerlei Hilfsmittel – unverzichtbare, fast unverzichtbare und ungemein praktische Ausrüstung. Dabei wissen insbesondere Waldarbeiter, die im Hang arbeiten und Gerät in mehreren Gängen zum Arbeitsort schaffen müssen, dass jeder Gang schlank macht.

Im vierten Kapitel stellen wir wichtige und nützliche Arbeitsmittel für die Baumfällung, ihren Transport und ihren Einsatz vor.

4.1. Geräte und Hilfsmittel

Waldarbeiten sollten einfach und leicht gehalten werden. Dazu gehört vor allem auch, dass man den Transport der Arbeitsmittel von Baum zu Baum zügig und mit wenig Krafteinsatz schafft.
Bewegt werden müssen vor allem Motorsäge und Kraftstoff-/Kettenölkanister, Keile und Fällheber, aber auch Ersatzkette und Schärfgerät für die Motorsägenkette, Spalthammer, Packzange, Packhaken oder Sappie sowie evtl. Wendehaken, Rundschlinge und Wendebaum.
In jedem Fall ist es äußerst ratsam und im Übrigen von Berufsgenossenschaft und Unfallkasse gefordert, ein Erste-Hilfe-Set mitzunehmen. Es sollte möglichst direkt am Körper getragen werden (z.B. in der Beintasche). Zusätzlich ist es sinnvoll, eine Trillerpfeife sowie ein aufgeladenes Handy oder ein Smartphone mit einer zusätzlich installierten App für Notfälle einzustecken, wobei die Nummer des nächsten Rettungspunktes und die Flurbezeichnung des Waldstücks, in dem gearbeitet wird, bekannt sein sollten, um gut geortet werden zu können. Dadurch ist es Kollegen und Rettungskräften möglich, ohne Verzug am Unfallort einzutreffen. Außerdem sollten alle Arbeiter wissen, wo sie die Fahrzeugschlüssel finden können.
Bei längeren Entfernungen zum Wald kommen Tagesverpflegung und möglicherweise Wetterschutz- und Wechselkleidung zur Ausrüstung hinzu. Muss ein Baum mit einem Seil gefällt werden, ist die Ausrüstung für die tragbare Spillwinde oder den Seilzug zum Baum zu schleppen.
Am besten nicht zu viel und nicht zu wenig und das richtige Werkzeug mitnehmen.

Motorsäge-konzept

Kapitel 2
Seite 22 f.

Jeder Gang macht schlank, selbst wenn das Material im Wald logistisch klug und konzentriert befördert wird. Der Waldarbeiter kann sich den Transport der Arbeitsgeräte an einigen Punkten gut vereinfachen. Der Klassiker: Er fährt die Dinge zunächst möglichst nah an die zu fällenden Bäume heran, z.B. mit dem Auto, dem Traktor oder der Einachs-Motorhacke. Von dort wird das Werkzeug auf mindestens zwei Personen verteilt, da im Wald sowieso nie alleine gearbeitet wird.
Einiges Werkzeug kann mit einem Arbeitsgürtel am Körper befestigt werden. Anderes kann gebündelt im Rucksack, einem Tragegestell (z.B. für eine Spillwindenausrüstung oder einen Seilzug), am Doppel-Spritkanister, in einer Box oder einem Eimer (etwa Keile und Feilen) getragen bzw., noch besser, in einem Handwagen mit großen Rädern gezogen werden (sicherlich ist diese Variante abhängig von den Bodenverhältnissen im Wald).
Sollte eine Spillwinde mitgenommen werden, kann das Kunststoffseil geschickt aufgenommen und dann wie ein Rucksack auf den Rücken geschnallt werden.

Seil aufnehmen

Kapitel 7
S. 194 ff.

CHECKLISTE MATERIAL

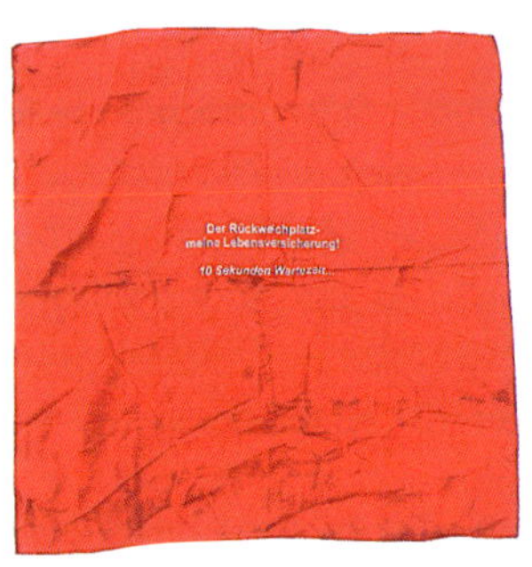

Immer nötig:
Erste-Hilfe-Material und Trillerpfeife
Persönliche Schutzausrüstung (PSA)
Warnschutzkleidung für Arbeiten an Straßen
Telefon (bei Smartphone evtl. Notruf-App)
Motorsäge
Keile
Kombikanister (Kraftstoff und Kettenöl)
Kettenschärfset
Motorsägenschlüssel
Fällheber, Wendehaken oder Rundschlinge
Spalthammer oder Spaltaxt
Materialien zur Baustellenabsicherung im Wald
Stift und Notizblock
Getränke und Stullen

Fast immer nötig oder ungemein praktisch:
Packzange und/oder Packhaken
Sappie
Anreißholz, Zollstock und/oder Bandmaß
Stift (Försterlippenstift/Wachskreide, Permanentmarker)
Kluppe oder Göttinger Förster-Stick/Biltmore-Stick
Rückweichenmarkierung (z.B. rotes Tuch)
Funkgerät, Notrufsystem
Ersatzkette
Zündkerze
kleiner Schraubenzieher für die Öleinstellschraube
Seil und Hilfsmittel zum Seileinbau
Spillwinde oder Seilzug
Anschlagmittel (z.B. Rundschlinge, Umlenkrolle)
spezieller Motorsägenschlüssel für die Spillwinde
Stammpresse
Tragevorrichtungen für das Arbeitsgerät
Drahtbürste, Wurzelbürste oder borstiger Pinsel
Putzlappen für Öl, Dreck und Benzin auf der Säge
Schäleisen
Axt, Handsäge (z.B. japanische Zugsäge)
S-Haken, Wertholzklammern
Kletterzeug zum Baumaufstieg
Wetterschutzkleidung und Wechselwäsche

Tragevorrichtungen

- Rucksack
- Tragegestell
- Arbeitsgürtel
- Trageriemen für das Arbeitsgerät

Bündelung von Arbeitsgerät

- Eimer oder Tragetasche
- Handwagen/-karren, Rollkiste
- Kombikanister (Sprit, Kettenöl) mit Halterung für Schärfgerät und Motorsägenschlüssel
- Spillwinde im Transportkoffer (Systemeinheit)

Materialien in Hosentaschen und Arbeitsgürtel

Um sich Wege und Sucherei zu ersparen, sind Arbeitsgürtel, Bein-, Hosen- und Hosenlatztaschen hervorragende Helfer.

Im Arbeitsgürtel finden Packhaken, Packzange, Keile, Stift, Bandmaß, Kluppe und ggf. eine Sprühmarkierdose Platz.

In die Beintasche der Schnittschutzhose passen Motorsägenschlüssel, Zollstock und Erste-Hilfe-Päckchen.

In die Hosen- oder Hosenlatztaschen gehören Mobiltelefon, Trillerpfeife, dicker Stift, Sicherungs- bzw. Taschenkeil und evtl. ein signalfarbenes Tuch für die Rückweichenplatzmarkierung.

Packzangentrick
Kapitel 7
S. 194

Spillwinde
Kapitel 4
S. 69

(Roll-)Kisten sind sehr praktisch, um Gerät vom Fahrzeug zur Baustelle zu bringen. Arbeitsgürtel nehmen Keile, Kluppe, Farbspray, Bandmaß, Packzange und anderes Material auf. Der Kombikanister hat meistens eine Halterung für Motorsägenschlüssel, Ersatzkette und Schraubendreher. Über die Schultern kann man sich die Rundschlingen legen.

Materialien zur Baustellenabsicherung im Wald

- Absperrbanner
- Schilder
- Trassierband/Absperrband

Trassierband alleine besitzt keine Rechtswirksamkeit, da man u.a. einfach unter dem Band durchgehen kann. Das Absperr- oder Flatterband ist aber sehr geeignet, allgemein auf Gefahren hinzuweisen und zusammen mit Schildern oder Absperrbannern den Gefahrenort rechtssicher zu markieren. Bei Arbeiten im öffentlichen Straßenverkehrsraum muss die Beschilderung der StVO (Straßenverkehrsordnung) entsprechen.

Materialien zur Ersten Hilfe

- Eine Ersthelferausstattung (Verbandpäckchen für die Hosentasche) sollte am Mann sein.
- Ein Erste-Hilfe-Koffer (z.B. Kfz-Verbandkasten, Erste-Hilfe-Rucksack) sollte in Laufweite sein.
- Trillerpfeife, Handy oder Smartphone mit Notruf-App sollte am Mann sein.
- Es ist sinnvoll, das Gelände zu kennen sowie die Flurbezeichnung des Arbeitsortes und öffentliche Rettungspunkte zu notieren. Rettungspunkte sind durch Schilder mit Nummern gekennzeichnet und befinden sich an gut erreichbaren Orten im Wald oder am Waldrand.
- Funkgeräte (z.B. Helmfunk) können ebenfalls gute Dienste leisten.

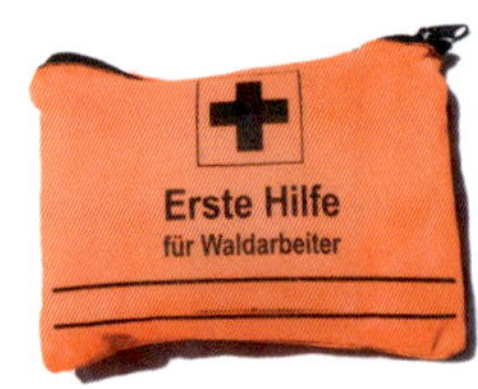

Oft vernachlässigt, aber mitunter lebensrettend: Baustellenabsicherung mit Bannern, Warntafeln und Flatterband, Kenntnis des nächsten Rettungspunktes, Funkgerät oder Mobilfunk sowie das Erste-Hilfe-Päckchen in der Hosentasche.

Persönliche Schutzausrüstung (PSA)

- Helmkombination (Helm, Visier, Gehörschutz)
- Arbeitshandschuhe
- Schnittschutzhose (mindestens Klasse I)
- Schnittschutzschuhe (mindestens Klasse I)
- Arbeitsjacke, Hemd oder T-Shirt mit Warnfarben. Faktisch reicht eine normale Arbeitsjacke/Shirt, wenn man nur zu zweit im Wald ist; man sollte aber auf gut sichtbare Farben achten.
- Bei Arbeiten im Verkehrsraum muss Warnkleidung, aktuell nach EN ISO 20471:2013, getragen werden.
- Verbindliche Angaben zu Pflege und Haltbarkeit der PSA sind den Gebrauchsanweisungen der Hersteller zu entnehmen. Gebrauchsanweisungen unbedingt vor dem ersten Einsatz lesen und außerdem immer gut aufheben.

Die PSA ist von Motorsägenführern zu tragen. Alle anderen Arbeiter am Baum müssen mindestens Sicherheitsschuhe, einen Sicherheitshelm mit Gehörschutz und Handschuhe tragen.

PSA: Die persönliche Schutzausrüstung.

Der **Helm** des Waldarbeiters verfügt über Visier und Gehörschutz. Wer bei Regen und Schnee arbeitet, freut sich über einen Nackenschutz, der den Nackenbereich zudem von Nadeln und Sägespänen freihält. Als Notbehelf kann man sich den Nackenschutz selbst aus einer Tüte oder ähnlichem bauen.
Helme haben ein Verfallsdatum. Sie müssen zum einen ausgetauscht werden, wenn sie einen Schlag abbekommen haben. Zum anderen befindet sich im Helm ein Prägedatum, von dem ab der Helm i.d.R. vier Jahre eingesetzt werden kann.

Schnittschutzhosen verfügen über Schnittschutzeinlagen mindestens im vorderen Beinbereich. Schneidet man mit der laufenden Kette den Oberstoff durch, wickeln sich die darunter liegenden Fasern in Sekundenbruchteilen um den Antrieb der Säge und blockieren sie. Man unterscheidet vier **Schnittschutzklassen**: Klasse 0 (16 m/s Kettengeschwindigkeit), Klasse 1 (20 m/s), Klasse 2 (24 m/s) und Klasse 3 (28 m/s). Für die PSA bei Motorsägearbeiten ist mindestens die Schnittschutzklasse 1 zu verwenden.
Zur groben Orientierung: Die Schnittschutzeigenschaften nehmen mit jedem Waschgang, aber auch durch Schmutz, Harz, Nässe und Trocknen ab. Im Profibereich sollten Schnittschutzhosen deshalb alle 12 bis 18 Monate und im Hobbybereich ungefähr alle fünf Jahre ausgetauscht werden. Reparaturen dürfen nur am Oberstoff, nicht an der Schnittschutzeinlage vorgenommen werden. Ist die Einlage beschädigt, ist die Hose unbrauchbar.

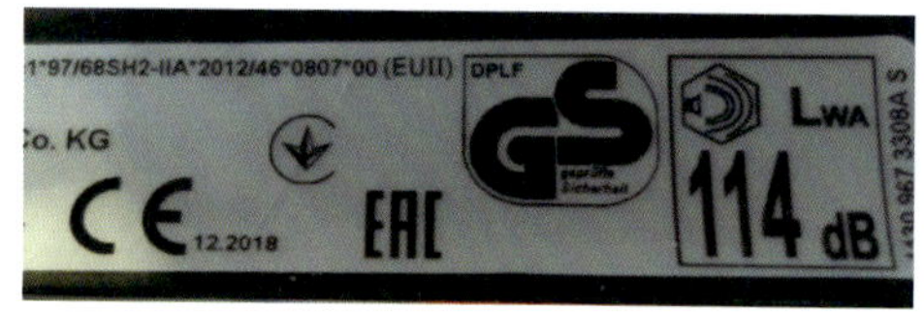

Schnittschutzschuhe gehören zu den Sicherheitsschuhen und verfügen neben Zehenschutz (Stahlkappe) und stichfester Profilsohle zusätzlich über schnittschutzssicheres Obermaterial.

Bei Arbeiten mit der Kettensäge sind unbedingt **Arbeitshandschuhe** zu tragen, um die Hände vor Verletzungen zu schützen (z.B. durch zurückschnellende Äste), aber auch aus Hygienegründen. Geeignet sind Lederhandschuhe oder gummierte Handschuhe (Werkstatthandschuhe). Der Vorteil der Letztgenannten ist, dass sie sich nicht so leicht mit Wasser oder Sprit vollsaugen.

Warnfarben an Helm, Shirt/Jacke und Hose haben vor allem die Funktion, die Position eines Waldarbeiters leicht bestimmen zu können und so für Arbeitssicherheit zu sorgen. Warnfarben sind zudem ungemein praktisch, um Kleidung und Werkzeug leicht im Wald wiederfinden zu können.

Zertifiziert wird Schnittschutzkleidung z.B. von der KWF (Kuratorium für Waldarbeit und Forsttechnik e.V.), welche u.a. die forstliche Brauchbarkeit von Arbeitsschutzausrüstungen prüft (FPA = Forsttechnischer Prüfungsausschuss). Technisches Gerät muss CE-zertifiziert sein (CE = europäische Konformitätserklärung durch den Hersteller). Das GS-Zeichen indiziert die Erfüllung des Produktesicherheitsgesetzes.

Helm mit Nackenschutz und Prägedatum im Helm, ab dem die Haltbarkeit i.d.R. vier Jahre beträgt, CE- und GS-Zeichen an der Motorsäge sowie Schnittschutzschuhe und Arbeitshandschuhe.

Der Keil als Fällhilfe

Das einfache Werkzeug Keil stellt eine schiefe Ebene dar. Regelbäume ab einem Brusthöhendurchmesser/BHD von 25 cm müssen per Keileinsatz gefällt werden. Bei Trennschnitten kann ein Keil außerdem den Schnitt offenhalten.

Der Keil soll bei der Baumfällung zunächst dafür sorgen, dass der Baum nicht in eine falsche Richtung, vor allem nicht nach hinten umfällt. Er besitzt damit zuallererst eine Sicherungsfunktion, indem er die Eigenhebelwirkung des Baumes, die sich beim geringsten Windzug ändern kann, lenkt. Zugleich hält der Keil den Fällschnitt offen. Erst in zweiter Linie dient er als Hebelunterstützung, um den Baum zu Fall zu bringen.

Der Keil wird per Hand in den Fäll- bzw. Trennschnitt gesteckt und dann mit einem Schlagwerkzeug (Spalthammer, Spaltaxt, Hammer) in die Schnittfuge eingeschlagen. Der erste gesetzte Keil heißt **Sicherungskeil**. Alle weiteren Keile in der Schnittfuge werden **Nachsetzkeil** genannt.

An einfachen Keilen dürfen nur solche aus Aluminium, Kunststoff und Holz verwendet werden. Sie müssen durch die Motorsäge zerstörbar sein, damit Kettenteile bei Kontakt nicht abreißen und zur Gefahr werden. Von Eisenkeilen können sich beim Einschlagen mit einem Stahlhammer Metallsplitter lösen und schwere Verletzungen verursachen. Reine Holzkeile findet man nur selten, weil sie sich bereits bei den ersten Schlägen mit dem Hammer abnutzen und kaputt gehen.

Ein Keil muss bei der Fällung im Fällschnitt ziehen können, d.h. er muss sich durch ausreichende Reibung in den Fällschnitt treiben lassen und er darf während des Fällungsvorgangs nicht aus dem Fällschnitt rutschen. Der feste Kontakt zwischen dem Keil und den beiden Holzschnittflächen des Fällschnitts ist nicht immer gegeben. Vollalukeile

BHD
Kapitel 7
S. 181

Keilhub
Kapitel 4
S. 61

ValFast
Kapitel 5
S. 132

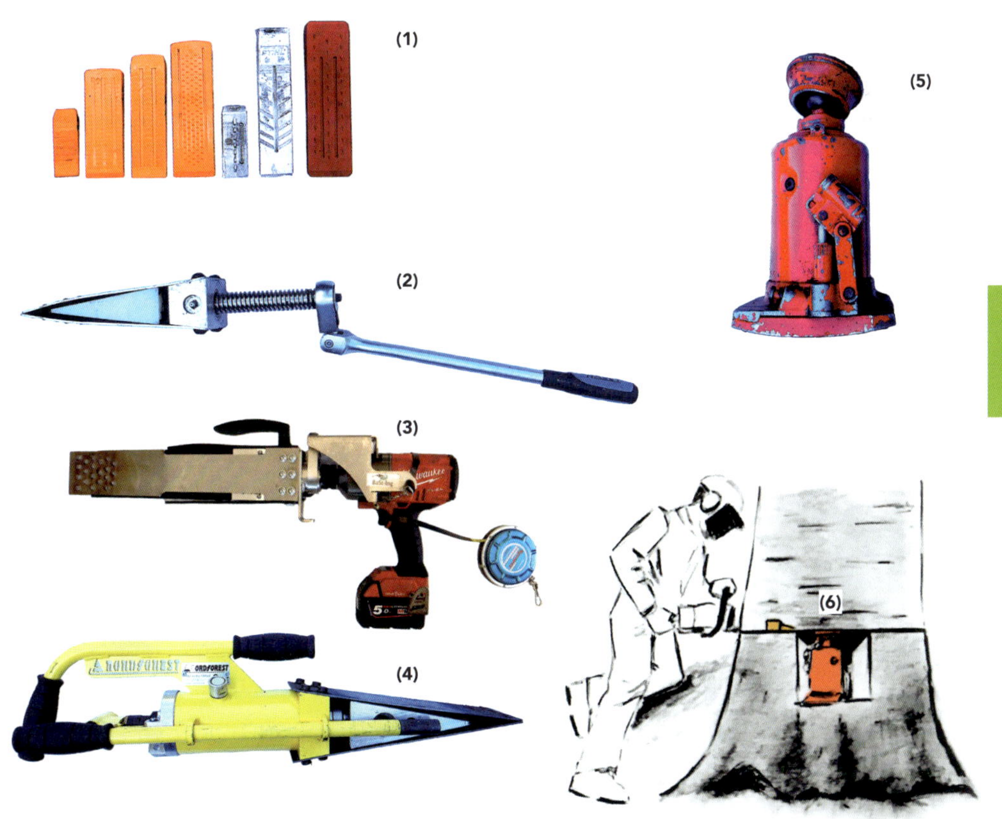

(1) Kunststoff- und Aluminiumkeile in verschiedenen Größen und mit verschiedenen Ausstattungen an Nuten und Schuppen, die für einen sicheren Vortrieb und gute Führung des Keils sorgen.
(2) Spindelkeil, der mit einer Ratsche über eine Spindel aufgespreizt wird. (3) Der ValFast bietet als Spindelkeil zwei Optionen an: Entweder er wird mit einer Handratsche bedient oder der Keil wird per Schlagschrauber ausgefahren. Ein großer Zusatznutzen besteht darin, dass der Schlagschrauber am ValFast-Spindelkeil mit dem Forstbandmaß aus der Entfernung bedient werden kann. (4) Hydraulischer Fällkeil.
(5) Hydraulischer Fällheber, der nach dem Wagenheberprinzip funktioniert. Bei dieser hydraulischen Fällhilfe wird ein Stempeldruck über den Zylinder nach oben ausgeübt. Mit ihm können Bäume im Starkholzbereich gefällt werden. Dazu wird unterhalb der Fällschnittebene ein Tortenstück (6) in der Höhe des eingefahrenen Stempels aus dem Stammfuß geschnitten. Der Fällschnitt wird mit Sicherungskeilen offengehalten, das gilt auch bei Einsatz der Keile (2) bis (4).

mit Rippen und Kunststoffkeile mit Noppen sorgen jedoch meist für einen sicheren Halt im Holz. Es ist möglich, Keile im Fällschnitt übereinander zu setzen, so dass die schiefe Ebene steiler und dadurch die Hebelwirkung größer wird. Jedoch besitzen geschichtete Keile häufig eine geringere Reibung, da sie zum einen ohnehin leicht bewegliche Teile darstellen, zum anderen dann gleiches, rutschiges Material übereinander liegt.

Bei gefrorenem und sehr hartem Holz besteht die Gefahr, dass der Keil aus dem Schnitt springt. Bei Frost deshalb die Keile mit leichten Schlägen vorsichtig treiben. Für hartes oder gefrorenes Holz sollten gerippte Keile mit kleinem Keilwinkel verwendet werden. Die Reibung zwischen Keil und gefrorenem Holz kann man mit Sägemehl oder Sand erhöhen. Auch halten warme Alukeile besser. Kleine Taschenkeile stecken wohltemperiert und griffbereit in der Hosentasche. Unerschütterliche können Alukeile auch am Auspuff der Motorsäge anwärmen.

Rissbildung Bruchleiste

Kapitel 5
S. 88

Mit Axt, Hammer und Schraubenzieher oder mit einem Winkelschleifer kann man kleinere Rippen und Kerben quer in einen glatten (Alu-)Keil schneiden bzw. schlagen. Die meisten Keile haben aber von vornherein eine leicht eingeprägte Struktur. Die Stege von Alukeilen lassen sich mit zusätzlichen Kerben versehen. Hartholzkeile kann man auf der Kreissäge zuschneiden – ihre Oberfläche ist nicht ganz so glatt wie die von Aluminium- und Kunststoffkeilen.

Hilfreich ist, zuerst mit einem Kunststoffkeil vorzukeilen und danach einen Alukeil zu setzen. Auch lohnt es sich, die Verwendung von langen Kunststoff- oder Alukeilen mit geringer Steigung auszuprobieren. Bei der Baumfällung hat man am besten mindestens drei Keile sowohl mit hoher als auch mit niedriger Steigung dabei. Diese kann man abwechselnd in den Fällschnitt treiben. Einer zieht immer. Das A und O ist jedoch, den Baum richtig anzuschneiden, so dass dieser auch bei Minusgraden mit wenig Keilarbeit in die richtige Richtung fällt.

Spalthammer, Spaltaxt

Kapitel 4
S. 62

Das Schlagwerkzeug sollte ein größeres Gewicht aufweisen (Kopfgewicht mindestens 1 kg), damit man den Keil ins Holz hineintreiben kann. Beim Keilen schaut der Motorsägenführer in die Baumkrone, um herabfallende Äste frühzeitig zu sehen: Jeder Schlag auf den Keil bewirkt eine sich im Stamm vertikal bis zur Krone hin verstärkende Schwingung bzw. Vibration, die Äste lösen kann.

Es ist immer dann zu schlagen, wenn der Baum sich im Schlagrhythmus nach vorne, in Fällrichtung bewegt; jeder Schlag, der ausgeführt wird, wenn der Baum gerade nach hinten schwingt, verpufft nämlich.

Mechanische und hydraulische Fällhilfen

Es gibt neben den einfachen, normalen Keilen weitere Fällhilfen, die mechanisch oder hydraulisch funktionieren und erschütterungsfrei fällen. Sie werden bei Bäumen ab 25 cm BHD eingesetzt und bei Witwenmachern.

Hydraulische Fällhilfen funktionieren nach dem Prinzip des Wagenhebers mittels Stempeldruck (hydraulischer Fällheber) oder werden aufgespreizt (hydraulischer Fällkeil). Bei Letzterem dient ein hydraulischer Zylinder zum Keilvortrieb: Er wird zwischen zwei Federn hindurchgeschoben, drückt dadurch die beiden Federn auseinander und spreizt so den Fällschnitt auf.

Mechanische Fällkeile funktionieren nach dem gleichen Prinzip. Der Keil, der die beiden Federn aufspreizt, wird jedoch durch eine Spindel manuell oder mit einem Schlagschrauber über das Bandmaß aus einem sicheren Abstand heraus bedient.

Beim Einsatz von hydraulischen und mechanischen Fällhilfen, die aus Stahl gefertigt sind, muss sichergestellt werden, dass die Säge keinen Kontakt bekommt. Dies erfolgt zum einen über leicht versetzte Fällschnittführungen und zum anderen durch einen „Pufferkeil" zwischen Sägekette und Fällhilfe.

Links: Kunststofftaschenkeile, die schnell greifbar sind, um als Sicherungskeile eingesetzt zu werden.
Mitte: Alukeile mit Schuppung. Alukeile können auch repariert werden. Der obere Keil ist am Ende etwas deformiert und im Schlagbereich aufgepilzt. Mit Hammer, Eisensäge und Flachfeile kann er wieder brauchbar gemacht werden und sieht dann so aus wie der untere Keil.
Rechts: Die Ausstattung des Drehspaltkeils erlaubt einen sicheren Vortrieb ins zu spaltende Holz.

Gefährliche Wirkungen des Keils
Bei morschem Holz, bei der Keilschachttechnik und stark geschmälerter oder fast totgeschnittener Bruchleiste sowie bei bestimmten Baumarten (z.B. Bergahorn), kann es passieren, dass man mit dem Keil die Bruchleiste auf einer Seite aushebelt und der Baum zur Seite wegkippt.

Gefahren, wenn der Keil im Fällschnitt fehlt
Was würde passieren, wenn man eine 25 m hohe, gesunde und gerade gewachsene Fichte mit einem Stammwalzendurchmesser (SWD) von 36 cm in Fallkerbhöhe ohne Zuhilfenahme von Keilen fällen wollte?
Fehlt der Sicherungskeil, bedeutet das eine extreme Gefährdung des Arbeiters. In einigen Fällen klemmt zwar nur die Schiene der Motorsäge ein, wenn sich der Baum entgegengesetzt zur Fällrichtung neigt. In anderen Situationen jedoch verlagert er sich selbst ohne Windeinflüsse so stark nach hinten (möglicherweise sogar mit Schwung), dass die Bruchleiste plötzlich abreißt und der Baum nach hinten, in die falsche Richtung umfällt. Die enorme Wirkung eines (nicht) gesetzten Keils kann man mit Hilfe der Kronenverlagerungsformel nachvollziehen:

$$\textit{Kronenverlagerung [cm]} = \frac{\textit{Keilhubhöhe bzw. Schnittfugenbreite [cm] * Baumhöhe [cm]}}{\textit{SWD [cm] * 0,7 (Sohlentiefe 20\%) bzw. SWD [cm] * 0,57 (Sohlentiefe 33\%)}}$$

Auf die Formel für die Kippfunktion bzw. die Kronenverlagerung (wie viele Meter sich die Kronenspitze der Fichte nach hinten bzw. nach vorne bewegen würde) gelangt man über zwei geometrisch ähnliche Dreiecke, zwei Trigonometriegleichungen und etwas Rumrechnen.

Beispiele: *Die relativen Fällschnittmaße für die Regelfällung einer 36 cm dicken Fichte liegen für den Fällschnitt bei einer Tiefe zwischen max. 70 % (SWD 36 cm * 0,7 = 25,2 cm; Sohlentiefe 1/5) und min. 57% (SWD 36 cm * 0,57 = 20,5 cm; Sohlentiefe 1/3). Die Schnittbreite der Motorsägenkette (Schnittfugenbreite) beträgt ungefähr 0,8 cm. Wird nun kein Keil gesetzt, dann bewegt sich die Kronenspitze der 25 m hohen Fichte um ca. 0,8 m bis 1,0 m nach hinten: (0,8 cm * 2.500 cm) / 20,5 cm = 98 cm oder (0,8 cm * 2.500 cm) / 25,2 cm = 79 cm.*

Diese Verlagerung stellt bereits einen immensen Hebel dar, der über die hintere Rindenkante des Fällschnitts starke Zugkräfte auf die Holzfasern der Bruchleiste ausübt. Gemäß Hebelgesetz werden die Zugkräfte an der Bruchleiste umso stärker, je kleinflächiger die Bruchleiste, je geringer die Tiefe des Sohlenschnitts und je länger der Weg des Hebelarms durch die Kronenverlagerung nach hinten ist. Die Gewichtskraft des Baumes wirkt, wenn er im Lot steht, lediglich senkrecht nach unten. Ist der Baum jedoch nach hinten verlagert, steht er also schräg, dann verteilt sich seine Gewichtsmasse gleichmäßig über den Hebelarm nach hinten.

Die Formel macht deutlich, welche Wirkung ein Keil besitzt: Aluminiumkeile haben häufig die Hubhöhe 3 cm. Danach wäre es möglich, die Baumspitze der 25 m hohen Fichte mithilfe des Keils um bis zu 3,7 m nach vorne hin zu verlagern: (3 cm * 2.500 cm) / 20,5 cm = 366 cm (bzw. 25,2 cm und 298 cm). Der Baum würde jedoch schon früher umfallen, nämlich bereits dann, wenn er aus dem Lot gerät.

Bruchleiste totschneiden
Kapitel 5
S. 88

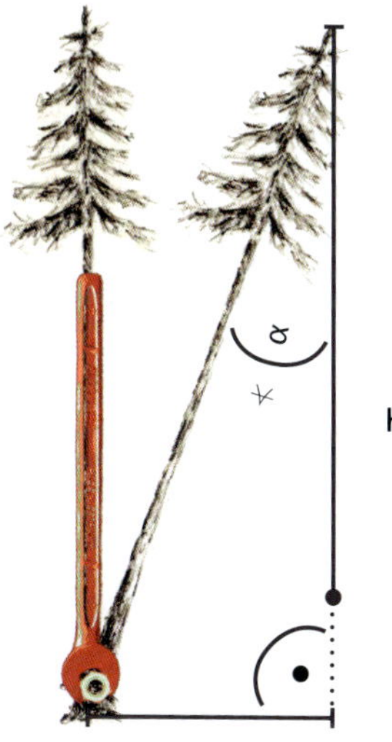

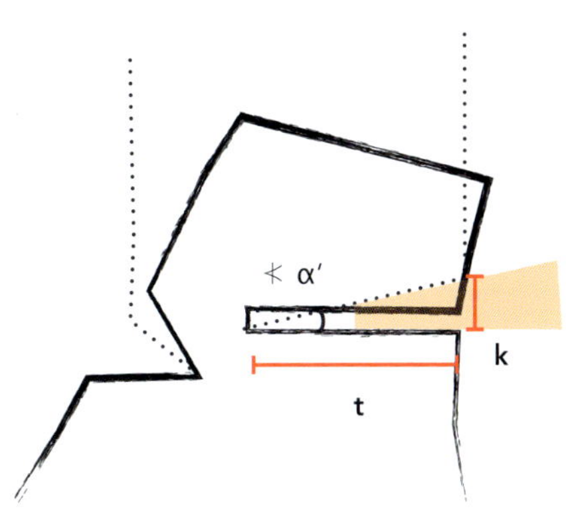

Ziel ist: $\tan\alpha < \tan\alpha'$; *bzw. genauer:* $\frac{a\ (\textit{Kronenverlagerung})}{h\ (\textit{Baumhöhe})} < \frac{k\ (\textit{Keilhubhöhe})}{t\ (\textit{Fällschnitttiefe})}$ $\quad a < \frac{k * h}{t}$

Spalthammer, Spaltaxt und Beil

Der **Spalthammer** ist eine große, schwere Axt, mit deren stumpfer Schneide weiches und hartes Holz direkt gespalten werden kann und dessen Rückseite zum Einschlagen von Keilen genutzt wird. Er wiegt zwischen 3 und 5 kg und ist 70 bis 80 cm lang. Der Vorteil des Spalthammers ist, dass sich der Stiel nicht so schnell lockert wie bei einer Spaltaxt, weil das Haus (der Metallbereich links und rechts des Auges bzw. des Öhrs, in dem der Stiel im Werkzeugkopf sitzt) dicker ist.

Die **Spaltaxt** ist ähnlich gestaltet wie der Spalthammer. Allerdings ist ihre Schneide etwas schärfer. Das hat den Vorteil, dass beim Spalten von langfaserigem Holz restliche Fasern leichter durchtrennt werden können. Sie wiegt etwas weniger und eignet sich ebenfalls zum Einschlagen von Keilen.

Je dicker die Stämme, desto schwerer sollte das Schlagwerkzeug zum Spalten und Keilen sein. Das hohe Gewicht des Spalthammers ist also zugleich von Vorteil und Nachteil: Er bietet zwar viel Schwungmasse, die muss aber dafür auch durch den Wald geschleppt werden.

Der Stiel von Spalthammer und Spaltaxt sollte aus Holz (z.B. Esche, Hainbuche) sein, weil das Material eine günstige Elastizität aufweist. Die Jahresringe sollten in Schlagrichtung verlaufen. Bei quer zur Schlagrichtung verlaufenden Jahresringen brechen die Stiele recht schnell. Kunststoffstiele sind oft zu elastisch – die Schläge rütteln dann den Menschen und nicht das Holz. Augen auf beim Stielekauf!

Bis in die 1960er und 70er Jahre war es üblich, den Stamm mit der **Axt** statt der Motorsäge zu entasten. Auch heutzutage lohnt es sich, trotz Motorsäge, eine Axt mit in den Wald zu nehmen: Zur Entastung im Tot- und Schwachastbereich im Nadelholz, zum Treiben von Keilen in den Fällschnitt (bis zu mittelstarkem Holz) und zum Wenden von Stammabschnitten. Beile eignen sich außerdem zum Holzhacken, wenn von den Stirnseiten her gespalten werden soll.

Um die **richtige Stiellänge** für eine Axt zu ermitteln, nimmt man den Werkzeugkopf in die Hand und führt den Stiel waagrecht zur Achselbeuge. Endet der Stiel in der Achselbeuge, hat das Werkzeug die richtige Länge, um ergonomisch mit ihm arbeiten zu können.

Oben: Spalthammer, Spaltaxt, Bayerische und Oberharzer Axt.
Darunter: Werkzeugköpfe von Beil, Spaltaxt und Spalthammer (von links nach rechts).
Darunter: Der Axtkopf. Je dicker das Haus, desto länger sitzt der Stiel fest im Öhr.
Darunter: Messen der richtigen Axtstiellänge.

Unten: Schlägt man ein Beil ins Stammende, kann man es hervorragend zum Drehen des kurzen Stamms einsetzen.

Fällheber, Wendehaken und Wendebaum

Beim Fällheber handelt es sich um eine bis zu 1,30 m lange Hebelstange, an dessen Ende ein Flacheisen angeschweißt ist. Das Flacheisen am Fällheber wird bei der Fällheberschnitt-Technik nach dem Prinzip Nut und Feder von hinten in den Fällschnitt eingesetzt. Hierbei muss der Fällschnitt häufig geringfügig erweitert werden, weil das Flacheisen des Fällhebers i.d.R. etwas dicker ist als die Schnittfuge des Motorsägenschnitts. Zum Umhebeln des Baumes hebt man den Fällheber an. Diese Fälltechnik eignet sich nur zum Fällen von im Kern gesunden Bäumen bis zu einem BHD von 25 cm.

Fällheberschnitt

Kapitel 5
S. 96 f.

Aufhänger beseitigen

Kapitel 5
S. 122 ff.

An den meisten 1,30 m langen Fällhebern befindet sich ein Wendehaken. Mit ihm können Aufhängerbäume bis zu einer Stärke von 25 cm BHD abgedreht und am Boden liegende Bäume bis 35 cm BHD gewendet werden.

Für Bäume mit einem BHD > 35 cm verwendet man einen Wendehaken mit Wendebaum. Das ist eine bis zu 4 m lange Holzstange, die durch den Ring eines Wendehakens geschoben und dann als Hebel genutzt wird. Wendebäume können auch in einen direkt in den Aufhängerbaumstamm gesägten Tunnel oder durch eine Rundschlingenschlaufe gesteckt werden. Mit Wendebäumen kann ein Aufhänger sogar zu zweit abgedreht werden.

Wendebaum einsetzen

Kapitel 5
S. 124 ff.

Arbeitsgrundsätze für Fällheber und Wendebaum

- Beschädigte oder verbogene Fällheber sind auszutauschen. Es ist keine Reparatur möglich.
- Der Fällheber wird nur von einer Person bedient.
- Fällheber und Wendebaum werden beim Abdrehen nur gezogen, nie gedrückt, um schwere Unfälle zu vermeiden (v.a. Erdrücktwerden).
- Gezogen wird mit einem Ausfallschritt nach hinten, um jederzeit sicheren Stand zu haben.
- Tief am Stamm den Drehpunkt anlegen.
- Wendebaum und Fällheber möglichst weit hinten anfassen (Hebelarm ausnutzen).
- Den Fallbereich des Baumes im Blick haben.

Bilder oben:
Fällheber in verschiedenen Größen sowie Detailansicht des Flacheisens.

Oben links: Wendebaum in Kombination mit Wendehaken.
Unten links: Wendehaken, in deren Öse der Wendebaum gesteckt wird.
Oben rechts: Wendebaum in Kombination mit einer Rundschlinge.
Unten rechts: Wendebaum, der in einen in den Stamm geschnittenen Tunnel gesteckt wird.

Sappies, Zangen und Haken

Der Sappie ist ein praktisches Hilfsmittel, dessen Form an einen Albatrosschnabel erinnert. Mit ihm können Stammstücke rückenschonend gedreht, gezogen und aufgehoben werden. Das Schlaggewicht des Sappiekopfes entscheidet darüber, wie leicht man die Spitze ins Holz schlagen kann. Ein größeres Schlaggewicht ist oft bei Sappies mit Holzstielen gegeben, ein geringeres bei Aluminiumsappies. Sie besitzen jedoch am Stielende einen Haken zum Ziehen mit dem Finger, was bei feuchter Witterung sehr praktisch ist. Bedingt einsetzbar ist der lange Sappie (Stiellänge ca. 1,20 m) als Fällhilfe, um Aufhängerbäume, die bereits vom Stock getrennt sind, nach hinten oder zur Seite wegzuhebeln. Kurze Sappies werden zum Aufheben von Holzstücken verwendet. Lange Sappies eignen sich darüber hinaus zum Ziehen von Stammstücken. Die richtige Stiellänge langer Sappies lässt sich ermitteln, indem man sie in der Arbeitshand frei nach unten hängen lässt. Der Sappiekopf sollte dann ca. 15 cm über dem Boden stehen. Packzangen eignen sich zum Ziehen und Aufheben von Holzstücken und Ästen, lassen sich aber auch wie Sappies verwenden. Der Packhaken erleichtert das Aufheben von Holzstücken ebenfalls. Handpackzange und Packhaken können bequem im Arbeitsgürtel verstaut werden.

Packzangentrick

Kapitel 7
S. 194

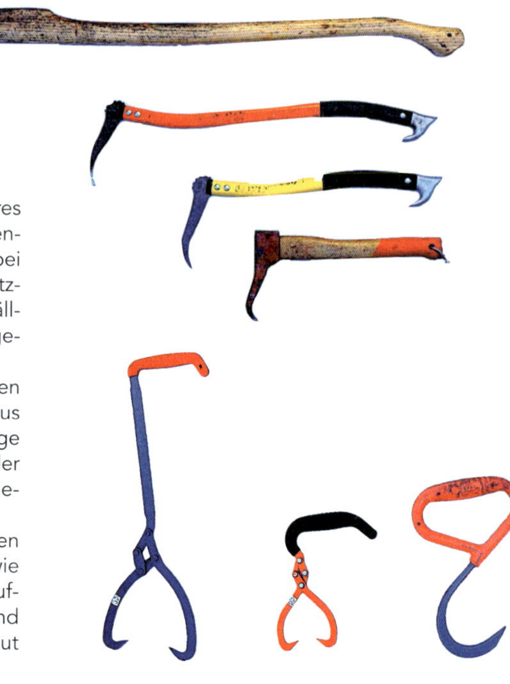

Werkzeug: Sappies mit langen und kurzen Stielen, darunter Großpackzange/Vorlieferzange, Handpackzange und Packhaken.

Sappie im Einsatz: Wer einmal mit dem Sappie geschafft hat, geht nie mehr ohne in den Wald!

Oben links: Einschlagen des Sappies in die Rindenseite des Stamms, um das Holzstück zu ziehen.

Oben rechts: Ziehen von Holzstücken mit dem Sappie.

Unten links: Einschlagen des Sappies in die Stirnfläche des Stammstücks, um es aufzurichten.

Oben: Das mit Hilfe des Sappies aufgerichtete Stammstück halten.
Mitte: Den Sappie an der unteren Stirnfläche platzieren.
Unten: Jetzt kann das Stammstück rückenschonend und spielend leicht hochgehoben und vor dem Umgreifen für den weiteren Transport auf dem Oberschenkel abgelegt werden.

Oben: Mit der Handpackzange können Holzstücke einfach gepackt und gezogen werden.
Mitte: Die Handpackzange kann zum Haken umfunktioniert werden, indem man einen Greifarm mit zum Griff packt.
Unten: Aufrichten des Stammstücks mit Hilfe der umfunktionierten Handpackzange.

Stammpresse

Stehende Bäume können starke Holzspannungen aufweisen und sehr leicht aufreißen – dann sind sie hochgefährlich, denn es bleibt häufig nur wenig Zeit zur Flucht in die Rückweiche.

Stammpressen vermindern bzw. verhindern während des Fällschnitts eine Gefährdung durch absplitternde Stammteile oder das schlagartige Aufreißen und Aufplatzen des Erdstammstücks in vertikaler Richtung. Eine Stammpresse erhöht die Arbeitssicherheit wesentlich und der Motorsägenführer kann sich intensiver auf die Fälltechnik konzentrieren. Außerdem trägt sie zur Werterhaltung des Nutzholzes bei.

Eine Stammpresse sollte in folgenden Situationen eingesetzt werden:

- hohe Bäume mit schweren Kronen
- Bäume mit unklarer Gewichtsverteilung
- Seitenhängerbäume
- Bäume mit einseitiger Krone
- extreme dicke Vorhängerbäume
- gleichzeitige Vor- und Seitenhängerbäume
- dickere Bäume, die per Seilzug gefällt werden
- Bäume, die starken Schnee- oder Raureifbehang aufweisen
- gefrorenes Holz (dieses bricht schlagartig!)
- Bäume mit Zwieselbildung
- Bäume mit äußerlich sichtbaren Rissbildungen
- durch Wind angeschobene Bäume
- Bäume in Hanglage

Das Aufreißen des Stamms kann mit Hilfe einer Stammpresse aus Stahlseil und Spannvorrichtung oder aus Gurtband mit Ratsche gut vermindert bzw. verhindert werden. Als einen Notbehelf kann man auch eine Kette fest um den Stamm legen und diese ringsum mit mehreren Keilen zwischen Stamm und Kette unter Spannung bringen. Häufig wird die Frage gestellt, ob man anstelle einer Stammpresse Zurr- bzw. Spanngurte verwenden kann. Die einfache Antwort ist „jein", denn Spanngurte sind in aller Regel nicht für die Kräfte eines berstenden Stammes ausgelegt. Dennoch kann man den Stamm zur Not mit mehreren festgezurrten Spanngurten vor dem Aufreißen sichern. Derzeit gibt es keine technischen Normen und Unfallverhütungsvorschriften zu Stammpressen und deren spezifischen Gebrauch.

Rasierstuhl
Kapitel 6
S. 175

Die Stammpresse wird vor Beginn der Fällung am Stamm angelegt. Sie sollte etwas oberhalb der Fallkerbhöhe befestigt werden. Die Spannvorrichtung wird auf der der Fallrichtung abgewandten Seite platziert und von Hand angezogen.

Die Stammpresse aus Gurtband sollte einerseits so straff angezogen werden, dass sich die Kräfte im Stamm nicht entfalten können. Andererseits sollte eine Sicherheitsreserve von ca. ein bis zwei Zügen bestehen, um die Stammpresse später leicht wieder öffnen zu können.

Gurtband- und Stahlseilpressen sind nur für die Einmannbedienung vorgesehen; der Hebelarm darf nicht verlängert werden. Bei Bäumen mit dicken Borken (z.B. Eiche, Esche) kann vor der Anlage die Borke ringartig entfernt werden, damit sich Energien im Stamm nicht schlagartig entfalten können.

Nachdem der Stamm gesichert ist, wird der Fallkerb geschnitten. Zusätzlich zur Stammpresse kann ein Herzschnitt nach der Anlage des Fallkerbs durchgeführt werden. Im mittelstarken Holz sowie Schwachholz können bei einem Einsatz der Stammpresse auch die Splintschnitte tiefer geschnitten werden. **Aber Achtung!** Bei Seitenhängern den Splintschnitt nie auf der Zugholzseite anlegen.

Herzschnitt
Kapitel 5
S. 102

Splint-schnitte
Kapitel 5
S. 86 f.

Links: Spannen der Stammpresse mit Stahlseil vor Anlage des Fallkerbs, entgegengesetzt zur Fällungsrichtung. Rechts: Setzen eines Splintes, damit sich bei dieser Stammpressenform die Stammpresse nicht selbsttätig löst.

Schäleisen

Zur aktiven Bekämpfung des Borkenkäfers gehört die sorgfältige Entrindung der Nadelholzstämme. Insbesondere bei Einzelstämmen und in Bereichen, wo der Vollernter nicht zum Einsatz kommen kann oder Holz aus Waldschutzgründen im Forst verbleibt, sollte konsequent entrindet werden. Bei Handentrindung eignet sich besonders das Schäleisen, das in allen Situationen, außer bei Frost, funktioniert. Man trägt Bahn für Bahn ab, immer beginnend auf der Oberseite des Stammes. An den Seiten wird das Arbeiten schnell beschwerlich. Dann dreht man das Schäleisen einfach um, so dass sich ein steilerer Ansetzwinkel der Schneide ergibt. Elementar wichtig für die Arbeit mit dem Schäleisen ist, dass die vorherige Entastung bei grobastigen Stämmen auf Stammebene erfolgt (Spiegelei).

Spiegelei

Kapitel 5
S. 145

Anreißholz

Um einen gefällten Baum in gleichlange (Meter-) Stücke zu schneiden, kann man sich zur Markierung des Anreißholzes bedienen. Man beginnt am dicken Stammende, legt dort das Stegende des Anreißholzes an und zieht die Schneide kurz nach vorne zu sich. Auf diese Markierung in der Rinde setzt man wieder das Stegende und fährt so fort, bis der ganze Stamm in Meterstücke eingeteilt ist. Mit Zollstock oder Maßband und einem Stift und sogar der Motorsäge, wenn sie eine günstige Länge hat, geht das genauso gut, aber nicht so bequem.

4.2. Seile, Anschlagmittel und Baumschoner

In der sogenannten seilunterstützten Baumfällung werden zwei verschiedene Bedienungstypen von Seilzuggeräten verwendet: **Seilzug** und **Seilwinde**. Der wesentliche Unterschied zwischen Seilzügen und Seilwinden besteht darin, dass Seilzüge manuell und Seilwinden motorbetrieben werden. Und hier liegt auch der große Vorteil der Seilwinden: Sie besitzen eine schnellere Seileinzuggeschwindigkeit. Wenn der Baum zügig umgezogen werden kann, ist die Gefahr des zu frühen Abreißens der Bruchleiste und eines seitlichen Wegkippens des Baumes (besonders bei Rückhängern) deutlich geringer als beim Seilzug mit nur zentimeterweisem Seileinzug. Außerdem ist die Arbeit durch die Arbeitsgeschwindigkeit effizienter.

Oben: Schäleisenausführung mit schräger Schneide.
Unten: Das Schäleisen wird vom Körper weg über den stammeben entasteten Stamm geschoben (gezeigt an einer Kiefer). Damit man sich nicht über Aststummel ärgern muss, kann die Regel „Wer entastet, entrindet auch!" hilfreich sein.

Das Anreißholz, mit dem bequem Meterstücke zur Aufarbeitung markiert werden können.

Für die seilunterstützte Baumfällung müssen Seilzuggeräte mindestens eine Nutzlast von 15 kN (15 Kilonewton entsprechen ca. 1500 kg) aufweisen. Die Nutzlast bzw. Zugkraft des Seilzuggerätes muss immer höher als die Gegenzugkraft des zu fällenden Baumes sein, da bei der seilunterstützten Baumfällung immer (!) das physikalische Prinzip von „Kraft gleich Gegenkraft" gilt. Die erforderliche Zugkraft und Nutzlast des Seilzuggerätes auf der einen und die Gegenzugkraft des Baumes auf der anderen Seite müssen also aufeinander abgestimmt sein. Hier kann in Zweifelsfällen die Calmbacher Tabelle helfen, die benötigte Zugkraft des Seilzuggeräts zu ermitteln. In dieser Tabelle werden Richtwerte für Laub- und Nadelbäume nach BHD und Neigung des Baumes angegeben. Je stärker der Baum, je niedriger die Anschlaghöhe des Seils und je stärker der Rückhang, desto größer die Gegenkraft. Beispielsweise kann man bei einem starken Nadelbaum-Rückhänger (bis 5 m) mit einem BHD von 60 cm außerhalb der Vegetationszeit bei einer Seilanschlaghöhe von 5 m mit einer Zugkraft von 11 t rechnen.

Bei den Seilwinden gibt es die grobe Unterteilung in große Seilwinden, die z.B. an Traktoren montiert werden und auch hervorragend zum Holzrücken geeignet sind, und motorbetriebene, leichte Seilwinden, die von einer oder zwei Personen getragen werden können. Seit einigen Jahren erfreut sich bei den leichten Seilwinden die recht handliche **Spillwinde** einer großen Beliebtheit. Sie kann besonders gut im unwegsamen Gelände eingesetzt werden – insbesondere dort, wo der Schlepper nicht hinkommt. Außerdem stellt die Spillwinde eine im Vergleich zum Schlepper kostengünstige sowie platzsparende (sie passt in jeden Kofferraum) Poweralternative dar.

Seilzug und Spillwinde verfügen über Sicherheitseinrichtungen, um den Bediener vor Gefahren zu schützen. Die Spillwinde, bei der mittels Zug am Seil Gas gegeben wird, besitzt beispielsweise eine Rücklaufsperre (= Totmannschaltung): Das Seil kann nicht zurücklaufen, wenn man mit ihm kein Gas gibt. An der Spilltrommel kann man den Zug jedoch dosiert entlasten.

Der Seilzug besitzt einen zweiten Stellhebel, um das Seil zurückzuholen und zu entlasten, sowie eine Überlastsicherung (ein kleiner Scherbolzen, der bei Überlast am Seil durchreißt und weiteren Zug unmöglich macht).

Zum sicheren Umgang mit diesen Geräten ist in jedem Fall die Bedienungsanleitung des Herstellers durchzulesen. Außerdem sind spezifische Verhaltensmaßnahmen bei Arbeiten mit Seilen einzuhalten (z.B. bei der Seilbedienung Handschuhe tragen, bei Spillwindeneinsatz am Bedienerort bleiben, das Seil muss frei am Körper nach hinten weg verlaufen). Insbesondere darf sich beim indirekten Zug nicht im inneren Gefahrendreieck aufgehalten werden, sobald das Seil angezogen wird.

Gefahrendreieck
Kapitel 4
S. 72

Zur Spillwinde ist zusätzlich ein Sicherheitsabstand von 5 m einzuhalten, da hier ein Kunststoffseil verwendet wird. Reißen solche Seile unter großer Spannung, schnellen sie peitschenartig zurück und können schwerste bis tödliche Verletzungen verursachen.

Links: Spillwinde mit Seilwickelungen auf der Spill.
Rechts: Seilzugsystem mit Stahlseil. Die Hebelstange für Einzugs- und Seilentspannungshebel liegt im Bild unter dem Seilzug. Am Seilzug links der Einzugshebel, in der Mitte der Seilentspannungshebel und rechts, mit Kugelkopf, der Hebel, der die Klemmbacken löst, damit man das Seil durch den Seilzug ziehen kann. Es ist von Vorteil, den Seilzug als Systemeinheit aufgebaut zu lassen, weil er dadurch sofort einsatzbereit ist. Muss das Seil nicht erst durch den Seilzug gezogen werden, bedeutet das große Zeitersparnis. Nachteilig wirkt sich natürlich das hohe Transportgewicht bei der Systemeinheit aus Seilzug und Seil aus.

Kräfte im Seilzugsystemaufbau
Ein vollständig aufgebautes Seilzugsystem besteht aus drei Bauelementen: (1) Seilzuggerät (z.B. Seilzug mit Pumphebel), (2) Zugseil (z.B. unverdichtetes Gleichschlagstahlseil beim Seilzug) und (3) Anschlagmitteln (z.B. Rundschlingen und Umlenkrolle). Der vollständige Systemaufbau besteht zusätzlich zu den drei Bauelementen des Seilzugsystems aus (4) dem oder den Ankerpunktbäumen (Ankerbäume für Seilzug und Umlenkrolle) sowie (5) dem zu fällenden Baum. Erst dann können die Kräfte aus Zug und Gegenzug im Systemaufbau wirken.
Für die im gesamten Systemaufbau wirkenden Kräfte gilt, dass eine Kette nur so stark ist wie ihr schwächstes Glied. Im Zugsystem muss daher die Zuglast des Seilzuggerätes sowie die Bruchlast eines jeden Kettengliedes (Bauelemente 2 bis 4) höher sein als die Gegenzugkraft des zu fällenden Baumes (Element 5), um den Baum umziehen zu können. Andernfalls zieht der zu fällende Baum das Gerätesystem, beginnend am schwächsten Kettenglied, auseinander.
Für einen sicheren und korrekten Systemaufbau wird als erstes die Gegenzugkraft des zu fällenden Baumes eingeschätzt. Entsprechend wird das benötigte Seilzugsystem ausgewählt, beginnend mit der Zugkraft des Seilzuggeräts, da die Bauelemente Seil und Anschlagmittel auf das Zuggerät im Vorfeld abgestimmt werden.

Beispiel zum direkten Zug: *Zu fällender Baum mit 1,4 t Gegenzugkraft = Seilzuggerät ≥ 1,5 t, Seil ≥ 1,5 t, Ankerbaum mit einfacher Ankerpunktbelastung ≥ 1,5 t, Rundschlinge am Ankerpunkt ≥ 1,5 t (1 t entspricht ungefähr der Kraft von 10 kN).*

Muss der Baum im indirekten Zug gefällt werden, entsteht eine doppelte Ankerpunktbelastung am Umlenkbaum (Ankerbaum mit doppelter Ankerpunktbelastung). Durch die Umlenkung verdoppeln sich die Zugkräfte – Umlenkbaum, Umlenkrolle und Rundschlinge müssen folglich mindestens die doppelte Bruchlast der benötigten Seilzuggerätekraft aufweisen. Gleiches gilt an der losen Rolle (einfacher Flaschenzug) für Umlenkrolle, Ankerpunktbäume, Seil und Rundschlinge.
Beispiel zum indirekten Zug: *Zu fällender Baum mit 1,4 t Gegenzugkraft = Seilzuggerät ≥ 1,5 t, Seil ≥ 1,5 t, Ankerbaum mit doppelter Ankerpunktbelastung (durch die Umlenkung des Seils) ≥ 3 t, Umlenkrolle und Rundschlinge an der doppelten Ankerpunktbelastung jeweils ≥ 3 t.*

Seit 2018 gibt es die Norm DIN 30754 für Seilzugarbeiten im forstlichen Bodenzug, welche die erforderlichen Sicherheitsanforderungen für Anschlagmittel erläutert. Das erleichtert die forstliche Seilzugarbeit, da nun speziell auf die doppelte Bruchlast abgestimmte Materialien verfügbar sind. Die Kräfte werden als „Forest Tractive Force" (FTF) angegeben. Der FTF-Wert gibt die maximal zulässige Zuglast an, die das Seilzuggerät auf das textile Anschlagmittel ausüben darf. In den FTF-Wert sind bereits Sicherheitsreserven (doppelte Bruchlast) für den Bodenzug eingerechnet. Das Charmante am FTF-Wert ist also, dass die Kraftangabe direkt auf das Seilzugsystem abgestimmt ist. Man kann sich darauf verlassen, dass sämtliche Anschlagmittel (Rundschlinge, Umlenkrolle, maximal zwei lose Rollen), auch in Kombination, und das Kunststoffzugseil mit z.B. dem FTF-Wert 2,5 zu einem Seilzuggerät mit maximal 2,5 t (ca. 25 kN) maximaler Zugleistung passen. Die Zugleistung des Seilzuggerätes muss immer gleich oder geringer sein als der FTF-Wert von Anschlagmitteln und Seil.

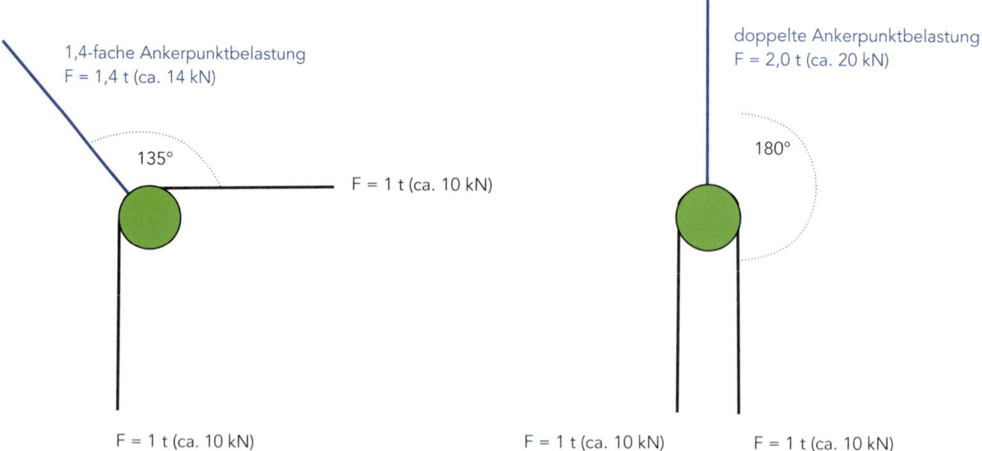

Je größer der Winkel des Seils an der Umlenkrolle, desto größer ist die Ankerpunktbelastung. Bei einem Winkel von 180° verdoppelt sich die Belastung der Umlenkrolle und des Ankerbaums. Zur Sicherheit geht man im indirekten Bodenzug unabhängig vom Seilwinkel daher grundsätzlich von einer doppelten Ankerpunktbelastung aus.

Prinzipdarstellungen

Direktzug

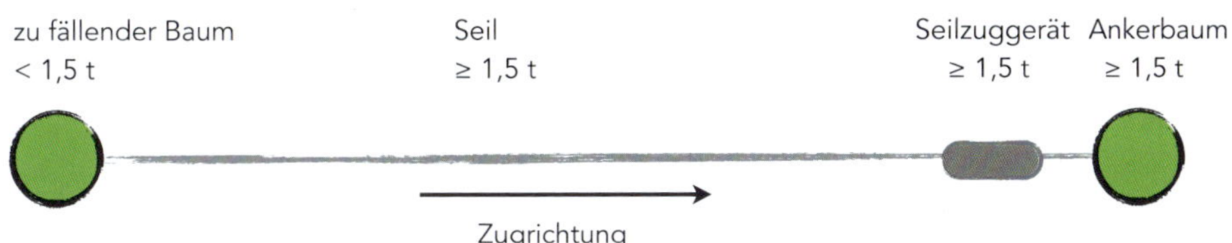

Indirekter Zug

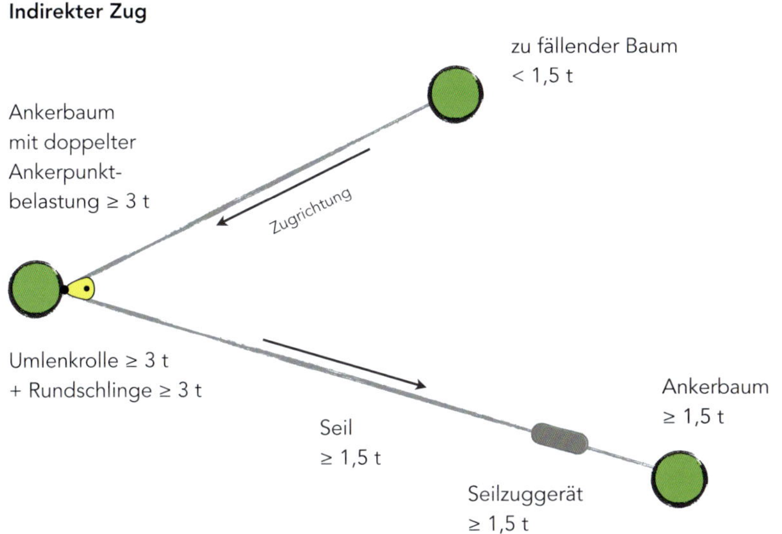

Indirekter Zug + Flaschenzug

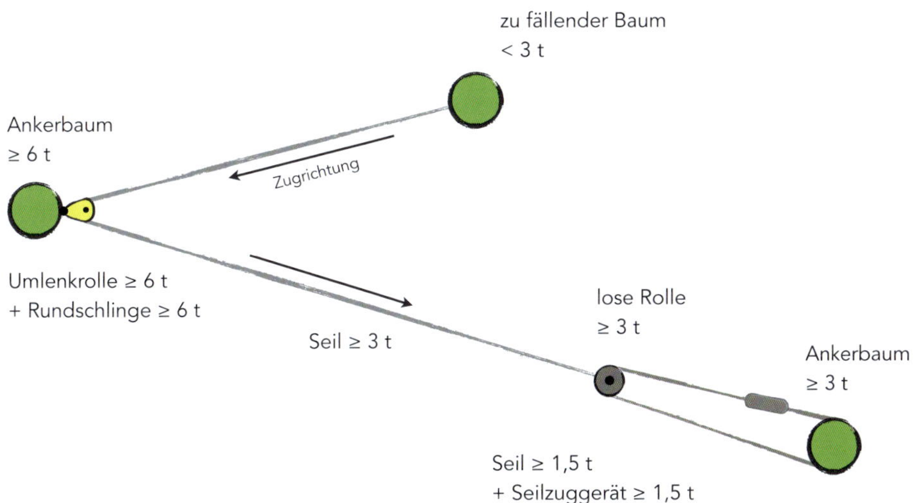

Zur Vereinfachung werden die Kräfte in Tonnen (t) angegeben:
Gerundet entspricht 1 t der Zugkraft von 10 Kilonewton (kN). Ein Newton entspricht ungefähr der Gewichtskraft von 100 g, die sich aufgrund der Erdanziehungskraft nach unten bewegen bzw. nach unten drücken.

Ankerpunkte und Ankerbäume

Die Systemeinheit aus Seilzuggerät, Seil und diversen Anschlagmitteln muss irgendwo befestigt werden, um Zug- und Gegenzugkräfte in Wirkung zu bringen. Zunächst wird das Zugseil am Baum, der gefällt werden soll, befestigt. Als nächstes wird ein geeigneter Anker für das Seilzuggerät gesucht; im Wald ist das fast immer ein anderer Baum in Fällrichtung. Im indirekten Zug, also bei einer Umlenkung des Seilverlaufs, wird zusätzlich ein weiterer Ankerpunkt benötigt (meistens wiederum ein Baum).

Ankerpunkte müssen die Eigenschaft besitzen, höhere Kräfte, als die beim Zug auftretenden, auszuhalten. Ein Ankerbaum muss daher einige Kriterien aufweisen, um als lastfähig zu gelten. Als Baumarten eignen sich Tiefwurzler besser als Flachwurzler, gesunde Bäume besser als abgestorbene. Bäume, die eine große Krone besitzen, weisen zumeist auch ein kräftigeres Wurzelwerk auf. Die Witterungsverhältnisse beeinflussen die Ankereigenschaften (z.B. begünstigt Trockenheit die Ankereigenschaften des Baumes). Tiefgründige Böden bewirken eine stabile Bodenverankerung. Als Anker eignen sich ferner auch frische höhere Baumstümpfe und große, feste Felsen.

Verankerung im Boden
Kapitel 6
S. 173

Für einen geeigneten Ankerbaum kann Folgendes gelten: Ein Ankerbaum muss in seinen Dimensionen Höhe und BHD mindestens genauso kräftig sein wie der zu fällende Baum. Ist das nicht der Fall, so sollte ein anderer Ankerbaum gefunden werden oder ein zweiter Ankerbaum in die Seilaufstellung als Ankerpunkt integriert werden. Bei der Auswahl muss darauf geachtet werden, dass bei einer Umlenkung eine doppelte Belastung am Ankerbaum entsteht. Wenn man lebende Bäume als Ankerpunkte wählt, sollte man nur textile Anschlagmittel am Baum befestigen, um Rinden- und Kambiumverletzungen zu vermeiden. Zusätzlich kann die Auflagefläche im Stammfußbereich erhöht werden, indem man die Kräfte auf mehrere textile Anschlagmittel verteilt oder zusätzlich einen **Baumschoner** einsetzt, um den Druck im Rindenbereich zu minimieren (z.B. ein breiter und starker Gummistreifen). Besonders eignet sich natürlich ein Ankerbaum, der zu einem späteren Zeitpunkt ebenfalls gefällt werden soll.

Umlenkrollen am Ankerbaum

Die Wirkung der Umlenkrolle am Ankerbaum kann ganz unterschiedlich sein, denn die Belastung am Ankerpunkt verändert sich je nach Seilablenkwinkel. Grundsätzlich sollte von einer doppelten Belastung am Ankerpunkt ausgegangen und entsprechende Anschlagmittel mit einer darauf abgestimmten Zuglast des Seilzuggerätes verwendet werden. Bei Umlenkrollen muss zusätzlich darauf geachtet werden, dass der Rollendurchmesser dem 6- bis (besser) 10-fachen des Seildurchmessers entspricht. Dann bleibt die Seiltragfähigkeit i.d.R. zu 100 % im Umlenkbereich erhalten.

Flaschenzugprinzip

Wird die Kraft an einem Ankerpunkt lediglich umgelenkt, so spricht man von einer festen Rolle. Die an der festen Rolle auftretenden Kräfte werden addiert, d.h. am Ankerpunkt besteht dann eine doppelte Belastung. Ist die Rolle jedoch frei im Seil bewegbar, spricht man von einer losen Rolle. Die Zugkraft eines Seilzuggerätes kann mit Hilfe einer losen Rolle verdoppelt bzw. je nach Anzahl weiterer loser Rollen vervielfacht werden. Das ist das Flaschenzugprinzip. Bei den verschiedenen Baumsituationen kann es sehr ratsam sein, die Zugkraft im System mit Hilfe loser Rollen zu verdoppeln oder zu vervierfachen. So kann beispielsweise aus einem 15 kN Seilzuggerät ein 30 kN oder 60 kN System erstellt werden.

Seileinsatz
Kapitel 5
S. 114, 117

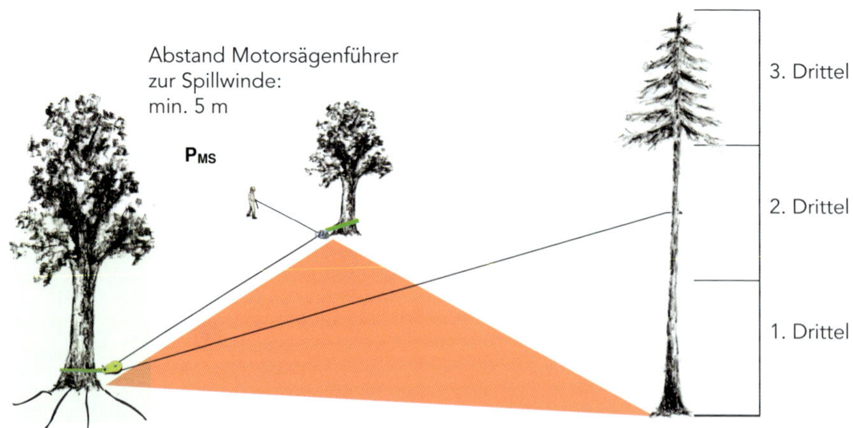

Der Baumkronendurchmesser gibt i.d.R. Hinweise auf den Durchwurzelungsbereich des Ankerbaumes.
Der Abstand zwischen Ankerbaum und zu fällendem Baum entspricht mindestens der doppelten Anschlaghöhe des Seils. Der Schwerpunkt eines Baumes liegt im 2. Drittel seiner Höhe, dort sollte das Seil eingebracht werden.
Der Abstand vom Motorsägenführer (P_{MS}) zur Spillwinde beträgt mindestens 5 m. Der Seilinnenwinkel (rotes Dreieck) stellt einen absoluten Gefahrenbereich dar, in dem sich niemand aufhalten darf, sobald das Seil angezogen wird.

Seile

Ein wesentliches Element im Seilzuggerätesystem ist das Zugseil. Zugseile können entweder aus einer textilen Faser (Kunststoffseil) oder aus Stahl bestehen. Welche Art Zugseil Verwendung findet, hängt vom eingesetzten Gerät ab. Wird ein Seilzug verwendet, dann kommt ein unverdichtetes Gleichschlagseil aus Stahldrähten zum Einsatz. Wird eine Spillwinde eingesetzt, dann findet ein Kunststoffseil Verwendung. Der Hauptunterschied zwischen den zwei Seilarten liegt auf der Hand: Das enorme Gewicht des Stahlseils gegenüber dem Leichtgewicht Kunststoffseil. Aber es gibt noch weitere wichtige Unterschiede, die man beim forstlichen Bodenzugeinsatz von Seilen kennen sollte.

Kunststoffseile: Eine Verbindung zur Spillwinde wird durch das physikalische Reibungsprinzip hergestellt. Das Kunststoffseil wird deshalb mindestens 5-mal um die Spill gewickelt. Auf der anderen Seilseite schaffen Knoten eine Verbindung zu Anschlagmitteln und Ankerbäumen. Im Bodenzug von Lasten dürfen im Übrigen nur textile Statikseile eingesetzt werden. Allerdings muss immer berücksichtigt werden, dass diese Seile eine Restdehnung aufweisen.

Stahlseile: Eine Verbindung zum Seilzug wird durch die Klemmbacken des Seilzugs hergestellt. Seilzüge werden daher auch Klemmbackenzüge genannt, da mehrere Klemmbacken das unverdichtete Gleichschlagseil bei der Bedienung abwechselnd festhalten (Reibungsprinzip). Die Verbindung vom Drahtseil zu Anschlagmitteln oder dem Baum direkt muss über eine Seilendverbindung hergestellt werden (z.B. Flämisches Auge). Die Lastbildung am Seilende ohne Anschlagmittel erfolgt durch Zug am einfach um den Stamm gelegten Stahlseil selbst, das durch einen Seilgleithaken oder mit Hilfe einer Schäkelverbindung geschlossen wird.

Flämisches Auge

Kapitel 4
Seite 75 f.

Beim Einsatz von Stahlseilen ist immer zu berücksichtigen, dass die Drähte zu Verletzungen bei Mensch (Hände) und Baum (Baumrinde und Kambium) führen können. Es ist wichtig, dass Drahtseile immer nur so weit von einer Haspel abgespult werden, wie Seil benötigt wird, denn Drahtseile sind widerspenstig und können auch durch eine falsche Handhabung kaputtgehen.

Anschlagmittel

Zu den Anschlagmitteln zählen alle Verbindungsmaterialien, die dem Fixieren von Seilzug/Seilwinde und Zugseil an Bäumen dienen. Wichtige Anschlagmittel im Aufbau des Seilzugsystems sind Umlenkrolle (feste Rolle bei indirektem Zug, lose Rolle beim Flaschenzug), Rundschlinge und weitere Anschlagmittel (z.B. Schäkel, Haken, Würgekette). Auch kann ein kurzes Kunststoffzugseil als Anschlagmittel gelten, das zwischen zu fällendem Baum und Windenseil eingebaut wird.

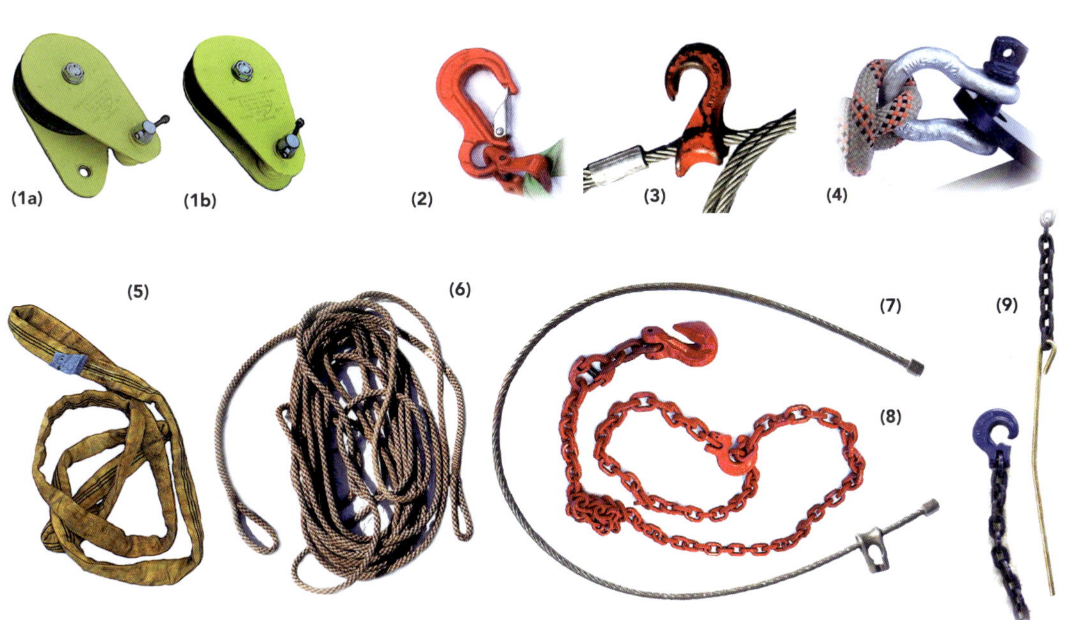

(1a und 1b): Geöffnete und geschlossene Umlenkrolle. Wichtig ist, den Knebel nach Verschluss eine viertel Umdrehung zu lockern, damit man ihn nach der Arbeit wieder leicht öffnen kann.
(2) Lasthaken mit Sperrklinke, (3) Gleithaken mit Stahlseil, (4) Schäkel mit Schraubsicherung, um z.B. ein Kunststoffseil mit einem Stahlseil zu verbinden oder einen Fällhaken anzuschließen.
(5) Rundschlinge mit WLL-Werten (pro Strich 1 t WLL, hier also 3 t), (6) Kunststoffzugseil, (7) Würgeschlinge aus Stahl (Chokerseil) mit Chokerhaken, (8) Chokerkette (Würgekette) mit Parallelhaken oben und einem Schlinghaken in der Mitte, durch den die Kette hindurchgleitet, so dass sie sich am Stamm zuzieht.
(9) Durchstecknadel, mit der die Kette unter einem Baum durchgezogen werden kann.

Knotentechnik

Wenn textile Zugseile eingesetzt werden, dann müssen diese logischerweise am Ankerpunkt sowie am zu fällenden Baum befestigt werden. Dafür gibt es neben den diversen Anschlagmitteln eine Fülle kunstvoller Knoten (syn.: Stich, Stek, Schlag, Wurf). Aus unserer Sicht sollte man mindestens fünf Knoten beherrschen, um Rundschlinge und Zugseil zu befestigen:

- Ankerstich (z.B. zur Befestigung von Rundschlingen an Ankerbäumen).
- Zimmermannsknoten (z.B. zur Befestigung des Seils am Stamm).
- Mastwurf (z.B. zur Befestigung der dünnen Wurfschnur am textilen Zugseil).
- Halber Schlag (syn. Gegenschlag; Hilfsknoten, der beim Zimmermannsknoten sowie bei der Befestigung der dünnen Wurfschnur am textilen Zugseil verwendet wird).
- Palstek (Herstellen einer Schlaufe, z.B. zur Befestigung eines Seils an einem Schäkel oder Seilhaken).

Wurfschnur
Kapitel 4
S. 77, 80

Mit dem Grundrepertoire an Knoten kann man das allermeiste geschickt befestigen. Und das Tolle an diesen fünfen ist, dass sie sich allesamt wieder leicht lösen lassen.

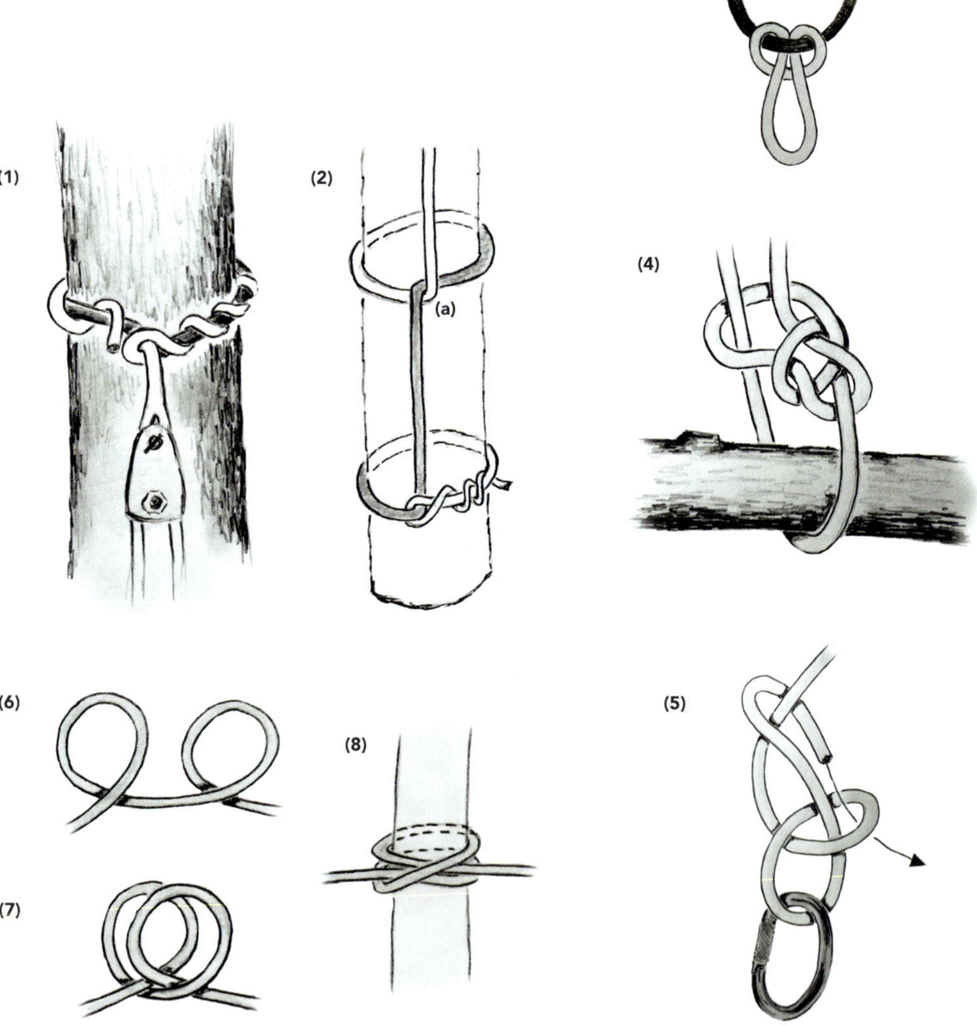

(1) Zimmermannsknoten zum Befestigen z.B. einer Umlenkrolle, (2) Zimmermannsknoten zum Sichern längerer Baumstücke mit einem halben Schlag (a), (3) Ankerstich, (4) laufender Palstek, (5) einfacher Palstek (anzuwenden bei Einmalbelastung; bei mehrfachem Be- und Entlasten des Knotens ist eine Sicherung notwendig, damit sich der Knoten nicht löst, z.B. durch doppelten Palstek oder Yosemite-Sicherung).
(6) bis (8) einfaches Legen eines Mastwurfs: Nachdem die beiden Schlaufen der dünnen Wurfschnur übereinander gebracht wurden, zieht man das Kunststoffzugseil hindurch und die Enden des Knotens an.

Mastwurf
Kapitel 4
S. 81

Seilendverbindung: Flämisches Auge

Eine Seilendverbindung stellt eigentlich nur eine in ein Stahlseil eingearbeitete Rundöse bzw. Seilschlaufe dar. Eine in ein textiles Seil eingearbeitete Seilendverbindung wird als Knoten bezeichnet. Hinter einer Seilendverbindung in einem Stahlseil lässt sich ein Gleithaken einfädeln. Der Gleithaken kann dann in die Seilschlaufe eingehängt werden, um einen Stamm fest zu umschließen und an ihm zu ziehen.

Seilendverbindungen können bei Stahlseilen auf mehreren Wegen hergestellt werden. Die Forderungen an solche Endverbindungen nach DIN sind, dass die Bruchlastminderung im Seilschlaufenbereich max. 15 % beträgt. Das kann z.B. eine DIN-Presse bewirken, die eine Aluminiumseilpressklemme am Ösenende fixiert. Eine weitere Möglichkeit besteht darin, ein Flämisches Auge als Seilendverbindung herzustellen. Diese Stahlschlaufenart im Seil besitzt eine Bruchlastminderung von ca. 10 %.

Zur Herstellung eines Flämischen Auges werden ein paar Geräte benötigt (Schraubenzieher, Press-/Schlagwerkzeug, Vorschlaghammer, Pressklemme, Stahlsäge [o.ä.]), man muss immer Handschuhe tragen (Grundsatz bei Arbeiten mit dem Stahlseil) und man muss natürlich wissen, wie es geht.

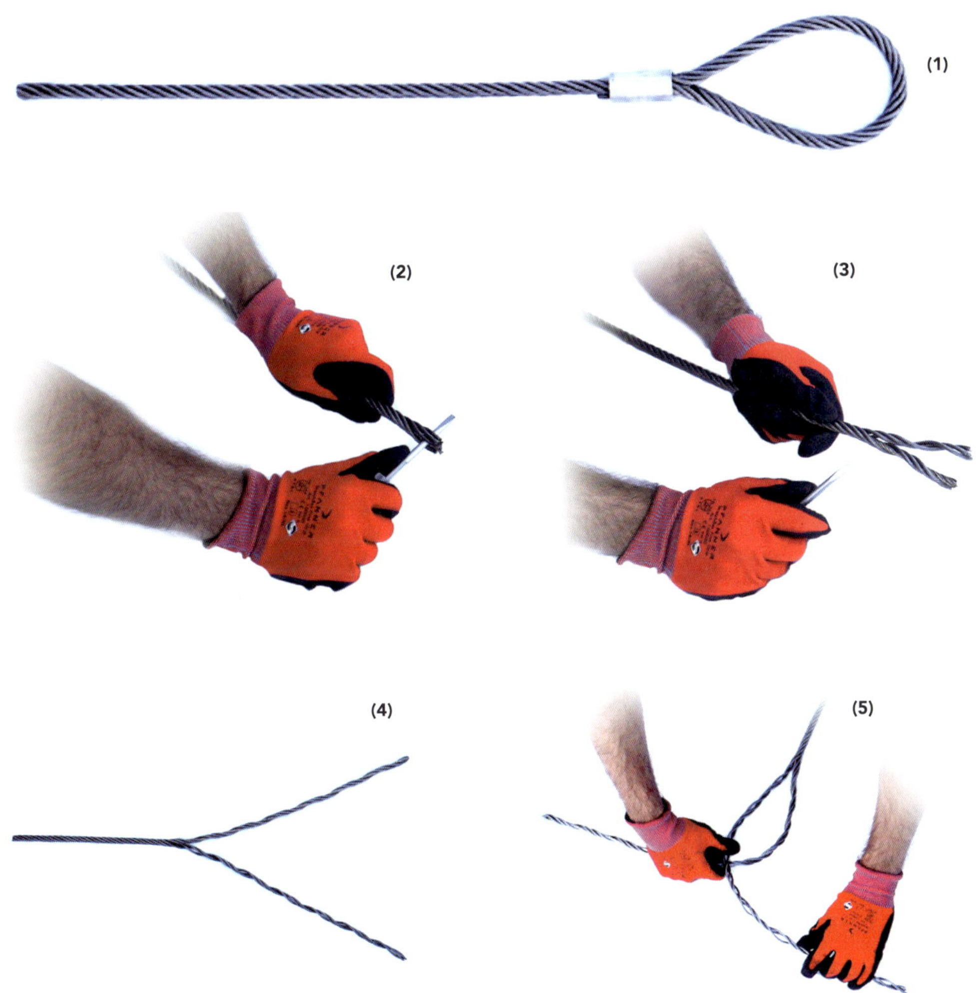

(1) Das Flämische Auge in einem Stahlseil. Die Spezialklemme aus Aluminium muss vor Anlage des Flämischen Auges auf das Drahtseil gezogen werden.
(2) Am Ende des Seiles mit dem Schraubendreher den Seilverbund auflösen und (3) die Litzen zu zwei Strängen vereinzeln (3 + 3 und Seelenlitze).
(4) Das Seilende auf einer Länge von etwa 80 cm aufdrehen.
(5) Die beiden Litzenverbunde in der Hälfte überkreuzen.

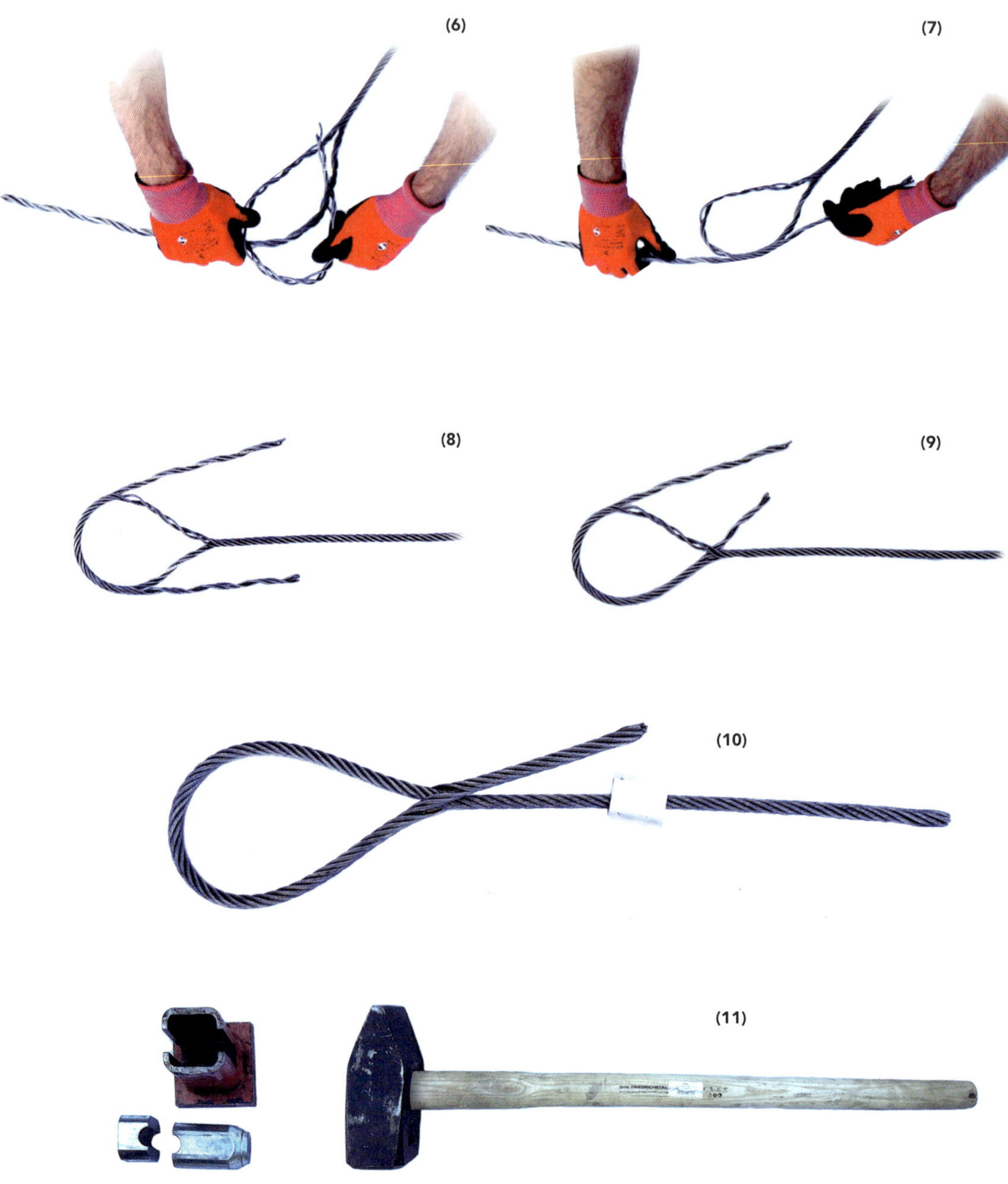

(6) Ein Ende durch die entstehende Seilöse führen.
(7) Die beiden Seilenden so lange ziehen, bis sie in einen Verbund rutschen und eine geeignete Öse entsteht.
(8) Den im Bild oberen Litzenverbund einige Touren um „seine" Ösenseite herumschlingen.
(9) Den im Bild unteren Litzenverbund so lange um „seine" Ösenseite herumschlingen, bis der Anfang des noch bestehenden Seilverbundes erreicht ist. In gleicher Weise mit dem anderen Litzenverbund verfahren.
(10) Die freien Litzenverbunde am Beginn des Seilverbundes wieder vereinen. Dieses Seilende durch die vor Anlage der Schlinge eingefädelte Seilklemme stecken. Die Klemme bis zur Öse ziehen und mit einem Presswerkzeug verpressen. Das überstehende Seilende wird hinter der Seilklemme sauber abgeschnitten – etwa die Hälfte des Seildurchmessers sollte überstehen.
(11) Presswerkzeug mit schwerem Vorschlaghammer.

Seileinbau in den Baum – Anschlagtechnik

Bei der seilunterstützten Fällung richtet sich der Seileinbau in den Baum besonders nach diesen Gesichtspunkten: 1. Besitzt der Baum eine Neigung? 2. Wie stark ist die Baumneigung? 3. Wie groß ist die Zugkraft des Seilzuggerätes? 4. In welcher Höhe im Baum soll das Seil eingebaut werden? 5. Welche Seilart – Textilseil oder Stahlseil – soll in den Baum eingebaut werden? 6. Welche Hilfsmittel zum Seileinbau sind vorhanden?

Nach diesen Fragestellungen lassen sich dann folgende häufiger verwendeten Einbautechniken ableiten:

- Die Schlinge eines ca. 10 m langen textilen Seils um den Stammfuß legen. Kommt ein (gespleißtes oder geknotetes) Auge am Ende dieses Kurzzugseils vor, wird die Schlinge per Schäkel geschlossen (Königsbronner Anschlagtechnik, KAT); das freie, andere Seilende wird mit dem Windenzugseil verbunden. Wird ein textiles Seil ohne gespleißtes Auge eingesetzt, kann die Schlinge mit einem laufenden Palstek geschlossen werden. Die gebaute Schlinge wird per Teleskopstange mit Schubhaken in bis zu 6 m Höhe am astlosen Stamm hochgeschoben und dann zugezogen.
- Das Stahlzugseil wird um den Stammfuß zu einer Schlinge gelegt. Die Schlinge wird entweder per Schäkel an der geösten Seilendverbindung oder per Gleithaken geschlossen. Mittels einer oder zwei Teleskopstangen mit Schubhaken wird die Schlinge in bis zu 6 m Höhe am astlosen Stamm hochgeschoben und dann zugezogen (Königsbronner Stahlseiltechnik, KST).
- Ein am textilen Seil oder Drahtseil befestigter Ast- oder Fällhaken wird mit Hilfe einer Teleskopstange bis zu einer Höhe von ca. 6 m in den Baum eingebracht. Der jeweilige Zughaken wird hinter den Stamm oder in eine Astgabel gelegt, das Zugseil wird angezogen und die Teleskopstange vom Haken abgezogen. Die spitzen Haken verbeißen bzw. verkeilen sich im Holz, so dass der Haken i.d.R. nicht zu Boden fällt. Grenzen im System beachten! Sie liegen für Asthaken bei 13 kN (1,3 t) und für Fällhaken bei 49 kN (4,9 t). Fäll- und Asthaken dürfen nur mit dem Seilzug verwendet werden.
- Ein textiles Zugseil kann vom Boden aus auch mit Hilfe einer zuvor in den Baum eingebrachten dünnen Wurfschnur nachgezogen werden. Um den Nachzugfaden im Baum an der gewünschten Stelle zu positionieren (z.B. über einer kräftigen Astgabel), wird ein Wurfbeutel am Nachzugfaden (Wurfleine) befestigt. Diese Einheit aus Wurfbeutel und Wurfleine wird entweder (a) per Wurftechnik oder (b) mit Hilfe einer Wurfbeutelschleuder in den Baum eingebracht. Am dünnen Nachzugfaden wird anschließend das eigentliche textile Zugseil in den Baum ein- und um den Stamm herumgezogen und per Knoten befestigt (Darmstädter Seilzugtechnik, DST).
- Mit einer Leiter kann man das Seil durch Aufstieg in den Baum in eine Stammhöhe von bis zu 14 m einbauen (beim Seileinbau in höhere Stammhöhen ist zusätzlich eine Gurtsicherung erforderlich).
- Der Seileinbau kann per Aufstiegstechnik in den Baum mit Klettergurtzeug, zwei Kurzsicherungen mit Seilverkürzer sowie Steigeisen erfolgen.

Palstek

Kapitel 4
S. 74

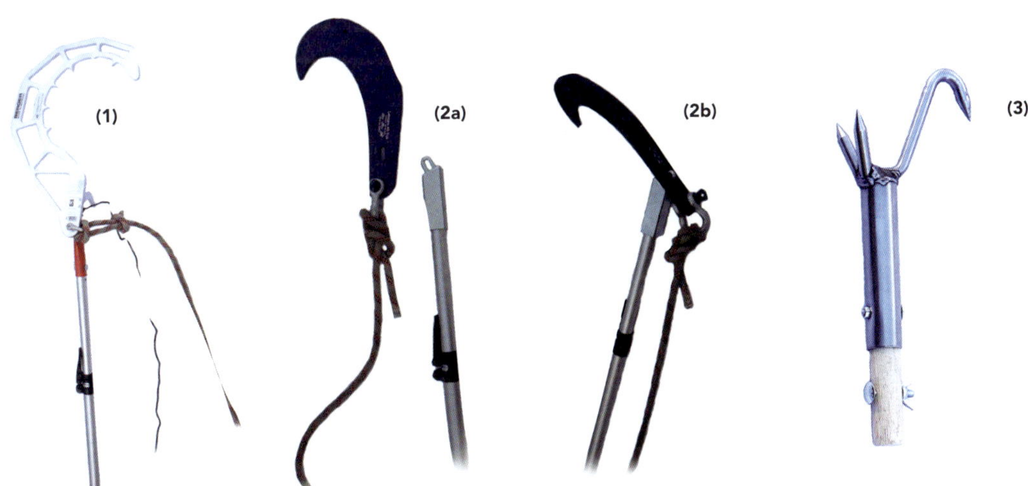

(1) Asthaken mit Teleskopstange, der z.B. an einem Ast oder dünnen Pfahl eingebracht werden kann.
(2a) Fällhaken mit Teleskopstange, (2b) das verbundene System. Der Fällhaken ist stabiler als der Asthaken; beide dürfen nur mit dem Seilzug eingesetzt werden.
(3) Schubhaken, mit dem das Seil in den Baum eingebracht werden kann. Dazu wird die Schlinge bereits unten am Baum mit einem Palstek oder Schäkel gebaut und oben im Baum zugezogen.

Knoten

Kapitel 4
S. 74

Als Befestigungsknoten für Kunststoffseile im Baum eignen sich zum einen der laufende Palstek und zum anderen der Zimmermannsknoten. Das Zugseil, wenn es über eine hoch liegende, starke Astgabelung läuft, kann auch unten am Stammfuß, oberhalb der Fallkerbe, mittels Zimmermannsknoten angeschlagen werden.

Beim Aufbau des Seilzuggerätesystems muss stets darauf geachtet werden, die Zugkraftverluste zu minimieren. Das Gesamtsystem muss hinsichtlich der Kräfte stimmen. Nicht aufeinander abgestimmte Materialien, Knoten und Umlenkungen an Umlenkrollen (bis 50 % Bruchlastminderung möglich), ein zu starker Seilanstellwinkel sowie eine zu niedrige Anschlaghöhe des Seils am Baum stellen Schwachstellen im System dar.
Zu den sichereren Seileinbautechniken gehören die Königsbronner Anschlag- und Stahlseiltechnik (KAT und KST) sowie die Darmstädter Seilzugtechnik (DST), da bei ihnen nicht in den Baum geklettert werden muss und trotzdem große Anschlaghöhen erreicht werden. Sie sind von jedem Waldarbeiter leicht erlernbar.

Seileinbau mit einem Asthaken, um einen abgestorbenen Baum mit dem Seilzug umzuziehen.

Bilder oben: Seileinbau mit einem Schubhaken. Variante mit laufendem Palstek und Kunststoffseil ohne Schäkel.

Bilder unten: Baumaufstieg mit Steigeisen, Gurtzeug und Halteseil. Für Kletterarbeiten benötigt man eine Weiterbildung.

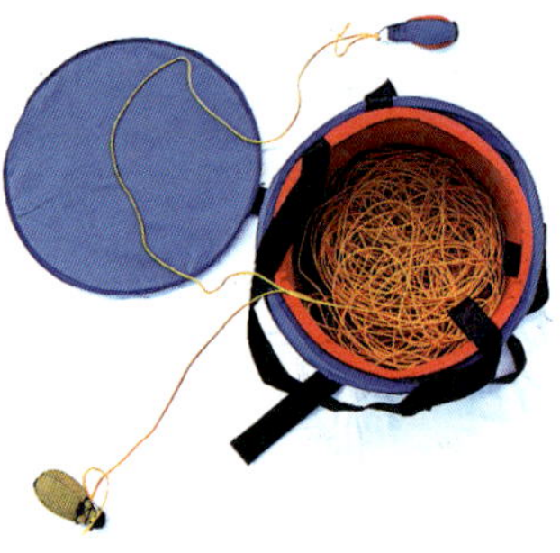

Bilder oben: Große Höhen können erreicht werden, wenn der Wurfbeutel über den Kopf rückwärts in den Baum geworfen wird. Dazu muss das Stück Schnur, das unmittelbar hinter der Ringbefestigung am Beutel verläuft, durch das Beutelöhr doppelt hindurchgezogen werden, so dass eine Art Seildreieck entsteht. Der Wurfbeutel wird dann mit beiden Armen durch Pendeln zwischen den Beinen beschleunigt.
Unten links: Der Wurfbeutel kann auch mit einer Hand durch seitliches Pendeln beschleunigt werden. Der angezielte Baum oder Ast befindet sich vor dem Werfenden.
Unten rechts: Wurfbeutel und Leine können in einem sehr praktischen Wurfsack verstaut werden. Der Vorteil: Im Wurfsack ist alles platzsparend an einem Ort und das Seil kann sich nicht mit anderen Arbeitsmaterialien verheddern.

Bilder nächste Seite:
Oben: Befestigen der dünnen Wurfschnur am textilen Zugseil. Zuerst wird ein Mastwurf gelegt, der ca. 30 cm weit über das nachzuziehende Zugseil geschoben wird. Den Mastwurf zuziehen.
Darunter: Oberhalb des Mastwurfs werden mehrere halbe Schläge gelegt, bis eine Art nahtloser Übergang zwischen Schnur und Seil entsteht. Dieser Übergang sorgt in Astgabeln dafür, dass das Zugseil geschmeidig nachgezogen werden kann und sich nicht verhakt.

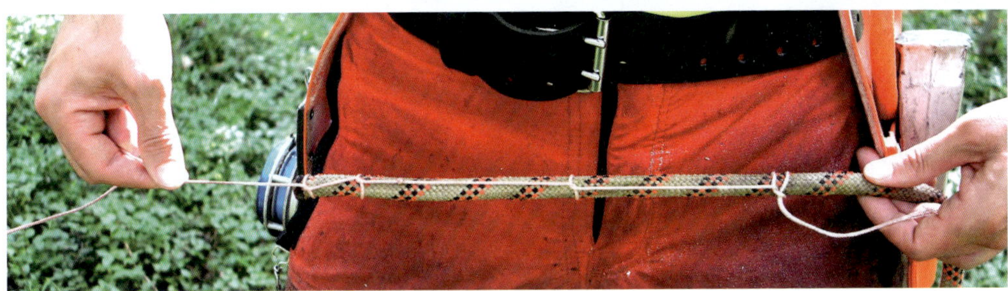

4.3. Wertholzklammern und S-Haken

Ist der Baum gefällt, so kann der Stamm trotzdem noch in Spannung sein. Deshalb sollten im Wertholz **Wertholzklammern** (Bild unten links) oder **Stahl-S-Haken** (Bilder rechte Seite) auf der dicken Stirnseite des Stamms eingeschlagen werden, um ein Aufreißen zu verhindern. Kommen am Zopfende Astquirle oder eine Astgabel vor, wird hinter diesen gezopft, da sie den Stamm zusammenhalten.

Zopfen

Kapitel 5
S. 101, 144

Ein wichtiges Prinzip bei der Waldarbeit: Schaffen Hand in Hand.

5. Methoden der Baumfällung

Bei der Waldarbeit sind gute Arbeitstechniken das A und O für Produktivität, Wirtschaftlichkeit, Arbeitssicherheit, kurz- und langfristigen Gesundheitsschutz … und nicht zuletzt für Freude an der Arbeit. Der Baumstumpf, der im Wald zurückbleibt, ist die Visitenkarte des Holzfällers. An ihm lässt sich lange sehen, wie gut er sein Handwerk beherrscht.

Im fünften Kapitel geht es um die zahlreichen Methoden der Baumfällung und Aufarbeitung von liegendem Holz. Gezeigt werden Schnitttechniken für (fast) alle Baumsituationen. Es ist die Schatztruhe dieses Buches – randvoll mit Anleitungen, um die jeweilige Lage souverän beherrschen zu können.

5.1. Lebensversicherung Baumansprache

Verschiedene Baumsituationen sind beim Fällen und Aufarbeiten zu berücksichtigen:

- lotrecht stehende, gesunde Bäume (Regelbäume)
- Bäume mit Neigung (Vor-, Rück- und Seitenhänger)
- Aufhängerbäume
- Bäume mit besonderen Eigenschaften oder an besonderen Wuchsorten
- liegende Bäume/liegendes Holz
- Sturm- und Bruchholz

Bei lotrechten Bäumen befindet sich die Gewichtsmasse im Lot mit dem Stammfuß. Besitzt ein Baum eine Neigung, dann bedeutet das, dass sich der Schwerpunkt des Baumes und damit das Gewicht der Baumkrone außerhalb des Lots befindet. Der Baum steht, relativ zu seiner normalen, senkrechten Wuchsachse, schief.
Die Einschätzung von Neigungsart und Neigungsstärke, aber auch von Dimensionen des Baumes (Brusthöhendurchmesser/BHD, Baumhöhe, Belaubungszustand und ungefähres Gewicht der Baumkrone oder einzelner Äste), Formabweichungen (z.B. ovaler, abholziger oder gedrehter Wuchs), Baumart, Wuchsort, Schäden und Gesundheitszustand sind für den Motorsägenführer überlebenswichtig. Entsprechend seiner Baumbeurteilung muss er den Ablauf der Baumfällung genau festlegen (= organisatorische Maßnahmen), eine sichere Fälltechnik auswählen und geeignetes Gerät einsetzen (= technische Maßnahmen), um sich selbst und andere nicht zu gefährden und keine Sachen zu beschädigen.

Baumansprache

Kapitel 2
S. 21

Baumeigenschaften

Kapitel 6
S. 165 f.

5.2. Elemente der Baumfällung

Bei nahezu allen Fälltechniken wird an dem zu fällenden Baum eine Art reibungslos funktionierendes Kippscharnier angelegt. Dieses Kippscharnier besitzt die zentrale Funktion, den fallenden Baum am Baumstumpf sicher in Fällungsrichtung abzuklappen und zu Boden zu führen. Dem Motorsägenführer dient das Kippscharnier als Lebensversicherung bei der Baumfällung.
Es wird in der Normalform, z.B. bei einem gesunden Lot- bzw. Regelbaum, durch mindestens drei Schnitte mit der Motorsäge hergestellt: Dachschnitt, Sohlenschnitt und Fällschnitt.

BHD

Kapitel 7
S. 181

Ein funktionierendes Kippscharnier besteht bei der Baumfällung aus vier Elementen:

Fallkerb (Fallkerbe)
Bruchleiste
Bruchstufe
Fällschnitt

Ein **Fallkerb** wird benötigt, weil er zum einen die Fällrichtung recht präzise vorgibt, zum anderen den Baum am Kippscharnier aus Bruchleiste und Bruchstufe führt, bis die Kerbe geschlossen ist. Dadurch wird nicht nur die Arbeitssicherheit für den Waldarbeiter erhöht, sondern auch die Arbeitsproduktivität. Der Fallkerb wird i.d.R. möglichst tief am Stock des Baumes angelegt. So wird wenig vom Stammholzvolumen eingebüßt und Maschinen können später leichter und bequemer über den Wurzelstock auf einer Rückegasse hinwegfahren, ohne dass der Fahrer der Maschine ständig durchgerüttelt wird.

Perfekter Fallkerb
Kapitel 7
S. 187 ff.

Kräfte in der Bruchleiste
Kapitel 6
S. 166

Bruchleiste und **Bruchstufe** bilden gemeinsam das Kippscharnier. Die Holzfasern stehen innerhalb der Bruchleiste im Bündel und sind so flexibel, dass sie dem Baum beim Fallen Führung und Halt geben. Als Widerlager funktioniert die Bruchstufe wie folgt: Während der Baum fällt, wirkt ein Großteil seiner Gewichtskraft entlang des Stammes in Richtung Baumstumpf. In der Bruchstufe wirken entgegengesetzte Kräfte stabilisierend und verhindern, dass der fallende Baum schlagartig von der Bruchleiste abreißt und über den Fällschnitt nach hinten wegrutscht.

Der **Fällschnitt** formt das Scharnier am Baum, stellt es scharf und sorgt dafür, dass der Baum kippen kann.

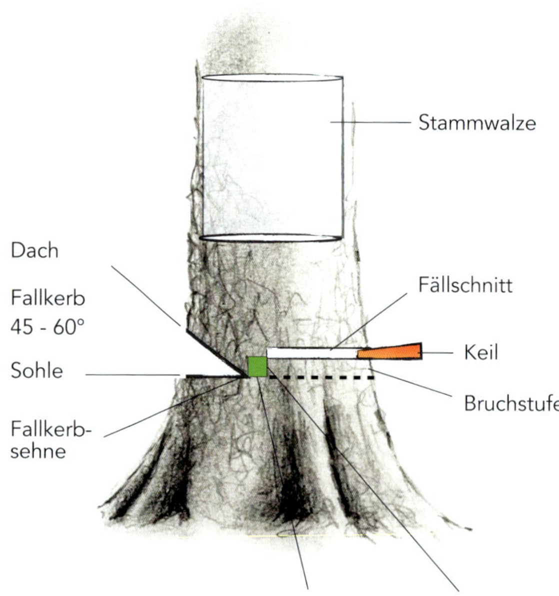

Anlage von Fallkerb und Fällschnitt bei Regelbäumen: Höhe der Bruchstufe: 1/10 des Stammwalzendurchmessers, min. 3 cm; Breite der Bruchleiste: 1/10 des Stammwalzendurchmessers.

5.2.1. Fallkerb

Der Fallkerb wird in Fällrichtung (Fällungsrichtung) angelegt und besteht normalerweise aus zwei Schnitten: Sohlen- und Dachschnitt. Welcher der beiden Schnitte zuerst angelegt wird, ist meist unbedeutend. Beide Vorgehensweisen besitzen Vor- und Nachteile. Manchmal, z.B. bei sehr stark dimensionierten Bäumen, muss von beiden Stammseiten geschnitten werden (insgesamt vier Schnitte). Äußerst wichtig ist, dass Sohlen- und Dachschnitt haargenau in einer Linie aufeinander treffen. Die durch die beiden Schnitte entstandene Linie wird **Fallkerbsehne** genannt. Sie ist in einem Winkel von i.d.R. 90° zur Fällungsrichtung ausgerichtet.

Der Stammwalzendurchmesser/SWD – in Fällrichtung, in Stumpfhöhe und ohne Borke – gibt das Maß für den Sohlenschnitt vor: Die Tiefe des Sohlenschnitts beträgt i.d.R. zwischen 20 und 33 % (Grenzspanne 1/5 bis 1/3) des SWD. Der Motorsägenführer führt den Sohlenschnitt zunächst auf 1/5 durch. Falls die Fallkerbsehne noch nicht genau im 90°-Winkel zur Fällungsrichtung ausgerichtet ist, besteht so noch genügend Puffer zum Nachschneiden im Sohlenschnitt.

Der maximale seitliche Korrekturwinkel der Fällungsrichtung beträgt rechnerisch 18,4° (bei einer Sehne im 90°-Winkel zur Fällungsrichtung).

Bild oben: Die Fallkerbsehne. Entscheidend ist, dass sich Dach und Sohle des Fallkerbs in genau einer Linie, der Sehne, treffen.
Bild unten: Beginnt man mit dem Sohlenschnitt, kann man zwei Stöckchen als Peilungshilfe an die Sehne anlegen und so den Dachschnitt perfekt ausformen.

Fallkerbsehnen

Keile

Fallrichtung des Baumes im Winkel von 90° zur Sehne bei Regelbäumen

Beginnt man bei der Fallkerbanlage mit einer Sohlentiefe von 1/5 des Stammwalzendurchmessers, sind Korrekturen der Fällungsrichtung von bis zu 18,4° möglich.

Orange: Fallkerbanlage auf 1/5.
Schwarz: Korrigierte Fallkerbe auf 1/3.
Beide Fallkerbsehnen treffen sich in einem Punkt (grün).

Eine Faustformel für die seitliche Abweichung der Baumspitze bei Fallkerbkorrektur ist folgende: Baumhöhe / 3 = seitliche Kronenspitzenverlagerung (in Meter).

Beispiel:
Eine 27 m hohe Fichte besitzt in Fällungsrichtung einen Stammwalzendurchmesser von 45 cm. Die minimale Sohlentiefe beträgt zunächst 9 cm (entspricht 1/5 des SWD). Müsste die Fällungsrichtung korrigiert werden, dürfte die tiefste Sohlentiefe maximal 15 cm betragen (entspricht 1/3 des SWD). Die Spitze der Fichte würde von der ursprünglich angedachten Fällrichtung rund 9 m seitlich abweichend liegen (27 m / 3 = 9 m), wenn man zunächst die Sohlentiefe auf 1/5 des Stammwalzendurchmessers anlegt und dann die Fällungsrichtung ändert und das maximale Maß der Sohlentiefe von 1/3 ausreizt.

Bei Regelbäumen können drei verschiedene Fallkerbarten unterschieden werden:

1. Klassische Fallkerbe
mit waagrechtem Sohlenschnitt. Die klassische Fallkerbe kann bei allen Baumstärken verwendet werden.

2. Offene Fallkerbe
mit nach unten abfallender Sohle und einem Öffnungswinkel von bis zu 90°. Bei dünnen Bäumen werden häufig offene Fallkerben angelegt.

3. Negativ geöffnete Fallkerbe (Art Humboldt)
mit waagrechtem Dachschnitt für Regelbäume im Hang, um sie talwärts zu fällen. Der Sohlenschnitt heißt hier *Anhieb-Schnitt* oder *Undercut.*
Vorteile: Der Baum springt beim Aufprall nicht über die vordere Sohlenkante, wird deshalb weniger beschleunigt und rutscht im Hang weniger abwärts.

klassische Fallkerbe mit waagrechtem Sohlenschnitt

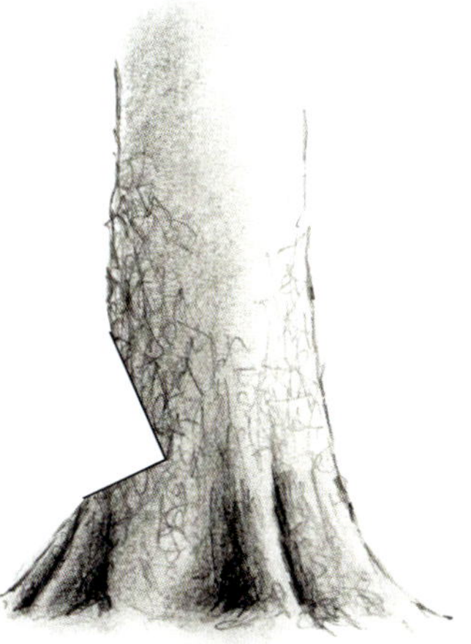

offener Fallkerb mit abfallender Sohle

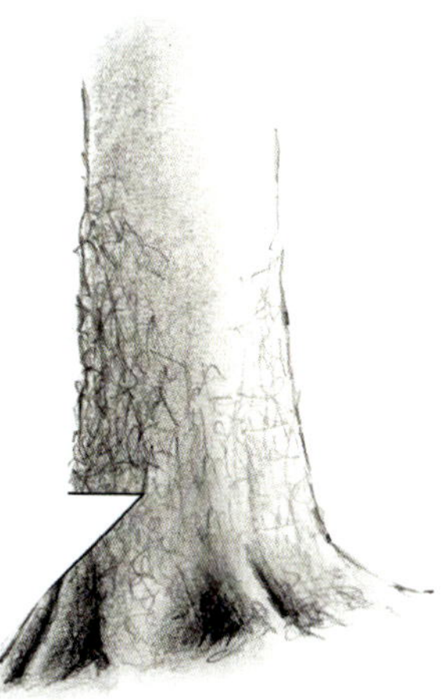

negativer Fallkerb (Art Humboldt)

Außerdem ist die Holzausbeute etwas höher. Nachteile: Die negativ geöffnete Fallkerbe lässt sich schwerer herstellen.

BHD
Kapitel 7
S. 181

Nur bei wenigen Ausnahmen, vor allem bei Bäumen mit geringem Durchmesser (Bäume ab einem BHD von 20 cm sind regelkonform mit einem Fallkerb zu fällen) oder bei äußerst schräg stehenden Bäumen (Neigung > 60°), kann die Anlage eines Fallkerbs entfallen.

Der Öffnungswinkel zwischen Sohlen- und Dachschnitt beträgt i.d.R. 45° bis 60°. Damit entspricht die Sohlentiefe mindestens der Höhe des Fallkerbs. Je größer der Winkel ist, desto länger wird der Baum beim Fallen am Kippscharnier zu Boden geführt. Der Baum reißt in dem Moment an der Bruchleiste vom Stock ab, in dem das Fallkerbdach auf die Fallkerbsohle auftrifft.

Bruchleiste
Kapitel 6
S. 165 f.

Bei der klassischen Fallkerbe entsteht an der Sohlenkante eine Quetschung, an der man die Fallrichtung des Baumes nachvollziehen kann.

Kickback/ Rückschlag
Kapitel 3
S. 50

5.2.2. Splintschnitte

Splintholz
Kapitel 6
S. 170 f.

Die ca. 3 bis 30 zuletzt ausgebildeten Jahresringe eines Baumes bilden das sogenannte Splintholz (Splint) aus; dann kommt die Rinde.

Schnitte ins Splintholz brechen die Baumkanten bzw. Rundungen am Stamm. Sie verhindern das seitliche Aufreißen des Stamms im Bereich der Bruchleiste und mindern die Spannungen im Stamm ab. Der Baum kann durch die Splintschnitte am Kippscharnier sauber abklappen.

Ohne diese Schnitte kann es zu einer Art Knickbruch im Splintholzbereich des unteren Stammes kommen – wie bei einem Rohr, das man in der Mitte durchbiegt. Durch diesen Knickbruch können Stämme im Splintholzbereich links und/oder rechts der Bruchleiste – vor allem bei langfaserigen Holzarten und Holz in Spannung – fetzenartig aufreißen und die Holzqualität mindern. Die Anlage von Splintschnitten ist daher dann zu empfehlen, wenn es bei der Baumfällung um die Holzqualität und eine damit verbundene Mengenausbeute geht; Splintschnitte tragen aber auch zur Arbeitssicherheit bei.

Anlage der Splintschnitte

Die Splintschnitte werden an den beiden schmalen Seiten der Bruchleiste, also an den beiden Enden der Sehne, und i.d.R. nach Anlage des Fallkerbs gesetzt.

Sie werden innerhalb des Höhenbereichs der Bruchstufe angelegt, also zwischen Sohlen- und Fällschnitt. Sie sollten stets so ausgeführt werden, dass klare Übersichtlichkeit für die Anlage des Fällschnitts besteht.

Wichtig ist i.d.R., dass die Schnitte nicht höher sind als die Bruchstufe und nicht niedriger als die Sohle. Mit je einem Schnitt können die Splintschnitte schräg zur Stammachse oder in Sohlenhöhe waagrecht in das Splintholz erfolgen. Bei einigen Schnitten erhält die Bruchleiste eine Trapezform **(a, b, d, e)**; bei anderen entsteht ein Rechteck **(c)**. Beim Schneiden mit der Schienenspitze besteht Rückschlaggefahr.

Splintschnitt mit schrägem Durchtrennen der Splintschicht (a); die Bruchstufe erhält eine Trapezform.

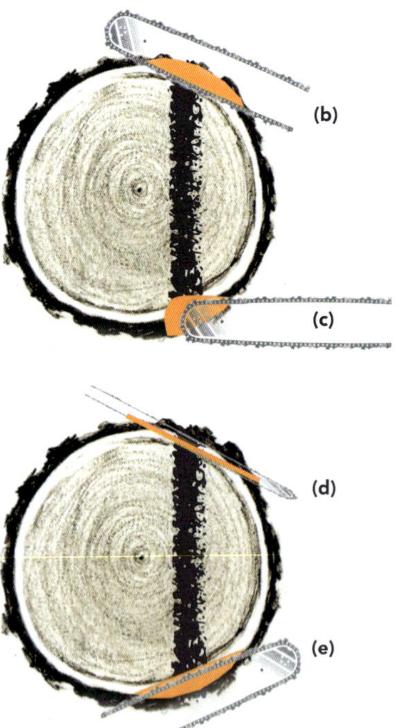

Die Splintschnitte können von vorne (b und c) und von hinten (a, d und e) gesetzt werden, mit waagrechter (b, c, e) und schräger Schiene (a und d).

Splintschnitte bei Regelbaumfällung
Die Splintschnitte erfolgen bei Regelbaumfällung nach der Anlage des Fallkerbs; zu diesem Zeitpunkt kann auch erst mit Sicherheit geprüft werden, ob der Baum im Inneren faul, hohl oder gesund ist.

Splintschnitte bei Vorhängern
Bei dickeren Vorhängerbäumen sollten immer Splintschnitte gesetzt werden, um die Gefahr zu vermindern, dass der Stamm längs aufreißt.

Splintschnitte bei Seitenhängern
Splintschnitte dürfen bei Seitenhängerbäumen nur auf der Druckholzseite angelegt werden; ein Baum würde frühzeitig abreißen, wenn auf der Zugholzseite ein Splintschnitt angelegt wird. Auf der Zugholzseite helfen die Splintholzfasern beim Ziehen des Baumes in Fällrichtung.

Splintschnitte bei Rückhängern
Bei Rückhängerbäumen werden Splintschnitte erst angelegt, wenn der Baum senkrecht steht, d.h. aufgekeilt wurde. Die Splintschnitte müssen bei Rückhängerbäumen grundsätzlich von hinten angelegt werden.

Keine Splintschnitte
Bei Kastenschnitt oder beigeschnittenen Wurzelanläufen werden keine Splintschnitte angelegt, da das Splintholz bereits entfernt ist.
Bei Bäumen mit Stockfäule werden keine Splintschnitte gesetzt, weil sie das verbliebene feste Holz zusätzlich schmälern würden. Bei diesen Bäumen muss das gesunde Splintholz (denn das Kernholz ist ja weggefault) den Baum bei der Fällung führen. Bei starken Rückhängerbäumen, die per Seil gefällt werden müssen, erfolgt kein Splintschnitt, weil die Gefahr besteht, dass der Baum frühzeitig oder seitlich abreißt.

Stockfäule
Kapitel 6
S. 171

5.2.3. Bruchstufe und Bruchleiste

Neben den relativen Maßen für den Fallkerb bestehen auch relative Maße für Bruchstufe und Bruchleiste. Die Bruchstufenhöhe beträgt bei Regelbäumen grundsätzlich 1/10 des Stammwalzendurchmessers, mindestens aber 3 cm. Die Bruchleistenbreite beträgt im relativen Maß ebenfalls 1/10 des Stammwalzendurchmessers.
Das **10 %-Quadrat** aus Bruchleiste und Bruchstufe lässt sich gut am Stamm mit der Motorsäge anzeichnen.

Die relative Spanne für den Fällschnitt ist bei der Regelbaumfällung immer gleich: 70 % bis 57 %.
Beispiel: *Bei einer 36 cm dicken Stammwalze verbleibt für den Fällschnitt entsprechend der Anlage des Fallkerbs eine Tiefe zwischen 25,2 cm (70 %) und 20,4 cm (57 %) des Stammwalzendurchmessers. Bei dünneren Bäumen (SWD ≤ 30 cm) sollten nach allgemeiner Lehrauffassung die Mindestmaße für Bruchleiste und Bruchstufe (mindestens 3 cm hoch) eingehalten werden.*

Markierungen für das 10 %-Quadrat, die in der Rinde gesetzt wurden: Sie zeigen Bruchstufenhöhe und Bruchleistenbreite für den Fällschnitt an. Der untere waagrechte Schnitt ist der Splintschnitt. Vertikale Markierungen werden grundsätzlich mit einlaufender Kette geschnitten; dabei steht der Motorsägenführer mit dem Rücken zum Baum.

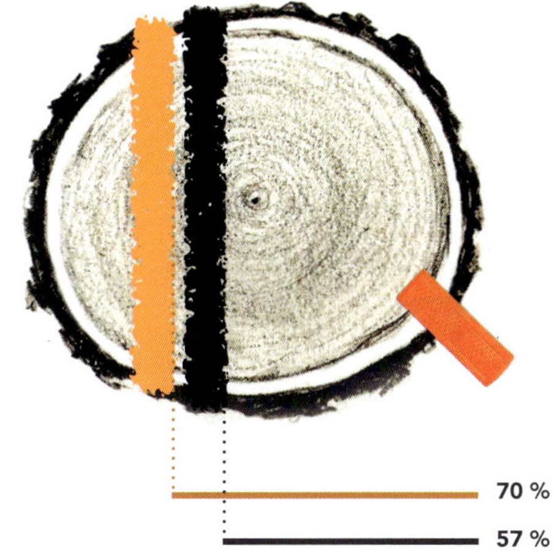

Blick von oben auf die Bruchleiste bei einer Fallkerbtiefe von 1/5 (orange; es verbleiben 70 % Stammwalze für den Fällschnitt) und 1/3 (schwarz; es verbleiben 57 % der Stammwalze) des Stammwalzendurchmessers.

Holz zieht Holz

Kapitel 6
S. 170

Rasierstuhl

Kapitel 6
S. 175

Fällhilfen

Kapitel 4
S. 59 f.

Bei-schneiden

Kapitel 5
S. 90 f.

Sowohl die Bruchleistenbreite als auch die Bruchstufenhöhe betragen beim 36 cm dicken Beispielbaum regelkonform rechnerische 3,6 cm. Hier gilt aber: Keine Wissenschaft daraus machen! Bei krummen Maßzahlen tendenziell aufrunden: Aus 3,6 cm mache 4 cm.

Eine zu gering dimensionierte oder totgeschnittene Bruchleiste birgt die Gefahr, dass der Baum zu früh vom Stumpf abreißt und vollkommen unkontrolliert zu Boden fällt. Von einer totgeschnittenen Bruchleiste spricht man, wenn der Fällschnitt die Bruchleiste komplett durchtrennt oder der Sohlen- oder Dachschnitt über die Fallkerbsehne hinaus gehen und die Bruchleiste funktionsunfähig machen. Ist die Bruchstufe zu niedrig ausgeformt, besteht dieselbe Gefahr. Außerdem rutscht der Stamm während des Falles nach hinten über den Fällschnitt weg und kann den Motorsägenführer gefährlich treffen.

Achtung! Wird die Bruchleiste zu breit ausgeformt, besteht die Gefahr, dass sich der äußerst gefährliche Rasierstuhl entwickelt. Um das unbedingt zu vermeiden, muss man auf die Rissbildung hinter der Bruchleiste beim Keilen achten: Bildet sich ein Riss von der Bruchstufe in Richtung Stamm **(a)**, muss sie geschmälert werden. Besonders aufmerksam muss man beim Einsatz von hydraulischen Fällhilfen oder Spindelkeilen in Kombination mit der schrittweisen Schmälerung der Bruchleiste beim Aufkeilen von Rückhängerbäumen sein. Diese Fällhilfen können nämlich enorme Hubkräfte entfalten und dann bei zu breiter Bruchleiste ein Aufreißen des Stamms auslösen.

Bei richtiger Bruchleistenbreite bildet sich der Riss im Bereich der Bruchstufe **(b)**.

Werden Bruchstufe oder Bruchleiste unregelmäßig ausgeformt, fällt der lotrechte Baum nicht in Richtung des gewünschten Fällungsziels. Hierfür gibt es eine einfache Regel: „Holz zieht Holz (nach sich hin)". Damit ist gemeint, dass der Baum beim Fallen in die Richtung zieht, wo mehr Zugholzfasern stehen geblieben sind.

Beispiel: *Die Breite der Bruchleiste beträgt an einem Ende 2 cm und am anderen 5 cm oder die Höhe der Bruchstufe auf der einen Seite 3 cm und auf der anderen 6,5 cm.*

5.3. Regelfälltechniken

Regelfälltechniken werden bei Regelbäumen angewendet. Regelbäume sind gerade gewachsen und gesund: Die Gewichtsmasse steht im Lot, Stamm und Krone des Baumes sind intakt, der Baum ist fest im Boden verankert.

Die Holzfasern des Regelbaums verlaufen idealtypisch in Längsachse, d.h. im Vollholz der Stammwalze findet man beim stehenden Baum einen vertikalen Holzfaserverlauf.

Wurzelanläufe im Stammfußbereich können auch bei Regelbäumen vorkommen und führen mitunter zu schrägem Faserverlauf im Splint- bzw. Randbereich – jedoch nicht im Bruchleistenbereich. Diese Wurzelanläufe werden vor dem Anlegen des Fallkerbs beigeschnitten.

Regelbäume lassen sich nach ihren Stammdurchmessern in drei Unterkategorien einteilen: schwach, mittelstark und stark.

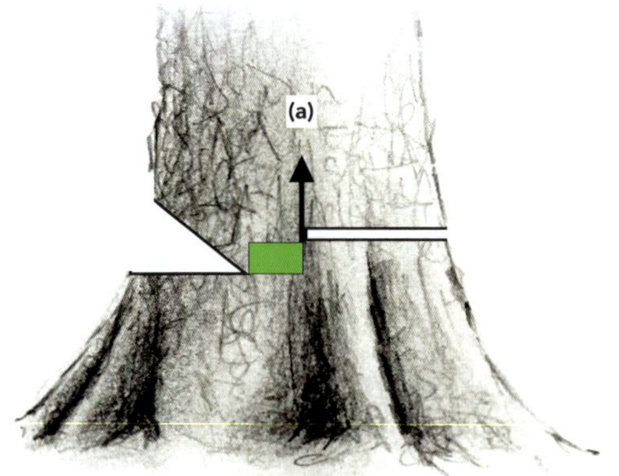

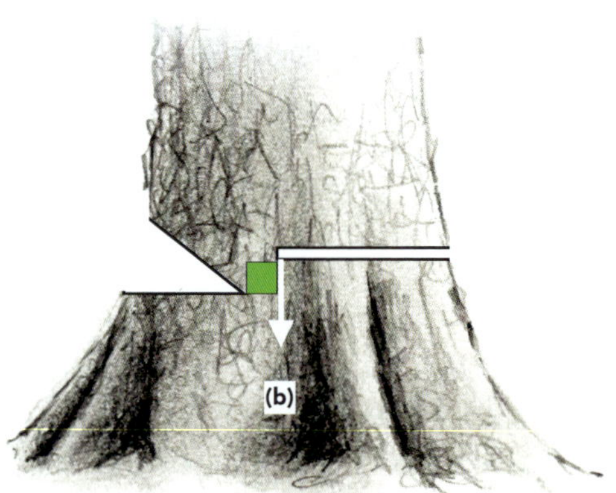

(a) Richtung der Rissbildung beim Keilen bei zu breiter Bruchleiste.

(b) Richtung der Rissbildung beim Keilen bei korrekter Bruchleistenbreite.

5.4. Fällschnitte bei Regelbäumen

Es gibt verschiedene Arten von Fällschnitten bei Regelbäumen. **Achtung!** Bei Bäumen ≥ 20 cm Brusthöhendurchmesser (BHD) immer einen Keil beziehungsweise Fällheber (bis 25 cm BHD) setzen.

Für **mittelstarkes Holz** mit einem BHD von 20 bis 50 cm eignen sich:

- einfacher Fächerschnitt
- mehrfach gezogener Fächerschnitt (Sektorenschnitt)
- Kastenschnitt mit Stützbandtechnik (Sicherheitsfälltechnik)
- 50/50-Technik; Zweidrittel/Eindrittel-Technik
- Keilschachttechnik
- Fällheberschnitt (bei Bäumen ≤ 25 cm BHD)

Als **Schwachholz** bezeichnet man Bäume mit einem BHD bis 20 cm. Hier kommen folgende Fälltechniken zur Anwendung:

- Schrägschnittfällung
- Klappschnitttechnik
- stückweises Absetzen
- Führungsbandfällung

Unter **Starkholz** versteht man dicke Bäume mit Dimensionen > 50 cm BHD. Ist der Stamm dicker als die doppelte Schienenlänge der Motorsäge, arbeitet man i.d.R. zusätzlich zum Fällschnitt mit dem **Herzschnitt**. Diese Schnitttechnik wird auch angewandt bei Zwieseln und Laubhölzern, die leicht zum Aufreißen neigen, besonders im Winterzustand (z.B. bei Esche, Buche).

Einfacher Fächerschnitt, bei dem die Säge mit einlaufender Kette am Krallenanschlag ins Holz geschwenkt wird. Keil setzen, sobald im Fällschnitt Platz ist.

Einfacher Fächerschnitt

Bei kleineren Stammdurchmessern und ausreichender Schienenlänge der Motorsäge wird die Schiene am Krallenanschlag ins Holz hineingeschwenkt: einfacher Fächerschnitt. Der Sicherungskeil wird gesetzt, sobald der Fällschnitt ausreichend Platz bietet.

BHD
Kapitel 7
S. 181

Mehrfach gezogener Fächerschnitt (Sektorenschnitt)

Der mehrfach gezogene Fächerschnitt findet bei größeren Stammdurchmessern und ungenügender Schienenlänge Anwendung.
Bei diesem Schnitt wird die Motorsäge um den Stamm herumgezogen. Zuerst wird i.d.R. ein einfacher Fächerschnitt auf der rechten Seite des Stammes mit auslaufender Kette gesetzt **(1)**, oder es wird diagonal eingestochen und die Bruchleiste ausgeformt. Spätestens wenn die Schiene die Hälfte des Fällschnitts erreicht hat, wird ein Sicherungskeil gesetzt **(2)**. Anschließend zieht man mit einlaufender Kette die Motorsäge um den Baum sektorenweise herum, bis die Bruchleiste auf der linken Baumseite erreicht wird **(3 und 4)**.
Im weiteren Arbeitsfortschritt muss mindestens ein Nachsetzkeil **(5)** gesetzt werden, so dass der Baum sicher fällt.

aus- und einlaufende Kette
Kapitel 3
S. 39

Nachsetzkeil
Kapitel 4
S. 59

Herzschnitt
Kapitel 5
S. 102

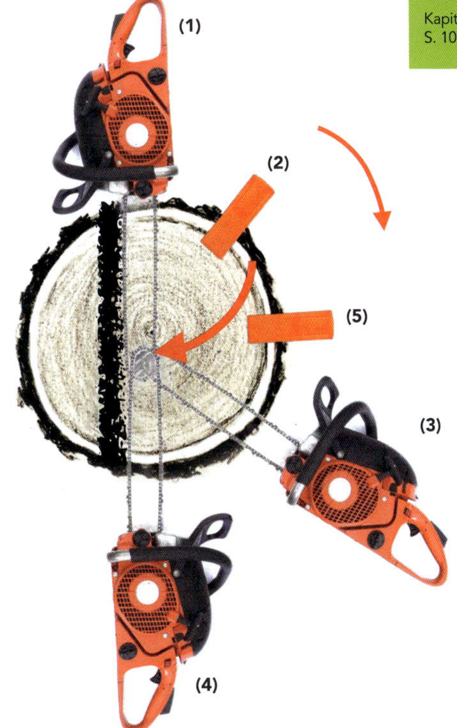

Mehrfach gezogener Fächerschnitt: Er beginnt mit einem einfachen Fächerschnitt (1) oder Stechschnitt, mit dem die Bruchleiste auf der in Fallrichtung rechten Seite ausgeformt wird. Sicherungskeil setzen (2) und die Säge mit einlaufender Kette um den Stamm herumführen (3 und 4). Im Verlauf der Schnittführung mindestens einen Nachsetzkeil setzen (5).

Baumansprache

Kapitel 2
S. 21

Stockfäule

Kapitel 6
S. 171

Muss auf der linken Seite des Stammes begonnen werden, wird zuerst mit einlaufender Kette ein einfacher Fächerschnitt gesetzt oder in ausreichendem Abstand zur Bruchleiste diagonal eingestochen und dann zum Ausformen der Bruchleiste zurückgeschwenkt. Der gezogene Fächerschnitt wird anschließend mit auslaufender Kette sektorenweise gegen den Uhrzeigersinn durchgeführt. Auch hier ist auf ein frühzeitiges Setzen von Sicherungs- und Nachsetzkeilen zu achten.

Sicherheitsfälltechnik (Stützbandtechnik) mit optionalem Kastenschnitt

Das Charakteristische bei der Sicherheitsfälltechnik bzw. Stützbandtechnik ist das Belassen eines Stützbandes im hinteren Fällschnittbereich. Dieses Sicherheitsband hält den Regelbaum, bis es zum Schluss waagrecht mit der Motorsäge durchtrennt wird. Dann erst fällt der Baum kontrolliert zu Boden. Das Stützband gibt dem Motorsägeführer Zeit, den Weg in die Rückweiche anzutreten.

Meist wird die Fällschnitttechnik mit der vorherigen Anlage eines Kastenschnitts kombiniert. Die Vorteile des Kastenschnitts sind eine höhere Zielgenauigkeit und eine gute Übersicht über die Maße von Bruchstufenhöhe und Bruchleistenbreite. Auch können Baumfällungen an sich durch diesen Hilfsschnitt leichter erlernt werden. Der Kastenschnitt darf nicht durchgeführt werden, wenn die Baumansprache auf Stockfäule schließen lässt.

Anlage des dreiseitigen Kastenschnitts mit Richtungsschnitten links und rechts am Stamm in Fällungsrichtung sowie vorne. Zuerst den senkrechten Richtungsschnitt setzen (a) und dabei die Schiene als Peilungshilfe nehmen. Dann mit der waagrechten Schiene (b) das Holzstück abtrennen.

0. Kastenschnitt (optional)
Der dreiseitige Kastenschnitt wird ausgeführt, bevor am Baum Fallkerb und Fällschnitt angelegt werden. Geschnitten werden die beiden Flanken links und rechts am Stamm mit zwei sogenannten Richtungsschnitten. Diese beiden Schnitte verlaufen in Fällungsrichtung. Mit der Spitze der Führungsschiene peilt der Motorsägenführer in Richtung des weit entfernt liegenden Fällungsziels. Zuerst wird der senkrechte Schnitt gesetzt **(a)**. Dann wird mit der waagrechten Schiene **(b)** das Holzstück abgetrennt. Mit zwei weiteren Schnitten werden die Wurzelanläufe vorne abgenommen. Die drei vertikalen Schnitte dürfen von oben nach unten durchaus etwas schräg verlaufen, was bei dickborkigen Bäumen oft unvermeidbar ist.
Entgegengesetzt zur Fällungsrichtung wird kein senkrechter Beischnitt des Wurzelanlaufs ausgeführt.

1a. Fallkerbanlage: Variante ohne vorherige Kastenschnittanlage
Wenn zuvor kein Kastenschnitt angelegt wurde, wird eine klassische Fallkerbe mit dem Sohlenmaß von 1/5 des Stammwalzendurchmessers (SWD) geschnitten.

1b. Fallkerbanlage: Variante mit vorheriger Kastenschnittanlage
Der Fallkerb wird im vorderen Teil des Kastens mit dem gewohnten Maß von mindestens 1/5 des Kastendurchmessers angelegt. Durch die vordere senkrechte Kastenschnittfläche sowie den scharfen 90°-Winkel zum Richtungsschnitt auf der in Fallrichtung rechten Baumseite erhöht sich die Zielgenauigkeit der Baumfällung. Interessanterweise beträgt das Sohlenmaß maximal 1/3 des Walzendurchmessers, wenn die auslaufende Kette gerade an der vorderen Seite des Kastenschnitts abschließt. Das liegt daran, dass meist Bäume zwischen 40 und 50 cm Durchmesser mit dem Kastenschnitt gefällt werden und die Schienenbreite zwischen 8 und 10 cm beträgt.

2. Fällschnitt
Der Fällschnitt wird wie folgt ausgeführt: Von links oder rechts mit Abstand zur Bruchleiste in den Stamm einstechen und zwar diagonal weg von der Bruchleiste **(1)***. Dann die Schiene in Richtung Bruchleiste schwenken und diese ausformen **(2)***. Anschließend ein Stützband (Stärke 1/5 des Stammwalzendurchmessers) parallel zur Bruchleiste schneiden **(3)***. Dieses Sicherheitsfällband bleibt also entgegengesetzt zur Fäl-

Stechschnitt
Kapitel 3
S. 50

* siehe Bildfolge nächste Seite

Links: Der fertige Kastenschnitt, Blick von vorne.
Rechts: Blick auf die senkrechten Schnitte auf der Fallkerb- und der in Fallrichtung rechten Baumseite.

lungsrichtung stehen und verhindert, dass der Baum frühzeitig fällt.
Im nächsten Schritt wird die Hälfte des Stützbandes weggenommen – am einfachsten geht dies, indem man die Schiene ein wenig aus dem Schnitt zurückzieht **(4)** und von innen nach außen schneidet **(5)**. In diesem Sektor wird ein Sicherungskeil gesetzt **(6)**. Zum Schluss wird das verbliebene Stützband durchtrennt – am besten auch hier von innen nach außen schneiden **(7)**, so stehend, dass man gleich in Richtung Rückweiche treten kann. Gegebenenfalls werden weitere Nachsetzkeile gesetzt, um den Baum zu Fall zu bringen.

Halteband trennen

Kapitel 5
S. 121

Reicht die Schienenlänge der Motorsäge nicht über die gesamte Stammwalze, wird von zwei Seiten eingestochen.

Das **Stützband** besteht aus einem bei Anlage des Fällschnitts im hinteren Fällschnittbereich belassenen Holzfaserbündel. Es besitzt die Funktion, den Baum zu einem vom Holzfäller beabsichtigten Zeitpunkt durch einen waagrechten Trennschnitt innerhalb der Fällschnittebene zum Fallen zu bringen. Bei seilunterstützter Fällung kann der Trennschnitt 3 bis 15 cm (je nach Baumstärke) oberhalb oder unterhalb des Fällschnitts erfolgen.

Ein **Halteband** im hinteren Fällschnittbereich hat die Funktion, einen stark vorhängenden Baum arbeitssicher zu fällen. Beim Halteband setzt der Schnitt 5 bis 15 cm oberhalb des Fällschnitts an und wird schräg bis zur Fällschnittebene geführt. Je stärker das Halteband, desto höher der Ansatz des Trennschnitts.

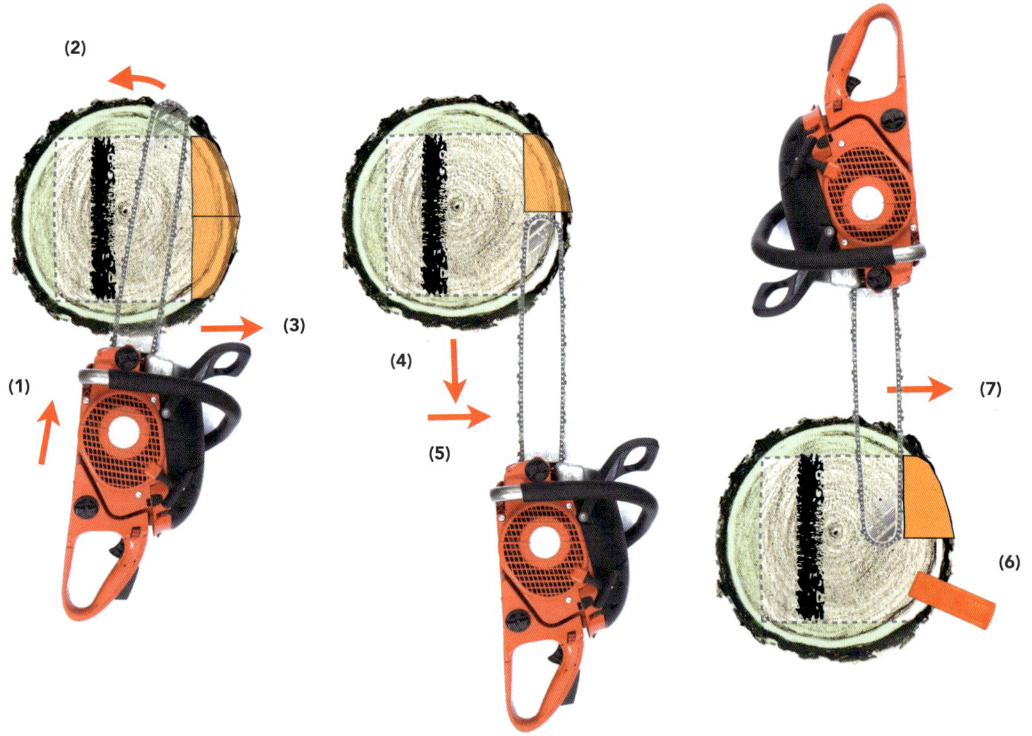

Oben: Nach Anlage des Kastenschnitts den Fallkerb schneiden und mit einem Stechschnitt Bruchleiste und Stützband ausformen (1 bis 3). Es kann von der linken oder der rechten Seite aus gearbeitet werden.
Anschließend die Schiene etwas aus dem Schnitt herausziehen und von innen nach außen die Hälfte des Sützbandes durchtrennen (4 und 5). Sicherungskeil setzen (6).
Zuletzt von innen nach außen die restliche Hälfte des Stützbandes durchtrennen (7).

Unten: Entsprechende Schnittfolge für die Fällung mit Stützband auf dem Baumstumpf (Stock) ohne Kastenschnitt. Hier wurde auf der in Fällungsrichtung rechten Seite begonnen.

50/50-Technik (halbierter Fällschnitt)
alternativ: Zweidrittel/Eindrittel-Technik

Bei der 50/50-Technik – im mittelstarken bis starken Holz – wird nach Anlage des Fallkerbs für den Fällschnitt zuerst die eine Hälfte der Stammwalze von hinten eingeschnitten und die Säge parallel zur Bruchleiste vorgezogen **(1)**. Begonnen werden kann sowohl mit einlaufender wie auslaufender Kette. Erst nach Setzen eines Sicherungskeils **(2)** erfolgt der Schnitt der zweiten Stammhälfte, bei dem alle Fasern im Fällschnittbereich durchtrennt werden müssen **(3)**. Daran anschließend sollte ein Nachsetzkeil gesetzt werden.

Der Fällschnitt kann, insbesondere im Schwachholzbereich, auch im Verhältnis zwei Drittel/ein Drittel geschnitten werden, wobei zuerst der Schnitt auf zwei Drittel der Fällschnittfläche mit auslaufender Kette erfolgt, weil die Kickbackgefahr dann geringer ist.

Kickback/ Rückschlag
Kapitel 3
S. 50

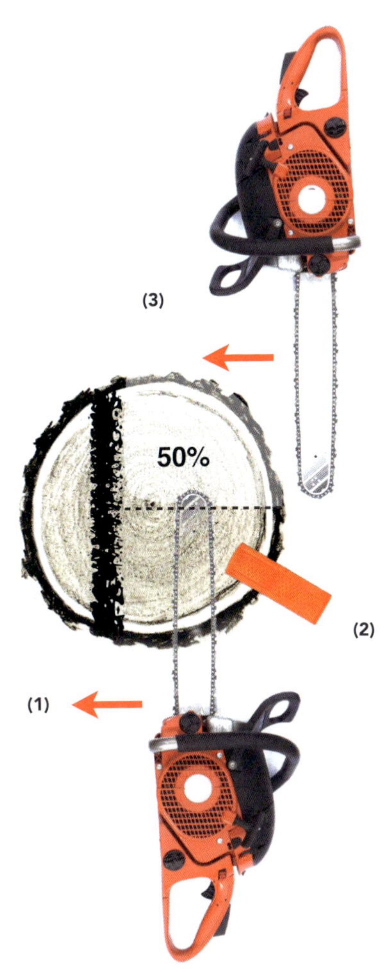

Bei der 50/50-Technik wird der Fällschnitt von hinten nach vorne zuerst auf der einen Hälfte angelegt (1). Nach Setzen des Keils (2) folgt der zweite Schnitt auf der anderen Seite des Stamms (3).

Oben: Anlage des Fallkerbs nach Kastenschnitt.
Mitte: Maßholen für die Bruchstufenhöhe vor dem Einstechen der Schiene.
Unten: Gesetzter Keil nach Wegnahme der ersten Hälfte des Stützbandes.

Keilschachttechnik

Diese Technik ist geeignet für Bäume mit einem Stockdurchmesser von 25 bis ca. 35 cm **quer zur Fällrichtung** (entspricht Bruchleistenlänge). Die Technik kann angewendet werden bei folgenden Bäumen:

- Bei geringen Stockdurchmessern ≥ 25 cm, wo der Einsatz des Fällhebers ausgeschlossen ist.
- Bei ovalen Bäumen, deren Querdurchmesser im Stockbereich ≤ 35 cm ist und die in Fällrichtung dünner sind als diese Maße, wenn der Fällhebereinsatz ausgeschlossen ist (≥ 25 cm).
- Bei leichten Rückhängerbäumen in den obigen Dimensionen (25 bis 35 cm Durchmesser).

1. Fallkerbanlage

Zuerst wird eine klassische Fallkerbe mit dem Mindestmaß von 1/5 angelegt.

2. Keilschachtanlage

Anschließend wird von vorne, auf Höhe der Sohle, mit der waagrechten Schiene vollständig durch den Baum hindurch gestochen **(1)**.

In diesen ca. 10 bis 12 cm breiten Keilschachtschnitt wird von hinten ein großer Alukeil (Alu wegen der Stabilität) hineingesteckt und mit dem Spalthammer oder der Spaltaxt etwas eingeschlagen **(2)**.

3. Fällschnitt

Um die Bruchstufe zu erhalten, wird der Fällschnitt auf beiden Seiten in gewohnter Höhe angelegt. Geschnitten wird entsprechend der 50/50-Technik einmal mit einlaufender und einmal mit auslaufender Kette – allerdings nur so tief, dass die beiden Fällschnitte den Keilschacht etwas überlappen **(3 und 4)**. Die Kickbackgefahr ist hierbei hoch, da man besonders häufig im Bereich der Schienenspitze arbeitet. Keinesfalls darf man den Holzsteg oberhalb des Keils durchtrennen.

Wenn die beiden Schnitte ausgeführt worden sind, wird der Keil von hinten durch den Keilschacht getrimmt **(5)**. Beim Fall des Baumes reißen die Fasern des Holzstegs seitlich vom Baumstumpf ab, dort, wo die Fällschnitte sich mit dem Holzsteg überlappen **(6)**. Der Keil darf sich im Keilschacht bis auf die Höhe von Sehne und Sohle vorschieben.

Der klare Vorteil bei dieser Fälltechnik ist, dass der Keil nicht an die Hinterseite der Bruchleiste stößt. Die volle Hubhöhe des Keils kann also ausgenutzt werden. Ein weiterer Vorteil liegt darin, dass der Baum durch die niedrigere Lage des Keilschachts gegenüber den seitlich höher liegenden beiden Fällschnitten eine zusätzliche Seitenführung erhält.

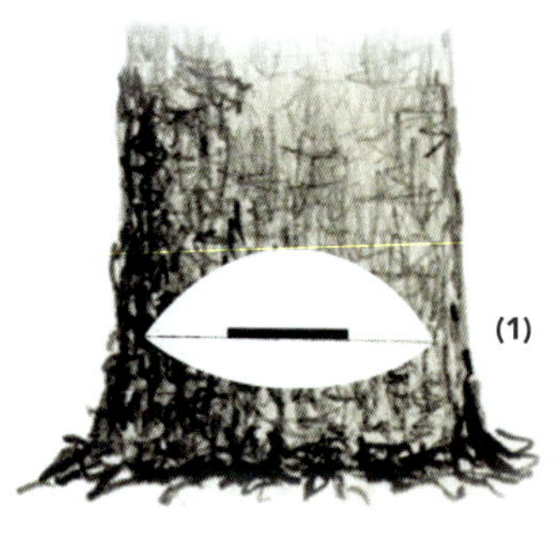

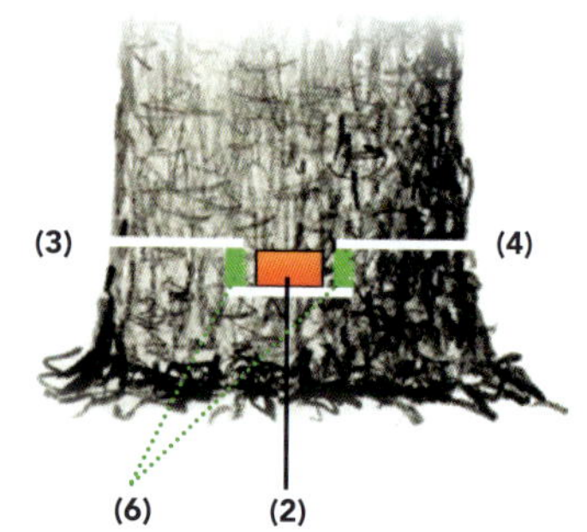

50/50-Technik

Kapitel 5
S. 93

Kickback/ Rückschlag

Kapitel 3
S. 50

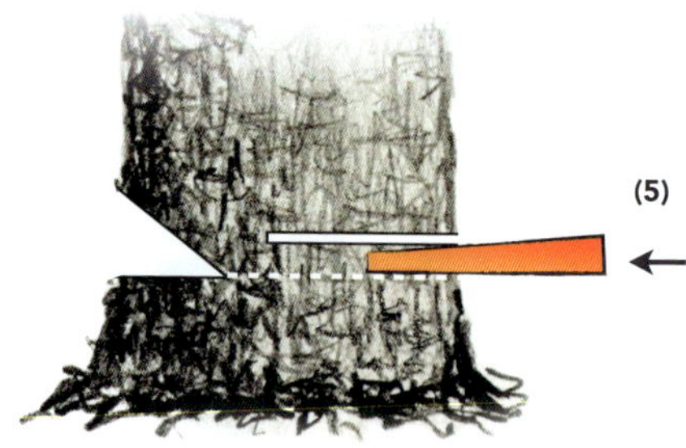

Oben: Einstich auf Sohlenhöhe (1), Blick in den Fallkerb.

Mitte: Position von Keil und Fällschnitten, Blick von hinten. Die Fällschnitte 3 und 4 überlappen den Keilschacht etwas. Die Fasern in den hierdurch entstehenden beiden Holzstegen (6, hier grün) reißen erst beim Fallen des Baumes ab.

Unten: Seitenansicht mit der Position von Fallkerb, Keilschacht, Keil und Fällschnitt. Der Keil wird von hinten in den Keilschacht getrimmt (5).

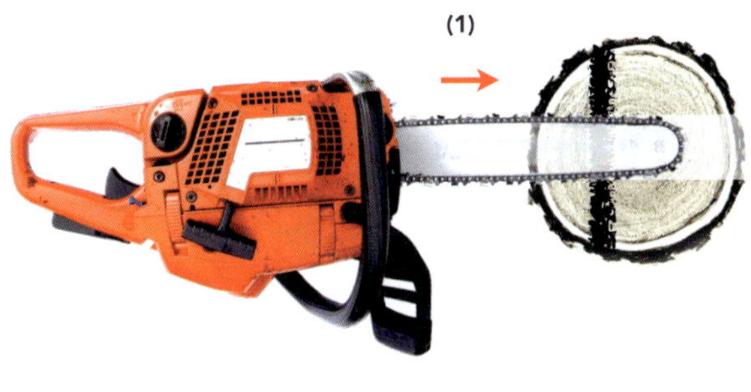

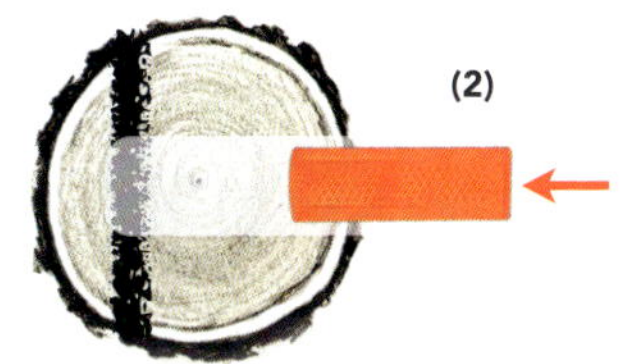

Beispiele:

Ein 30 cm dicker, runder Baum besitzt eine Spanne für die Sohlentiefe von 1/5 = 6 cm bis 1/3 = 10 cm, sowie eine entsprechende Bruchleiste von 3 cm. Damit verbleiben normalerweise für den Keil im Fällschnitt 17 bis 21 cm.

Bei einem 27 cm dicken, runden Baum beträgt die Spanne für die Sohlentiefe 1/5 = 5 cm bis 1/3 = 9 cm. Die Bruchleiste ist 3 cm breit. Damit stehen für einen Keil im normalen Fällschnitt 15 bis 19 cm zur Verfügung.

Die Länge eines Aluminiumkeils von 22 cm kann bei der Keilschachttechnik also voll ausgenutzt werden.

Nachteile bei dieser Fälltechnik:

- Die Bruchleiste am Baum wird stark geschmälert und kann vorzeitig vom Baumstumpf abreißen.
- Der Baum kann bei einseitigem Abreißen der Bruchleiste zur Seite fallen.
- Es besteht die Gefahr, dass der Keil den Baum aus Bruchleiste und Stock aushebelt und der Baum dann zur Seite fällt.
- Diese Fälltechnik eignet sich nicht für Anfänger.

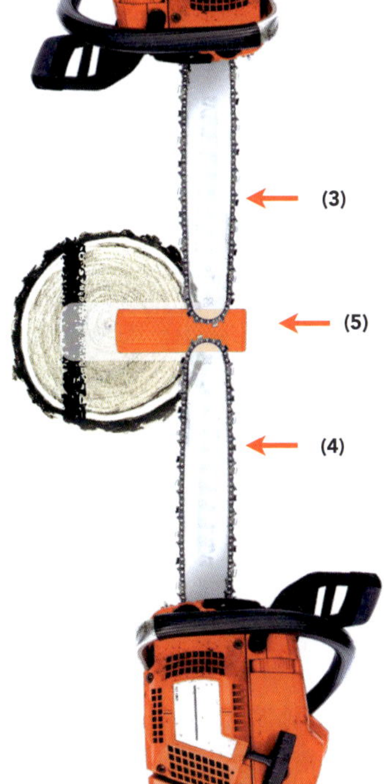

(1) Anlage des Keilschachts: Er läuft von der Fallkerbsehne waagrecht durch den Stamm.
(2) Einschieben des Keils in den Keilschacht auf der Rückseite des Baums.
(3) Setzen des ersten Fällschnitts mit auslaufender Kette auf Bruchstufenhöhe. Der Schnitt überlappt die Außenkante des Keilschachts leicht.
(4) Setzen des zweiten Fällschnitts mit einlaufender Kette auf Bruchstufenhöhe. Auch dieser Schnitt überlappt die Außenkante des Keilschachts leicht.
(5) Den Keil mit dem Hammer bis maximal zur Fallkerbsehne in den Keilschacht schlagen.

Fällheberschnitt

Wird im dünnen (≤ 25 cm BHD) und gesunden Holz, als Alternative zum Keil, der Fällheber eingesetzt, drückt der Waldarbeiter den stehenden Baum mit der Hebelkraft des Fällhebers um. Bei der Fälltechnik mit Fällheberschnitt sollte zum einen der Öffnungswinkel der Fallkerbe vergrößert, zum anderen der Fällschnitt abgeändert werden.

1. Fallkerbanlage

Einen klassischen oder offenen Fallkerb (bis 90° geöffnet) anlegen. Bei einem offenen Fallkerb bricht der Stamm i.d.R. nicht vom Stock ab. Damit liegt er nicht ganz auf dem Boden (Bau einer "Bank"), was bei der Aufastung den Rücken schont.

Bank-Verfahren

Kapitel 5
S. 144

2. Fällschnitt

Auf der in Fällrichtung rechten Seite mit auslaufender Kette den Fällschnitt zu ungefähr 2/3 Breite schneiden und in diesem Sektor die Bruchleiste ausformen **(1)**.

Den Fällheber genau in Richtung Fluchtlinie der Fällungsrichtung in die angelegte Schnittfuge bis zum Anschlag einsetzen **(2)**. Dazu gegebenenfalls die Fuge mit der Motorsäge geringfügig vergrößern **(1b)**.

Das letzte Drittel des Fällschnitts mit einlaufender Kette, von hinten nach vorne versetzt, in einer neuen Schnittebene schneiden **(3)**. Die Schienenspitze befindet sich etwas unterhalb des 2/3-Schnitts (also auch unterhalb des Fällhebers). Die Schiene sollte so schräg geführt werden, dass die Bruchstufe am Rand des Stammfußes erhalten bleibt und die Bruchstufenhöhe dort ihre Wirkung behält. Mit dem schrägen Schnitt bleibt die Hebelwirkung bestehen und es wird erreicht, dass die Kette der Motorsäge nicht mit dem Stahl des Fällhebers in einer Schnittebene geführt wird.

Der Baum wird im letzten Schritt durch den Waldarbeiter mit dem Fällheber umgehebelt. Rückenschonend mit geradem Rücken und aus den Knien schaffen (siehe Bild nächste Seite).

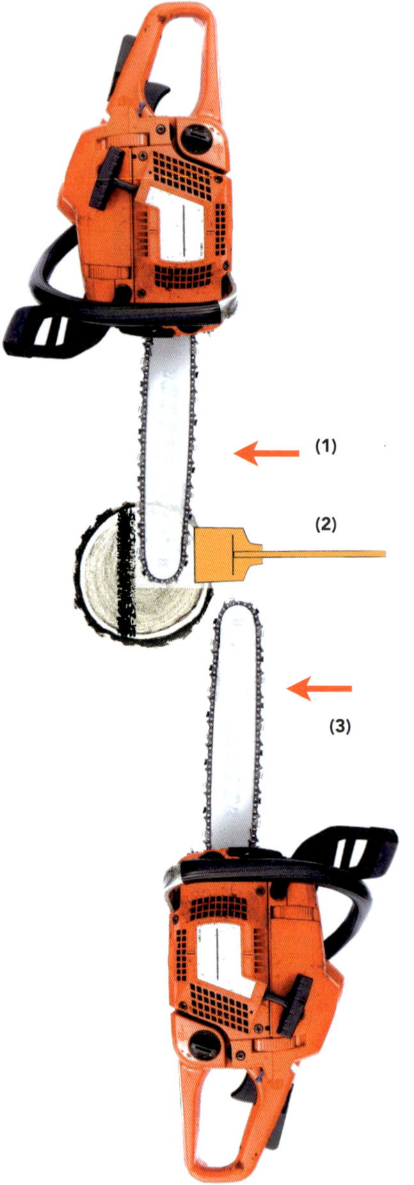

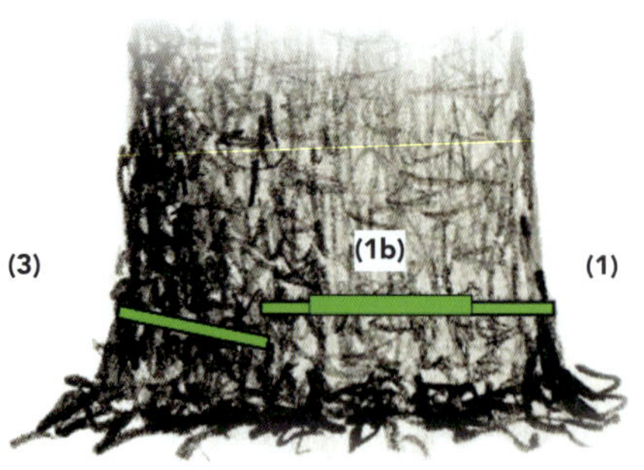

Nach Anlage des Fallkerbs wird auf der in Fällrichtung rechten Seite der Fällschnitt zu 2/3 mit auslaufender Kette angelegt (1).
Die Schnittfuge muss für den Fällheber im hinteren Stammbereich häufig etwas verbreitert werden (1b).
Den Fällheber genau entgegengesetzt zur Fällrichtung einsetzen (2).
Das letzte Drittel des Fällschnitts mit schräger Schnittebene schneiden, damit die Kette nicht mit dem Fällheber in Berührung kommt (3): Die Schienenspitze liegt unterhalb des ersten Fällschnitts, so dass sich beide Schnitte leicht überlappen. Am Stammrand sollte die Schiene die Höhe der Bruchstufe treffen.

Oben: Anlage des zweiten Fällschnitts.
Mitte: Beim Umhebeln des Baumes rückenschonend aus den Knien heraus und standsicher arbeiten. Die Baumkrone beim Fallen des Baums beobachten.
Unten: Gut sichtbar der erste Fällschnitt, die Verbreiterung der Schnittfuge für den Fällheber und der zweite, schräge Fällschnitt. Der Stamm ist auf diesem Bild aufgrund eines Aufhängers noch nicht von der Bruchleiste abgerissen.

Schrägschnittfällung, Klappschnitttechnik und stückweises Absetzen

In dichten Beständen können diese Techniken bei Bäumen mit einem BHD bis 20 cm eingesetzt werden, in weniger dichten bei Bäumen bis 12 cm BHD. Dichte Schwachholzbestände sind gegeben, wenn der zu fällende Baum in jeder Richtung von umstehenden Bäumen aufgehalten wird.

Bei der **Schrägschnittfällung** wird kein Fallkerb angelegt, sondern der lotrechte Baum mit einem in Fällungsrichtung **(a)** abfallenden Absetzschnitt von 30 bis 45°, vorzugsweise in Brusthöhe, durchgeschnitten. Alternativ kann ein Schrägschnitt in Bodennähe erfolgen.

Der Vorteil des Absetzschnitts in Brusthöhe gegenüber dem bodennahen Schrägschnitt besteht darin, dass der Motorsägenführer sicheren Stand seitlich am Baum und ein freies Blickfeld hat. Die Säge wird am langen Arm geführt, so dass er einem geringeren Verletzungsrisiko durch den fallenden Stamm ausgesetzt ist.

Ein weiterer Vorteil besteht darin, dass die Baumkrone durch das Verspringen nach unten aus der Kronenschicht des Baumbestandes rutscht und der Baum dadurch leichter fällt. Auch kann er zusätzlich gut mit den Händen geschoben werden.

Trotzdem kommt es des Öfteren vor, dass der Baum in dichten Beständen nicht umfällt. Hier kommen Klappschnitt und stückweises Absetzen zum Einsatz.

Beim **Klappschnitt** wird am abgetrennten, aber trotzdem noch nahezu senkrecht stehenden Stamm in Hüft- oder knapp Brusthöhe ein gerader Schnitt auf der Druckholzseite bis 50 % des Stammdurchmessers angelegt. Der Sägenführer steht seitlich vom Stamm. Der zweite Schnitt erfolgt, je nach Stammstärke, bis zu 10 cm niedriger auf der Zugholzseite, so dass sich die Schnitte überlappen. Der Sägenführer kann nun von der Seite den Stamm oberhalb der Schnitte Richtung Zugholzseite drücken **(1)**. Dadurch klappt der untere Teil ab und der restliche Stamm stellt sich so auf, dass sich die ursprünglichen Spannungsverhältnisse i.d.R. umkehren. Was vorher Druckholzseite war, ist nun Zugholzseite. Das Endergebnis ist, dass man wenig laufen muss und alle Holzstücke auf einem kleinen Platz beieinander liegen. Beim Drücken die Baumkrone beobachten!

Beim Abstocken durch Klappschnitt in dichten Schwachholzbeständen ist es lebenswichtig, die mögliche Fallrichtung des Holzes vor jedem weiteren Schnitt zu beurteilen!

Beim **stückweisen Absetzen** kann bei schräg stehenden, vom Stock schon getrennten Bäumen bis 20 cm BHD der Stamm zuerst auf der Druckholzseite 1/3 eingeschnitten und dann von der Zugholzseite unterhalb (nur leicht versetzt) durchtrennt werden. Alternativ kann nur von der Zugholzseite geschnitten werden, bis der Stamm nachgibt und das letzte Stück abreißt, oder man sticht durch den Stamm hindurch, so dass auf der Druckholzseite ein dünnes Band verbleibt, und zieht die Säge Richtung Zugholzseite aus dem Stamm heraus.

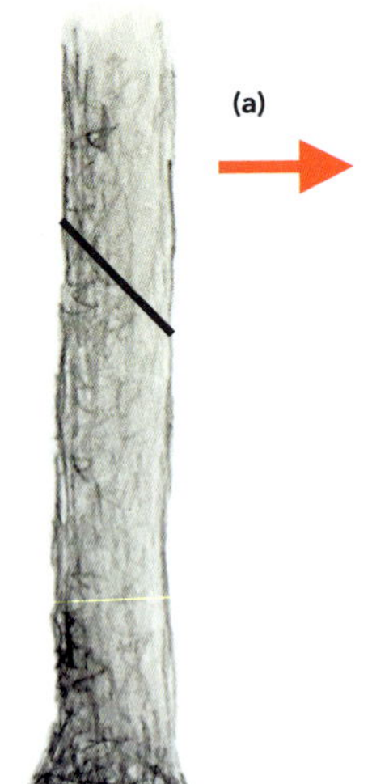

Der Schrägschnitt wird mit einem 30 bis 45° abfallenden Schnitt in Fällungsrichtung (a) durchgeführt. Der Motorsägenführer steht seitlich am Stamm und bedient die Säge am langen Arm.

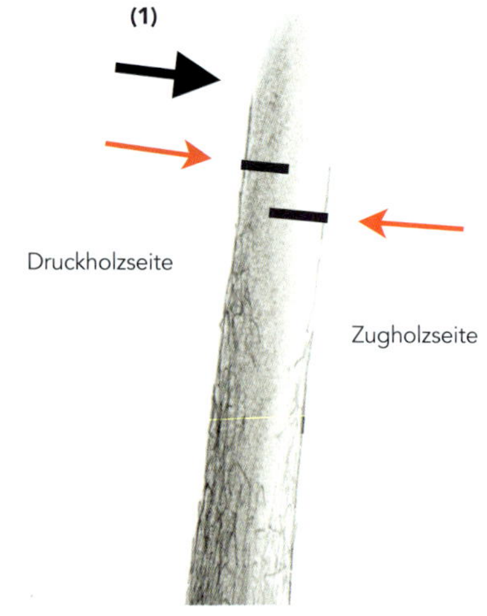

Der Klappschnitt erfolgt beim abgetrennten, aber noch stehenden Stamm. Geschnitten wird von der Seite mit versetzten, sich leicht überlappenden Schnitten, beginnend auf der Druckholzseite. Der Baum kann anschließend oberhalb des Druckholzseitenschnitts umgedrückt werden (1).

Position des Motorsägenführers beim Schrägschnitt seitlich am Stamm. Die Säge wird am langen Arm geführt.

Bodennahes Abtrennen des restlichen Stocks nach Schrägschnitt in Brusthöhe. Achtung! Ein geringes Führungsband belassen, sonst fällt der hohe Stumpf in Richtung Motorsägenführer.

Klappschnitt bei einer dünnen Birke.

Der Baum wird oberhalb der Schnitte, seitlich stehend, umgedrückt. Bei sehr schwachem Holz kann man die Position der Schnitte auch vertauschen.

Führungsbandfällung (bis 20 cm BHD)

Ein Führungsband ersetzt die Bruchleistenfunktion bei dünnen Bäumen. Bei diesen schwachen Baumdimensionen muss kein Fallkerb angelegt werden; das Kippscharnier wird am Stammfuß in Fällrichtung nach vorne verlagert und so zum Führungsband, an dem der Baum abgekippt wird. Das Faserbündel des Führungsbandes muss i.d.R. nach der Fällung durchtrennt werden.

Der Fällschnitt erfolgt in Bodennähe, 15° bis 30° abfallend in Fällungsrichtung. Das verbleibende Führungsband sollte eine Mindestbreite von 1/10 des Stammdurchmessers aufweisen. Der schräge Schnitt ist hier sinnvoll, da so die Motorsägenschiene weniger zum Einklemmen neigt und der hintere Stammfuß den Stamm gegebenenfalls vor dem frühzeitigen Aufreißen bewahrt. Außerdem ist der Schrägschnitt ergonomisch. Nachteilig kann sein, dass der höhere Stumpf durch einen zweiten Schnitt ebenerdig abgesägt werden muss (andernfalls bestünde Verletzungsgefahr).

Sollte die Säge einklemmen, kann man das dünne Stämmchen mit der Schulter oder mit beiden Händen in Fällungsrichtung drücken.

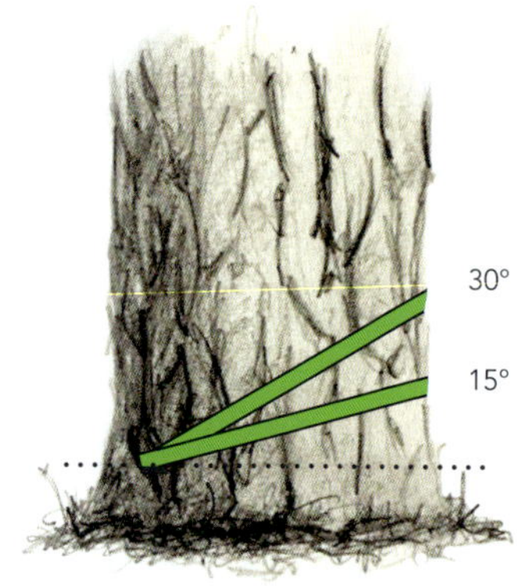

Im Zwei-Mann-Arbeitsverfahren kann einer die Säge bedienen und der andere mit einer Schubstange aus einem Sicherheitsabstand heraus den Stamm umdrücken. Der Sicherheitsabstand muss so groß sein, dass die Hilfsperson außerhalb des Schwenkbereichs der Motorsäge steht, das heißt: 2 m Abstand zum Motorsägenführer.

Oben rechts: Stammfuß von der Seite mit zwei möglichen Winkeln der Schnittführung für die Führungsbandfällung.
Mitte links: Ausformen des Führungsbandes.
Mitte rechts: Das Führungsband führt den Baum sicher zu Boden und muss anschließend separat durchtrennt werden.
Unten links: Den Baum mit den Händen bei sicherem Stand und Blick in die Krone umdrücken.
Unten rechts: Zwei-Mann-Arbeitsverfahren mit Schubstange und Sicherheitsabstand von mindestens 2 m.

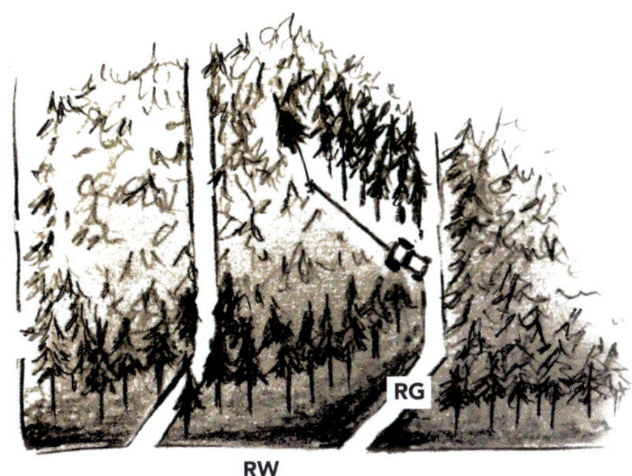

MGV- und Windenverfahren: Anlage der Ausfahrt von Rückegassen (RG) möglichst maximal im 30°-Winkel zum Rückeweg (RW). Bei Langholz ist es am günstigsten und bestandschonendsten, wenn der Baum im 30°-Winkel zur Rückegasse gefällt wird, um ihn mit dem Schlepper ohne Rückeschäden aus dem Bestand ziehen zu können.

Der abzuziehende Aufhängerbaum ist hier zur besseren Sichtbarkeit mit einer Bestandslücke dargestellt.

Windenverfahren und MGV/ Modifiziertes Goldberger Verfahren

Das modifizierte Goldberger Verfahren (MGV) und das Windenverfahren werden zum effizienten Arbeiten in dichten Beständen im schwach- bis mittelstarken Baumholz (≤ 35 cm BHD) eingesetzt. Der Vorteil besteht darin, dass das Holzrücken in den Arbeitsprozess der Fällung integriert wird. Außerdem ist es ergonomisch, da sich die beiden arbeitenden Personen abwechseln können (Job-Rotation). Die Verfahren eignen sich auch gut für den Einsatz von Pferden.

Die Methoden ähneln sich in ihrem Arbeitsprozess sehr. Bei beiden werden zwei Personen benötigt. Eine Person arbeitet mit der Motorsäge und fällt die Bäume, die andere bedient einen Schlepper mit Anbauwinde oder führt ein Pferd und zieht die Bäume von der Bruchleiste nach hinten weg über den Stock in Richtung Rückegasse ab.

Unterschiede bestehen lediglich in der Holzrückung: Beim MGV wird der Stamm in einem Arbeitsgang bis zur Waldstraße gezogen, beim Windenverfahren wird der Stamm nur bis zur Rückegasse vorgerückt.

Charakteristisch ist, dass der Fällschnitt grundsätzlich negativ geschnitten und der zu fällende Baum (i.d.R. mit Hilfe eines Fällhebers oder eines Keils) an einen Nachbarbaum angelehnt wird. Er wird also zu einem Aufhängerbaum gemacht und kann dann über den Fällschnitt hinweg abgezogen werden. Der liegende Baum wird meist etwas vorgezogen, aufgearbeitet und gezopft (zopfen = Abtrennen der Krone bei i.d.R. 7 bis 14 cm Stammdurchmesser). So kann er als Stamm aus dem Bestand gezogen werden, ohne andere Bäume zu beschädigen.

Wichtig ist, dass der Baum angelehnt steht. Auch ist es wichtig, den Baum nach dem Anlehnen als Aufhängerbaum mit der Motorsäge vom Stock vollständig abzutrennen. Das Seil sollte man nach dem Fällschnitt niedrig am Stamm anschlagen, d.h. nur wenig oberhalb des Dachschnitts. Es sollte zudem an einer der beiden Seiten der Bruchleiste geführt werden, vor allem damit man mehr Platz zum eventuellen Nachschneiden hat.

dichte Bestände

Kapitel 5
S. 98

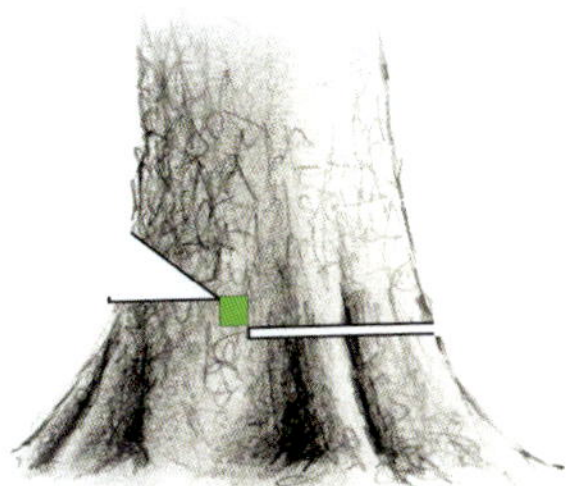

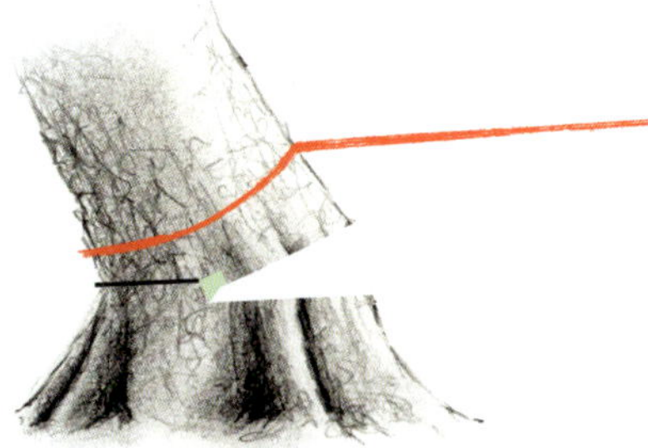

Links: Anlage eines klassischen Fallkerbs mit negativer Bruchstufe.
Rechts: Das Seil niedrig, nur wenig oberhalb des Dachschnitts anschlagen. Nachdem der Baum an einen Nachbarbaum angelehnt wurde, die Bruchleiste durchtrennen und anschließend den Baum nach hinten abziehen.

Herzschnitt

Bei dicken Bäumen besteht die Herausforderung vor allem darin, dass man beim Fällschnitt überhaupt sämtliches Holz im Bereich des Stammkerns erreicht und durchtrennt. Dieses Problem tritt auf, wenn der Baum im Fällschnittbereich dicker ist als die doppelte Schienenlänge der Motorsäge.

1. Fallkerbanlage
Beim Herzschnitt wird der Fallkerb gleich auf das Maximalmaß von 1/3 des Stammwalzendurchmessers geschnitten. Die Öffnung des Fallkerbwinkels beträgt 60° bis 70°.
Die Anlage eines Fallkerbs mit der unbedingten maximalen Fallkerbtiefe von 1/3 des Stammwalzendurchmessers ist nötig, damit die Säge beim Herzschnitt möglichst weit vorgeschoben werden kann.

2. Markierungen setzen
Man markiert das Kippscharnier mit den Regelmaßen des 10 %-Quadrats. Die Breite des Herzschnitts wird ermittelt, indem man die Schiene der Säge links und rechts an die Fallkerbsehne legt und am Schienenende jeweils eine Markierung setzt oder sich den Abstand merkt **(a)**.

3. Herzschnitt
Mit der Motorsäge in Höhe der Bruchstufe mittig durch die Bruchleiste ins Herz des Baumes einstechen – das ist der Herzschnitt **(1)**. Ist die Bruchleiste durchstochen, wird die Schiene der Motorsäge im Kernholzbereich des Stammes nach links und rechts geschwenkt **(2)**. Bei der Schnittführung ist zum einen darauf zu achten, dass das Holz im Herz des Baumes weggenommen ist, und zum anderen, dass die Bruchleiste an den Rändern ausreichend dimensioniert bleibt.

4. Fällschnitt
Von einer Seite wird der Fällschnitt in Höhe der Bruchstufe im mehrfach gezogenen Fächerschnitt geschnitten **(3)**. Bei diesem Schnitt müssen mindestens zwei Keile gesetzt werden **(4)**; mehrere Keile müssen für den weiteren Bedarf parat liegen **(5)**. Den Baum umkeilen.

Fällhilfen

Kapitel 4
S. 59 f.

Die Herzschnitttechnik ist auch bei Baumarten sehr gut anwendbar, die leicht zum Aufreißen in der Längsachse des Stammes neigen (z.B. Eschen, Buchen). Zum Fällen von dicken und schweren Bäumen können zusätzlich hydraulische und mechanische Fällhilfen (Heber und Keile) eingesetzt werden.

Herzschnittfaustformel: Die maximale Baumstärke für eine gegebene Motorsägenschienenlänge beträgt 3x nutzbare Schienenlänge minus 20 cm. Beispiel 35 cm nutzbare Schienenlänge: 35 cm x 3 - 20 cm = 105 cm - 20 cm = 85 cm maximale Baumstärke für diese Schienenlänge.

Die minimale Schienenlänge der Motorsäge beträgt im Umkehrschluss: (Baumdurchmesser + 20 cm) / 3. Beispiel 100 cm Baumdurchmesser: (100 cm + 20 cm) / 3 = 120 cm / 3 = 40 cm nutzbare Schienenlänge mindestens.

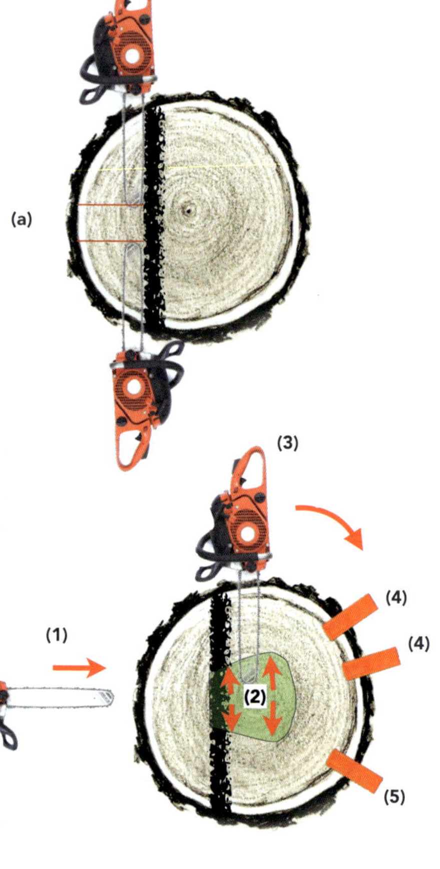

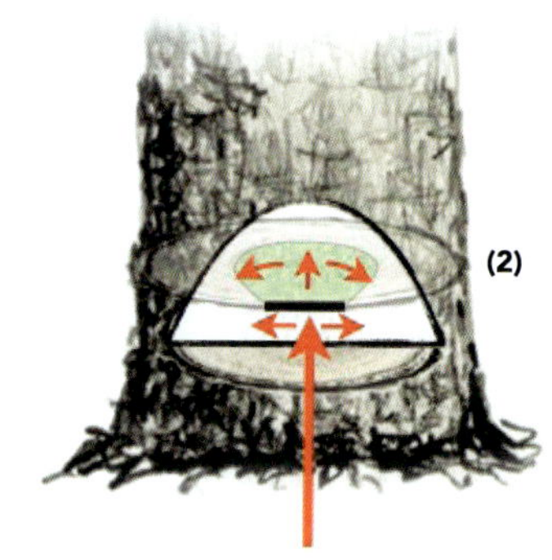

Oben: Bestimmen der Breite des Herzschnitts mit der Schiene der Motorsäge (a). Mitte: Für den Herzschnitt die Säge auf Höhe der Bruchstufe waagrecht einstechen (1) und diagonal nach links und rechts schwenken (2). Für den Fällschnitt die Säge einstechen, Bruchleiste auf einer Seite ausformen und die Säge mit einlaufender Kette um den Stamm ziehen (3). Frühzeitig mindestens zwei Keile setzen (4). Bruchleiste auf der anderen Seite ausformen. Weitere Nachsetzkeile setzen (5).
Unten: Führung der Motorsägenschiene für den Herzschnitt beim Blick in den Fallkerb (2).

5.5. Bäume mit Neigung fällen

Bäume mit Neigung sind Bäume unter Spannung. Bei Vorhängerbäumen besteht die Gefahr, dass der Stamm in Längsrichtung aufreißt und den Motorsägenführer schwer verletzt. Die zwei weiteren Neigungsarten von Bäumen, die Seiten- und Rückhänger, bergen das Risiko, dass sie nicht in die gewünschte Fällrichtung fallen.

5.5.1. Vorhängerbäume fällen

Für Vorhängerbäume, d.h. Bäume, die sich in Fällungsrichtung neigen, eignen sich:

- Haltebandtechnik für mittelstarke bis starke Bäume mit waagrechter Ausformung des Fällschnitts.
- Haltebandtechnik für dünne Bäume mit diagonaler Ausformung des Fällschnitts, wenn die Schiene zu breit ist.
- 50/50-Technik für mittelstarke bis starke Bäume, die nur leicht nach vorne hängen.
- Unterhosenschnitte für dünne bis mittelstarke Bäume, die leicht nach vorne hängen.
- Übergroße Fallkerbe für Bäume bis 35 cm BHD.
- V-Schnitttechnik für dünne bis mittelstarke Bäume, die stark nach vorne hängen.

Tipp für alle Vorhänger: Zuerst den Dachschnitt bei Anlage des Fallkerbs schneiden – es ist leichter und reduziert bei sehr dünnen Bäumen zusätzlich die Gefahr, dass die Schiene einklemmt.

Haltebandtechnik für mittelstarke bis starke Bäume

Mittelstarke bis starke Vorhängerbäume können elegant gefällt werden, indem der Regelfällschnitt abgeändert und ein Halteband im hinteren Stammbereich belassen wird. Das Halteband verhindert, dass der Stamm aufplatzt. Der Baum fällt erst zu einem vom Motorsägenführer bestimmten Zeitpunkt vollkommen kontrolliert.

1. Fallkerbanlage
Anlage einer klassischen Fallkerbe mit dem Fallkerbwinkel von ca. 60°. Markieren des Kippscharniers mit den Regelmaßen des 10 %-Quadrats und Setzen von Splintschnitten.

2. Fällschnitt
Von links oder rechts mit Abstand zur Bruchleiste in den Stamm einstechen, und zwar schräg weg von der Bruchleiste **(1)**. Dann die Schiene in Richtung Bruchleiste schwenken und diese mit einlaufender Kette ausformen **(2)**. Anschließend mit auslaufender Kette das Halteband parallel zur Bruchleiste formen **(3)**. Das Halteband darf bei starken Vorhängern nicht im Wurzelanlaufbereich angelegt werden, weil die Gefahr besteht, dass die schrägen Fasern einfach abreißen, der Baum frühzeitig umfällt und der Sägenführer gefährdet wird.

Bei dünneren Bäumen sticht man mit der Schiene i.d.R. durch das Holz hindurch, so dass sie auf der anderen Seite des Baumes in Bruchstufenhöhe herauskommt. Reicht die Schienenlänge der Motorsäge nicht über die gesamte Stammwalze, wird von zwei Seiten eingestochen.
Der Baum wird kontrolliert gefällt, indem der Motorsägenführer das Halteband mit Vollgas durchtrennt **(4)**. Das geschieht meist von außen und im schnellen, schrägen Schnitt bis zur Fällschnittebene. Hier muss der Motorsägenführer bei der Schnittführung sehr aufpassen: Das Halteband wird mit langem Arm von der Seite durchtrennt, so dass der Stamm den Arbeitenden nicht erfassen kann. Bei leichten Vorhängern kann ein Sicherungskeil (Taschenkeil) mit der Hand in den Fällschnitt gesteckt werden.

Halteband-Technik
Kapitel 5
S. 92

Halteband trennen
Kapitel 5
S. 121

Stech-schnitt
Kapitel 3
S. 50

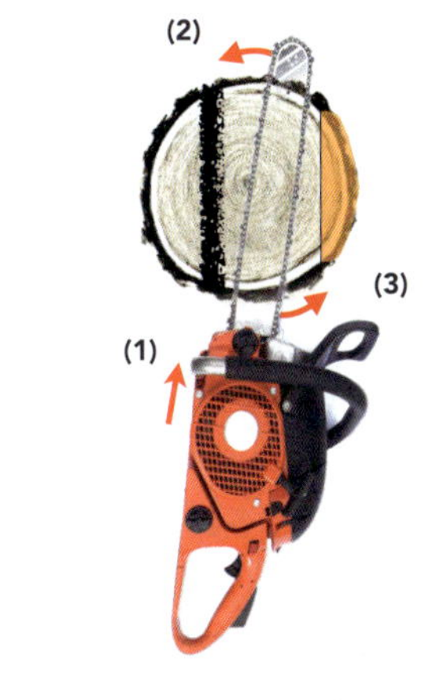

Splint-schnitte
Kapitel 5
S. 86 f.

Diagonal einstechen (1), Schiene Richtung Bruchleiste schwenken und die Bruchleiste ausformen (2), Säge nach hinten ziehen und das Halteband ausformen (3). Halteband von hinten durchtrennen (4).

Vorhängerbaum mit eingestochener Säge zum Ausformen von Bruchleiste und Halteband.

Haltebandtechnik für dünne Bäume

Bei dünnen Vorhängerbäumen ist es häufig nicht möglich, den Fällschnitt waagrecht auszuführen. Durch die Schienenbreite der Motorsäge würden beim waagrechten Stechschnitt Halteband oder Bruchleiste zerstört. Bei dünneren Stämmen muss der Stechschnitt ins Holz deshalb diagonal erfolgen. Auch sollte er nicht in Bodennähe, sondern in Bauchhöhe angelegt werden, damit die Arbeit leichter und sicherer wird. Die Vorgehensweise der Fällung weicht geringfügig von der üblichen Haltebandtechnik ab.

1. Fallkerbanlage
Zunächst wird ein möglichst kleiner Fallkerb mit einer minimalen Sohlentiefe von 1/5 des Stammwalzendurchmessers geschnitten. Es werden Markierungen für das 10 %-Quadrat angelegt.

2. Fällschnitt
Ein gerades Stöckchen in die Fallkerbsehne legen, um die Sehne nach außen optisch zu verlängern. Anschließend die Schienenspitze gegen den Baum halten, so dass die einlaufende Kette genau bei der Markierung ansetzt, die gesamte Schiene jedoch diagonal zum Stamm steht. Zwischen einlaufender Kette und Stöckchen muss Parallelität hergestellt werden. Das geschieht am einfachsten, indem man mit dem Führungsauge von oben auf Schiene und Stöckchen schaut.
Der Stechschnitt muss wegen des gefährlichen Kickback-Effektes mit einlaufender Kette geschnitten werden. Dazu mit der Schiene in der angedachten Diagonalen des Fällschnitts etwas nach hinten versetzt einstechen, so dass sowohl ein genügend breites Halteband im hinteren Bereich des Baumes entsteht, als auch im vorderen Bereich die Bruchleiste ausgeformt werden kann. Das Halteband sollte eine Breite von ca. 1/5 Stammdurchmesser aufweisen. Das 10 %-Quadrat entsteht, indem die Motorsäge mit der einlaufenden Kette bis zu den Bruchleistenmarkierungen geführt wird.
Die Anlage eines solchen Diagonalschnitts erfordert Geschick und Übung vom Motorsägenführer.

Der schräg stehende dünne Vorgängerbaum wird gefällt, indem das Halteband von hinten zügig durchtrennt wird. Der Motorsägenführer steht seitlich und arbeitet mit ausgestrecktem, langem Arm.

50/50-Technik

Alternativ zur Haltebandtechnik kann bei leichten Vorhängern die 50/50-Schnitttechnik angewendet werden. Es sollte mit auslaufender Kette begonnen werden.

Halteband-Technik
Kapitel 5
S. 92

Stöckchen-trick
Kapitel 7
S. 188

Kickback/ Rückschlag
Kapitel 3
S. 50

Führungs-auge
Kapitel 7
S. 181

50/50-Technik
Kapitel 5
S. 93

Oben: Fallkerb, schräger Fällschnitt und Halteband.
Mitte: Durchtrennen des Haltebandes am langen Arm.
Unten: Das Schnittbild am Stock.

Unterhosenschnitte

Schwachholz
Kapitel 5
S. 89

Aufreißender Stamm
Kapitel 6
S. 175

Im Schwachholz und im mittelstarken Holz (bis 35 cm BHD) können Unterhosenschnitte angelegt werden, um die Spannungen im Holz – in der Zugzone auf der fallkerbabgewandten Seite – zu verringern. Auch in dünnen Dimensionen sind Vorhänger nämlich ultragefährlich und können aufreißen!
Die von oben betrachteten Stöcke so gefällter Vorhänger muten im Schnittbild einer angezogenen Unterhose von hinten an.

Für alle drei Varianten der Unterhose gilt:

- Kleinen Fallkerb in Bauchhöhe schneiden, mit der Sohlentiefe 1/5 und einem Öffnungswinkel zwischen 60° und 70°.
- Markieren des Kippscharniers mit den Regelmaßen des 10 %-Quadrats.

a) Klassische Unterhose

Für den Fällschnitt an die Seite des Baumes treten und mit der einlaufenden Kette einen Halbkreis parallel zur Sohle auf Bruchstufenniveau einfächern **(1)**. Den zweiten Schnitt ebenfalls mit einlaufender Kette halbkreisförmig von der anderen Stammseite einfächern **(2)**. Dabei bleibt, entgegengesetzt zur Fällrichtung, ein Mittelsteg stehen, der wie ein Halteband wirkt.
Der Steg wird zum Schluss von hinten mit langem Arm und schneller Kette (Vollgas) durchtrennt. Die Motorsägenschiene wird parallel zur Bruchleiste geführt **(3)**. Der Motorsägenführer steht seitlich am Baum.

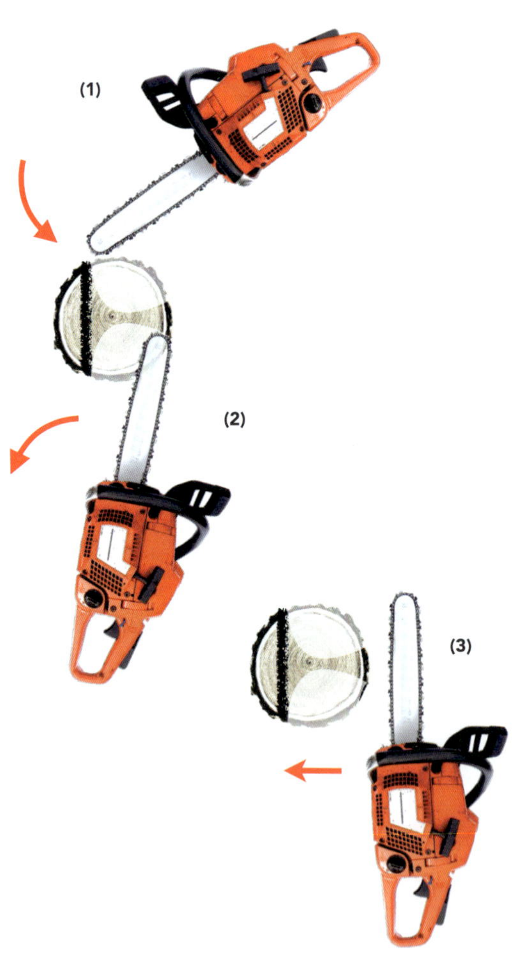

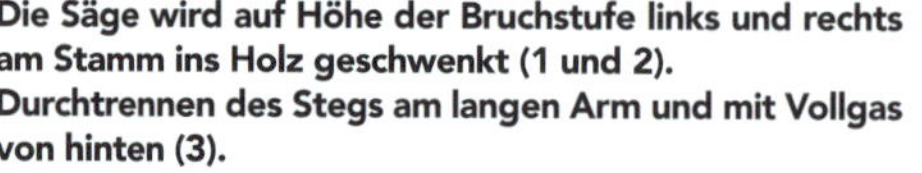
**Die Säge wird auf Höhe der Bruchstufe links und rechts am Stamm ins Holz geschwenkt (1 und 2).
Durchtrennen des Stegs am langen Arm und mit Vollgas von hinten (3).**

**Die klassische Unterhose:
Oben der Blick von hinten auf die Bruchleiste, unten das Schnittbild am Stock.**

b) Opa-Unterhose (dreiecksförmige Schmälerung)
Hierbei wird von Bruchleiste und Fällschnitt ein gleichschenkliges Dreieck geformt, bei dem die Spitze des Dreiecks entgegengesetzt zur Fallrichtung des Baumes liegt.
Für den Fällschnitt an die Seite des Baumes treten und die Schiene mit auslaufender Kette in den Stamm führen, so dass 60° zur Bruchleiste die erste Seite des Dreiecks geformt wird **(1a)**. Analog den zweiten Schnitt auf der anderen Seite anlegen **(1b)**. Alternativ kann der zweite Schnitt bei einlaufender Kette mit der Schienenspitze geschnitten werden **(2)**. Hierbei ist die Sägenführung jedoch technisch etwas anspruchsvoller.
Der dreieckförmige Holzsteg wird zum Schluss von hinten mit langem Arm und schneller Kette (Vollgas) durchtrennt. Die Motorsägenschiene wird parallel zur Bruchleiste geführt. Der Motorsägenführer steht seitlich am Baum.
Der von oben betrachtete Stock eines so gefällten Vorhängers sieht aus wie ein gleichschenkliges Dreieck – oder wie eine Opa-Unterhose.

c) Tanga (T-förmige Schmälerung)
Hierbei wird von Bruchleiste und Fällschnitt ein T geformt, bei dem der Dachstrich des T von der Bruchleiste gebildet wird und die Basis des T von einem Holzsteg entgegengesetzt zur Fallrichtung des Baumes.
Für den Fällschnitt an die Seite des Baumes treten und die Schiene mit auslaufender Kette von hinten in den Stamm führen (Kickbackgefahr!), so dass 1/3 der Stammbreite gesägt wird **(1)**. Analog wird auf der anderen Seite ein weiteres Drittel weggenommen **(2)**.
Es verbleibt ein mittiger Holzsteg in der Breite des letzten Drittels. Er wird zum Schluss von hinten mit langem Arm und schneller Kette (Vollgas) durchtrennt. Die Motorsägenschiene wird parallel zur Bruchleiste geführt. Der Motorsägenführer steht seitlich am Baum.
Der von oben betrachtete Stock eines so gefällten Vorhängers sieht aus wie ein Tanga.

Kickback/ Rückschlag
Kapitel 3
S. 50

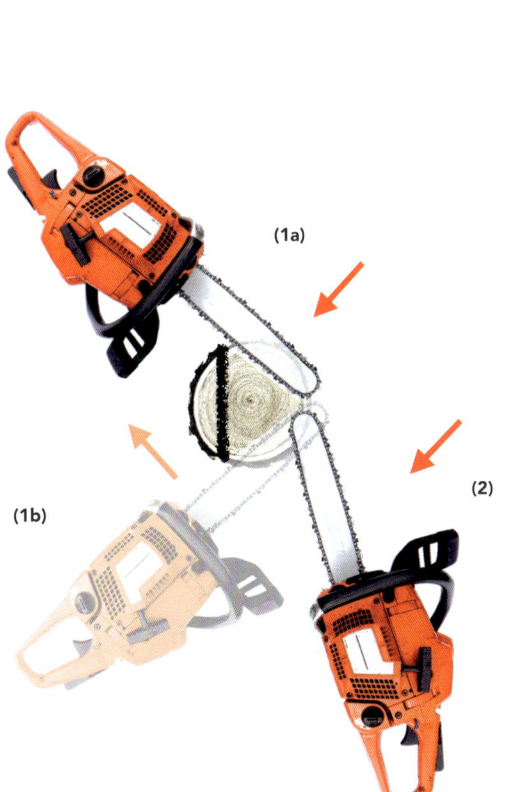

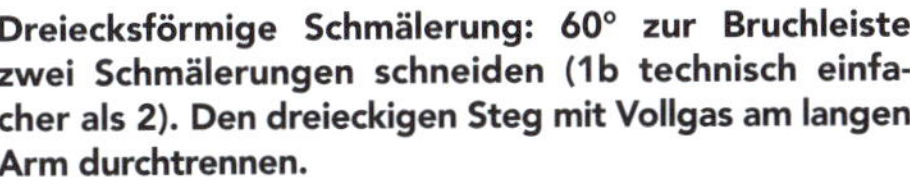
Dreiecksförmige Schmälerung: 60° zur Bruchleiste zwei Schmälerungen schneiden (1b technisch einfacher als 2). Den dreieckigen Steg mit Vollgas am langen Arm durchtrennen.

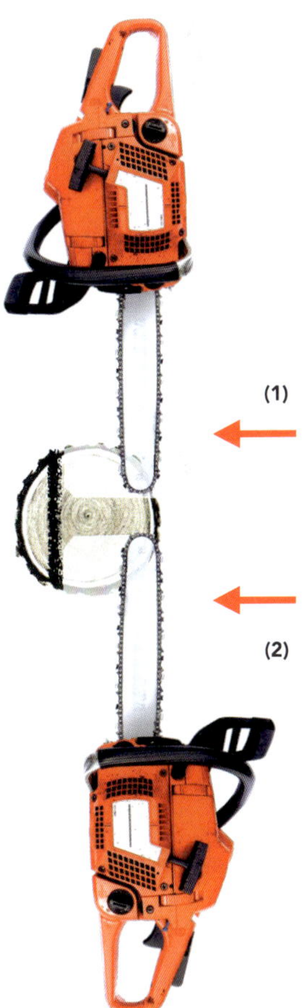

T-förmige Schmälerung: Mit auslaufender (1) und einlaufender Kette (2) jeweils 1/3 des Stamms schneiden. Den Steg mit Vollgas am langen Arm durchtrennen.

Kastenschnitt
Kapitel 5
S. 90 ff.

Splintschnitte
Kapitel 5
S. 86 f.

Stammpresse
Kapitel 4
S. 67

Übergroße Fallkerbe

Bei dieser Technik wird bei Bäumen bis zu einem BHD von 35 cm der klassische Fallkerb schrittweise auf über 50 % der Stammwalze ausgedehnt.

1. Zuerst sollten seitlich und vorne die Wurzelanläufe beigeschnitten werden (**1a bis 1c**; Kastenschnitt).
2. Es kann eine Stammpresse geringfügig oberhalb des letzten angedachten Dachschnitts angelegt werden.
3. Großen Fallkerb schneiden, mit der Sohlentiefe 1/3 **(2)** und einem Öffnungswinkel von mindestens 45°.
4. In Höhe des Fallkerbdaches tiefe Splintschnitte setzen mit der waagrecht gehaltenen Schiene diagonal nach hinten und im 90°-Winkel zur Stammachse. Es entsteht eine Trapezform **(3a und 3b)**.
5. Scheibenweise den Fallkerb mit Dach- und Sohlenschnitten vergrößern, bis der Fallkerb über die Stammachse hinausreicht **(a)**. Damit die Säge nicht einklemmt, immer mit dem Dachschnitt bei den Erweiterungsschnitten beginnen.
6. Fällschnitt mit Vollgas, seitlich stehend, von hinten auf der Höhe der Splintschnitte und im 90°-Winkel zur Stammachse durchführen **(4)**.
7. Sobald der Baum beginnt zu fallen, in die Rückweiche treten.

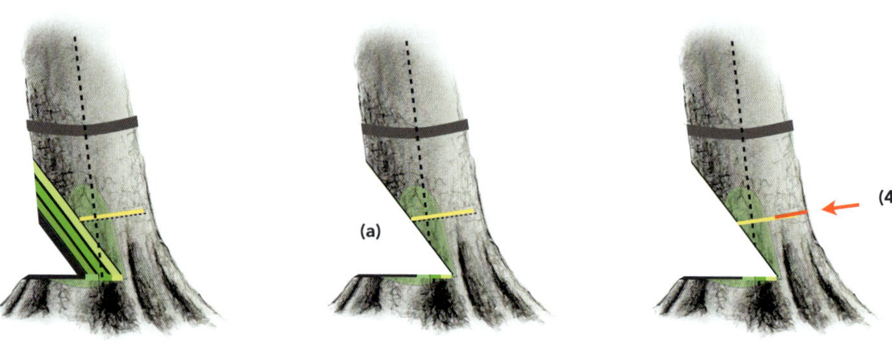

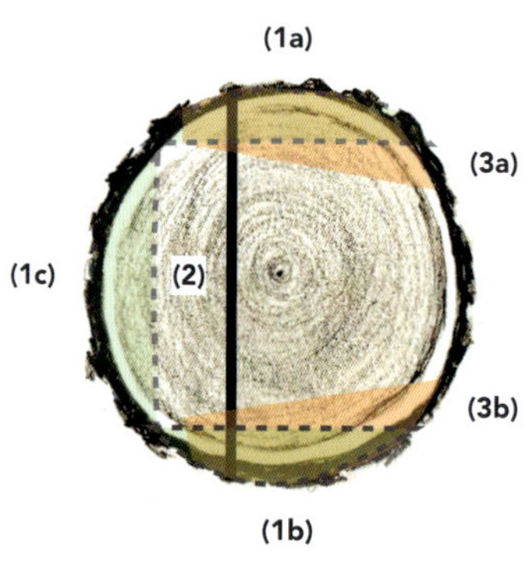

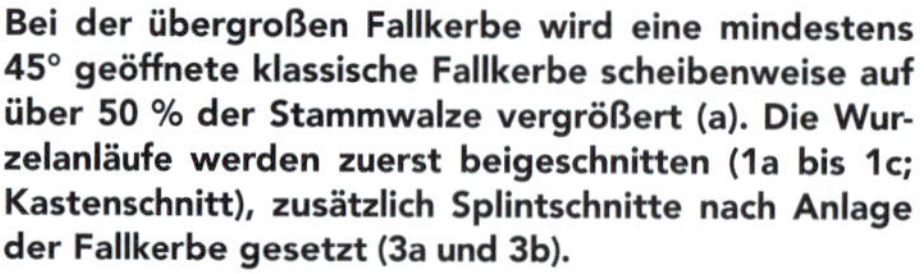
Bei der übergroßen Fallkerbe wird eine mindestens 45° geöffnete klassische Fallkerbe scheibenweise auf über 50 % der Stammwalze vergrößert (a). Die Wurzelanläufe werden zuerst beigeschnitten (1a bis 1c; Kastenschnitt), zusätzlich Splintschnitte nach Anlage der Fallkerbe gesetzt (3a und 3b).

V-Schnitttechnik
Diese Technik wird bei stärkeren Vorhängern angewendet, deren Stammdurchmesser jedoch nicht viel größer ist als die Schienenlänge der eingesetzten Motorsäge. Die Spitze des V zeigt in die Fällrichtung.

1. Fallkerbanlage
Zwei klassische Fallkerben mit einem Öffnungswinkel von mindestens 60° und mit der Sohlentiefe 1/3 schneiden. Die erste Fallkerbe auf der rechten Stammseite anlegen, beginnend mit dem Sohlenschnitt **(1)**. Die Sehne dieses Fallkerbs verläuft etwa im 145°-Winkel zur Fällrichtung (90° bei normaler Fallkerbe + 55°). Sie endet an den Markierungspunkten **A1** und **A2**. Für die gegenüberliegende, zweite Fallkerbe zuerst das Dach schneiden. Die Sehne verläuft ebenfalls im 145°-Winkel zur Fällrichtung (**B1** und **B2**). Diese Sohle mit auslaufender Kette schneiden **(2)**.
Die Sehnen der beiden Fallkerben bilden das V mit einem Innenwinkel von rund 70°. Auf der Fällschnittseite verbleibt 1/3 unbeschnittener Stamm. Geschnitten wird i.d.R. in Stammfußhöhe; bei dünnen Bäumen können die Fallkerben in Bauchhöhe angelegt werden. Die Spitze des V liegt an der Grenze zwischen Splint- und Kernholz, die beiden Fallkerben überlappen also vorne etwas.

Tricks zur Markierung der Sehnenendpunkte der beiden Fallkerben für die Praxis im Wald:

- Anzeichnen der geplanten Fallrichtung vorne und hinten am Stamm.
- Jeweils links und rechts der Markierung auf der Fällschnittseite (Zugholzseite) 1/2 Stammwalzendurchmesser abmessen und anzeichnen.
- Dann auf der Druckholzseite jeweils links und rechts der Markierung 1/10 Stammdurchmesser abmessen und anzeichnen.

Herleitung für die Sektorenmarkierung (1/3 des Stammumfangs):
Durchmesser = Stammumfang / π; rundet man π auf 3, entspricht 1/3 Stammumfang dem Stammdurchmesser. Beispiel für das Maß der hinteren Markierungspunkte (Sektorenmarkierung) bei einem Stammwalzendurchmesser von 40 cm = 120 cm Stammumfang:
120 cm / 3 = 40, also Stammwalzendurchmesser = Sektorengröße.

Splintholz
Kapitel 6
S. 170 f.

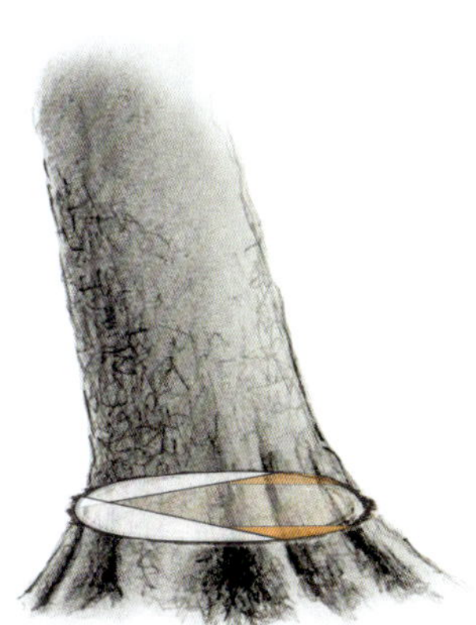

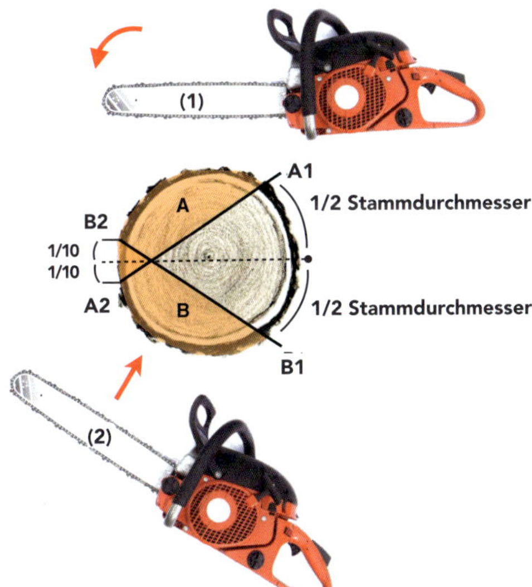

Bei der V-Schnitttechnik werden zwei Fallkerben angelegt. Die Fallkerbsehnen bilden zusammen ein V, dessen Spitze genau in die geplante Fällrichtung zeigt und im Bereich zwischen Splint und Kernholz liegt. Vor dem Fällschnitt können zusätzlich Schmälerungsschnitte gesetzt werden (siehe nächste Seite).

Es können zusätzlich Markierungen für die Fallrichtung und die Fallkerbsehnen gesetzt werden. Im vorderen Bereich befinden sich die Markierungen für die Sehnen links und rechts der Fallrichtungsmarkierung im Abstand von 1/10 des Stammdurchmessers. Auf der Fällschnittseite beträgt der Abstand zur Fallrichtungsmarkierung jeweils die Hälfte des Stammdurchmessers.

Eine Schmälerung kann auf beiden Seiten auf Fällschnitthöhe vor dem eigentlichen Fällschnitt als zusätzliche Sicherung gegen Aufreißen bei dicker dimensionierten Stämmen geschnitten werden **(3 und 4)**.

2. Fällschnitt
Den Trennschnitt auf der Zugholzseite 3 cm über Sohlenhöhe durchführen **(5)**. Die Motorsäge wird im 90°-Winkel zur Fällrichtung am langen Arm geführt.

Früher war es üblich, Vorhängerbäume mit V-Schnitt und Schrotsäge zu fällen. Die V-Schnitttechnik geriet durch den Siegeszug der Motorsäge jedoch in Vergessenheit, weil man mit ihr in den Stamm einstechen und ein Halteband setzen kann.

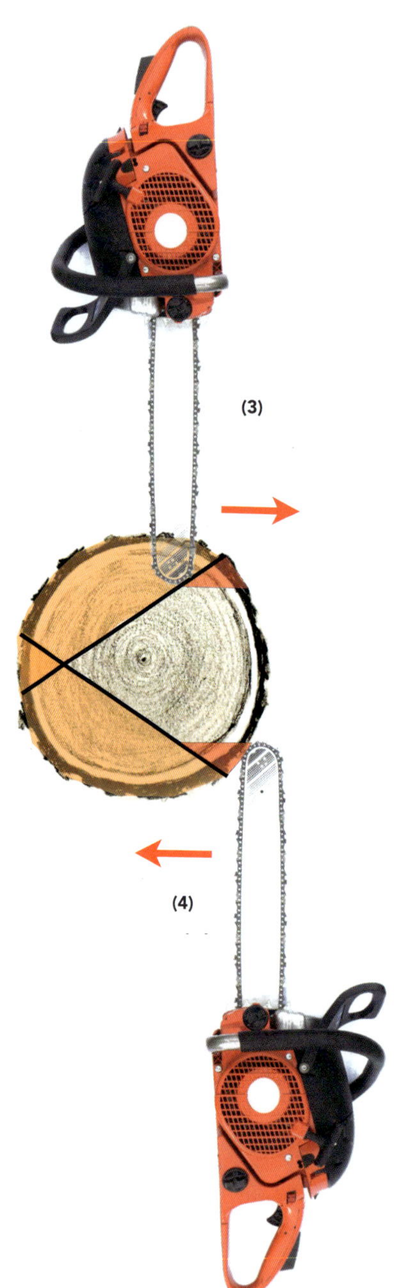

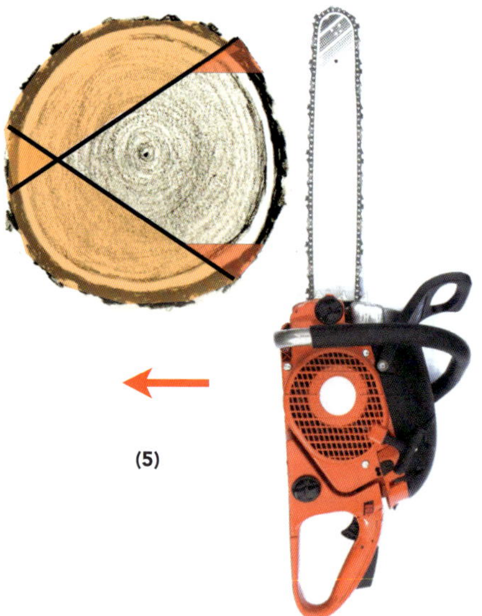

Links: Schmälerungsschnitte anlegen, um bei dickeren Bäumen das Risiko des Aufreißens zu minimieren (3 und 4).

Rechts: Den Fällschnitt, seitlich stehend, 3 cm über Sohlenhöhe am langen Arm durchführen (5).

5.5.2. Rückhängerbäume fällen

Beim Rückhängerbaum muss die Neigung entgegengesetzt zur Fällrichtung festgestellt werden, denn es lässt sich nicht jeder Rückhänger ohne weitere Hilfsmittel (wie Seil und Seilwinde) fällen. Man unterscheidet zwischen leichten, starken und extremen Rückhängern.

Folgende Verfahren kommen zur Anwendung:

- **Aufkeilen** von leichten Rückhängern mit Alukeilen; dicke und schwere Bäume können mit Hilfe hydraulischer oder mechanischer Fällhilfen (hydraulischer Fällkeil, Spindelkeil, hydraulischer Fällheber) gefällt werden.
- **Seileinsatz** bei starken Rückhängern, unter anderem in Kombination mit negativer Bruchstufe.
- **Würzenschnitt mit negativer Bruchstufe und Seileinsatz** bei starken und extremen Rückhängern.

Von **leichten Rückhängern** kann man bei Bäumen sprechen, die weniger als 6° vom Lot abweichen. Das entspricht einem Verhältnis von 1:10,5.
Faustformel: Baumhöhe (m) * 0,1 = maximal zulässige Kronenabweichung vom Stammfuß in Metern bei der Peilung.
Beispiel: Bei einem 26 m hohen Baum kann danach ein Rückhänger von maximal 2,6 m Lotabweichung ohne Seileinsatz gefällt werden.

Von **starken Rückhängern** spricht man, wenn die Abweichung vom Lot zwischen 6° und 10° liegt. Das entspricht einem Verhältnis von maximal 1:5,7.
Faustformel: Baumhöhe (m) / 6 = maximale Abweichung in Metern bei der Peilung. Bei einem 26 m hohen Baum muss ein Rückhänger von 2,7 m bis 4,3 m mit Seileinsatz gefällt werden. Bei starken Rückhängern ist der Einsatz einer Seilwinde zu empfehlen, da diese eine hohe Einzugsgeschwindigkeit besitzt, was wiederum die Arbeitssicherheit erhöht.

Brüder zur Sonne: Extreme Neigung, die auf dem Weg des Baumes zum Licht entstanden ist. Ist diese Buche überhaupt noch als Rückhänger fällbar?

Extreme Rückhänger sind alle Rückhänger über 10°. Extreme Rückhänger können, wenn überhaupt, nur mit Seilwinde und spezieller Schnitttechnik (Würzenschnitt mit negativer Bruchstufe) gefällt werden. Alternative Arbeitsverfahren wären z.B. Abtragen mit Hubarbeitsbühne oder Seilklettertechnik.

Würzen-schnitt
Kapitel 5
S. 116

Rück-hänger ermitteln
Kapitel 7
S. 193

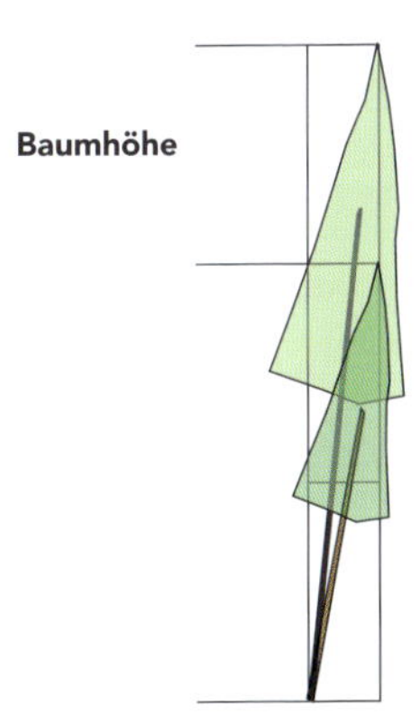

Kronenverlagerung

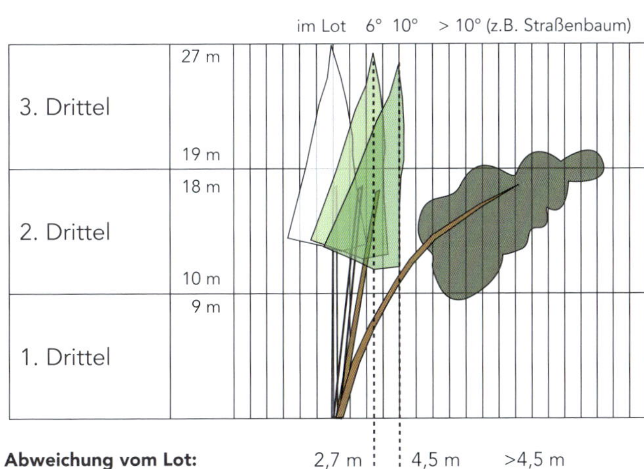

Links: Bei gleicher Kronenverlagerung (Meter vom Stammfuß zum Lot) kann ein hoher Baum ein leichter Rückhänger sein, ein kurzer Baum hingegen schon ein starker Rückhänger.

Rechts:
Leichte Rückhänger: Abweichung vom Lot < 6°.
Starke Rückhänger: Abweichung vom Lot zwischen 6° und 10°.
Extreme Rückhänger: Abweichung vom Lot um mehr als 10°.

Leichte Rückhänger
Eine geeignete Fälltechnik für leichte Rückhängerbäume, bei denen auch genügend Platz im Fällschnitt für Keile besteht, ist das schrittweise Aufrichten des Baumes (Aufkeilen) in Kombination mit der 50/50-Technik. Bei dieser Fälltechnik wird zunächst das relative Schnittmaß für die Bruchleiste auf bis zu 2/10 vergrößert.

SWD
Kapitel 5
S. 84

Beispiel: *Bei einem 45 cm dicken Baum (SWD) wird die Bruchleiste anfangs auf 9 cm angelegt. Während der Baum nun nach und nach mit Hilfe von Keilen ins Lot gebracht wird, wird die Bruchleiste mit dem Fällschnitt Schritt für Schritt auf das reguläre Maß von 1/10 (= 4,5 cm) verdünnt.*

Manche Bäume lassen sich aber aufgrund ihrer kurzfaserigen Holzstruktur (z.B. manche Ahornbäume) selbst als leichte Rückhänger **nicht** durch schrittweises Aufrichten fällen, weil sie leicht von der Bruchleiste abreißen.

1. Fallkerbanlage
Anlage einer Fallkerbe mit der Sohlentiefe 1/5 und einem größeren Fallkerbwinkel von ca. 60°. Die Fallkerbtiefe sollte klein sein, um genügend Platz für das Setzen von Keilen zu behalten.
Achtung! Die Keilhubwirkung wird bei dickeren Bäumen durch den tieferen Fällschnitt (70 % des SWD) etwas gemindert. Da die Bruchleiste von Rückhängerbäumen generell durch die Zugkräfte frühzeitig abreißen kann, wird sie verbreitert. Außerdem kommen bei Rückhängern im Stammfußbereich häufig Wurzelanläufe vor. **Sie dürfen trotzdem nicht beigeschnitten werden**, weil ihre Zugfasern den Baum halten und verhindern, dass die Bruchleiste frühzeitig abbricht. Aus demselben Grund dürfen auch Splintschnitte erst angelegt werden, wenn der aufgekeilte Baum im Lot steht.

2. Markieren des Kippscharniers
Maße für das Kippscharnier: Die Breite für die

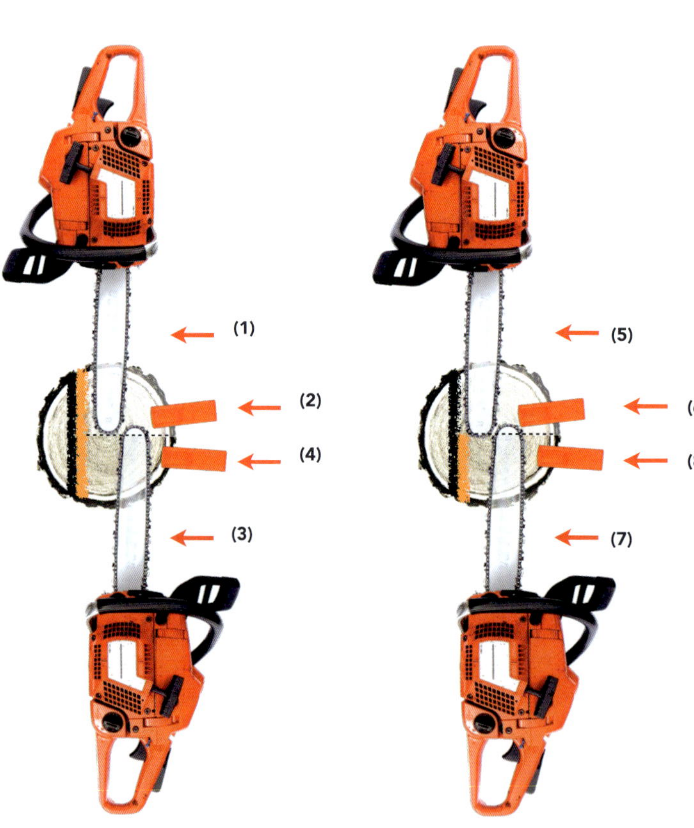

Mit der 50/50-Technik zuerst einen Fällschnitt mit bis zu doppelter Bruchleistenbreite ausführen (1). Sicherungskeil setzen (2) und den zweiten Fällschnitt mit bis zu doppelter Bruchleistenbreite ausführen (3). Nachsetzkeil einschlagen (4).
Die Bruchleiste mit der 50/50-Technik schrittweise auf das Regelmaß von 1/10 Stammdurchmesser schmälern und abwechselnd die Keile weiter einschlagen, um den Baum aufzurichten und ins Lot zu bringen (5 bis 8).

Bruchleistenbreite 2/10 und Keil zu Beginn.

Bruchleistenbreite 1/10 und Keil im weiteren Verlauf.

Bruchleiste wird also zunächst verdoppelt – beide Maße (2/10 und 1/10) anzeichnen. Die Höhe der Bruchstufe beträgt unverändert 1/10 des Stammwalzendurchmessers (mindestens 3 cm).

3. Fällschnitt

Mit der 50/50-Technik die Bruchleiste zuerst bis zur doppelten Breite ausformen **(1 und 3)**.

Nun wird der Rückhänger schrittweise aufgekeilt: Er wird mit Hilfe mehrerer Keile, die auf der Fällschnittseite eingeschlagen werden, in eine lotrechte Position gebracht **(2 und 4)**. Die Bruchleiste wird beim Aufrichten schrittweise auf die endgültige Breite von 1/10 zugeschnitten, d.h. abwechselnd sägen und keilen **(5 bis 8)**.

Die Fällung von leichten Rückhängern kann durch den Einsatz hydraulischer oder mechanischer Fällhilfen wesentlich erleichtert werden.

Achtung! Rissverläufe in der Bruchleiste beobachten: Sie ist relativ zum Keilhub zu breit, wenn sich an der Bruchleiste ein Riss in Richtung Stamm auszubilden beginnt.

Mit der Formel für die Kronen- oder Baumspitzenverlagerung lässt sich die Keilwirkung bei der Baumfällung berechnen:

$$\textit{Kronenverlagerung [cm]} = \frac{\textit{(Keilhubhöhe [cm] * Baumhöhe [cm])}}{\textit{Tiefe des Fällschnitts [cm]}}$$

Fällschnitttiefe = SWD * 0,70 (bei Sohlentiefe 1/5)
Fällschnitttiefe = SWD * 0,57 (bei Sohlentiefe 1/3)

Beispiel:

- *Höhe einer Fichte = 25 m*
- *Durchmesser der Stammwalze = 30 cm*

Schnittmaße:

- *Sohlentiefe = 6 cm*
- *Bruchleistenbreite = 3 cm*

Keilhubhöhenmaß: ca. 3 cm

Kronenverlagerung (cm) =
*(3 cm * 2.500 cm) / (30 cm – 6 cm – 3 cm) ≈ 357 cm*
(potenzielle Verlagerung der Baumspitze)

Aber Achtung! Die Physik sollte nicht herausgefordert werden: Um die Arbeitssicherheit zu gewährleisten, darf die maximale Kronenverlagerung durch Aufkeilen (im Beispiel 3,57 m) auf keinen Fall ausgereizt werden. Nach der Faustformel für leichte Rückhänger können maximal 2,5 m Kronenverlagerung für einen 25 m hohen Baum als sicher gelten. Die restlichen 1,07 m stellen einen Puffer und eine Lebensversicherung dar!

Zum anderen zeigt sich, wie wenig Platz bei einem 30 cm dicken Baum (SWD) für einen Keil von 21,5 cm im Fällschnitt bleibt: nämlich nur maximal 21 cm, wenn auf die Mindestmaße für Fallkerb und Bruchleiste gegangen wird. Anfangs, bei doppelter Bruchleistenbreite, verkürzt sich in unserem Beispiel die Fällschnitttiefe auf 18 cm (Stammwalzendurchmesser 30 cm – Sohlentiefe 6 cm [Maß 1/5] – 6 cm anfängliche Bruchleistenbreite).

Würde man die Sohlentiefe sofort auf das Maß 1/3 schneiden, dann würde die anfängliche Fällschnitttiefe nur noch 14 cm betragen (Stammwalzendurchmesser 30 cm – Sohlentiefe 10 cm [Maß 1/3] – 6 cm anfängliche Bruchleistenbreite). Keile hätten keinen Platz im Fällschnitt und würden entsprechend in ihrer Hubhöhe nicht zur Wirkung kommen.

50/50-Technik
Kapitel 5
S. 93

Reißen der Bruchleiste
Kapitel 5
S. 88

Nach Anlage eines Fallkerbs mit einer Sohlentiefe von 1/5 und einem Fallkerb mit größerem Öffnungswinkel (60°) wird der Baum mit Keilen nach und nach aufgerichtet. Abwechselnd sägen und keilen.

50/50-Technik

Kapitel 5
S. 93

Stützband-Technik

Kapitel 5
S. 90 ff.

Seil-einbau

Kapitel 4
S. 68 ff.

Reißen der Bruchleiste

Kapitel 5
S. 88

Starke Rückhänger

Starke Rückhänger müssen mit einem Seil und (vorzugsweise) Winde gefällt werden. Seilwinden haben gegenüber Seilzügen den Vorteil einer höheren Seileinzugsgeschwindigkeit. Bei geringerer Seileinzugsgeschwindigkeit ist die Gefahr erhöht, dass der Baum zur Seite wegkippt.
Wird das Seil unterhalb des zweiten Drittels der Baumhöhe befestigt, sollte der Fällschnitt mit einer negativen Bruchstufe angelegt werden. Die negative Bruchstufe verhindert das Abreißen vom Stock und Fallen des Baumes in eine nicht geplante Richtung.

1. Seileinbringung
Einbringen des Seils ins zweite Drittel des Baumstammes. Hier liegt i.d.R. der Schwerpunkt des Baumes (z.B. zwischen 11 m und 20 m bei einem 30 m hohen Baum).

2. Fallkerbanlage
Anlage eines Fallkerbs mit Sohlentiefe 1/5 und einem größeren Fallkerbwinkel von mindestens 60°.

3. Markieren des Kippscharniers
Markieren des Kippscharniers der negativen Bruchstufe. Die Breite der Bruchleiste sollte zur Sicherheit mehr als 10 % betragen, die Bruchstufenhöhe bleibt i.d.R. bei 10 %. Bei kurzfaserigen Hölzern die Bruchleiste in jedem Fall verbreitern.

4. Seil anziehen und den Baum leicht auf Spannung bringen.

5. Fällschnitt und Keilen
Mit der 50/50-Technik die Bruchstufe ausformen. Keile fest einschlagen **(1 bis 4)**. Die Wurzelanläufe dürfen nicht beigeschnitten werden. Keine Splintschnitte setzen.

6. Seileinzug
Gefahrenbereich verlassen. Der Motorsägenführer (!) gibt das Signal zum Umziehen des Baumes.

Alternativ zur 50/50-Technik kann auch ein Stützband belassen werden, das positiv über- oder negativ unterschnitten wird. Das heißt, dass mit einem Stechschnitt Bruchleiste und Stützband ausgeformt werden **(5 bis 7)**. Die Bruchstufe ist positiv, wenn das Seil oberhalb des Baumschwerpunktes (im zweiten Drittel der Baumhöhe) eingebracht wird.
Keile auf beiden Seiten neben dem Stützband fest einschlagen **(8 und 9)**. Jetzt das Stützband 3 bis 15 cm (je dicker der Baum, desto größer der Abstand) unterhalb des positiven Fällschnitts durchtrennen **(10)**. Der Trennschnitt muss den Fällschnitt mindestens 2 cm überlappen, damit die Holzfasern der Stammwalze im Überlappungsbereich gekappt sind. Wird der Baum jetzt mit dem Seil umgezogen, scheren die Längsfasern im Überlappungsbereich ab.

Fällung eines starken Rückhängers im indirekten Zug: Das Seil ins zweite Drittel des zu fällenden Rückhängers einbringen. Die Umlenkrolle wird mit einer Rundschlinge an einem Ankerbaum außerhalb des Fallbereichs befestigt (Abstand mindestens doppelte Seilanschlaghöhe des zu fällenden Baumes). Die Seilwinde (oder alternativ ein Seilzug) wird an einem dritten Baum mit einer Rundschlinge befestigt. Im oben rot markierten Bereich, dem Seilinnenwinkel, darf sich, sobald die Seilwinde läuft, niemand aufhalten. Sollte die Umlenkrolle nämlich abreißen, können sie und das sich schlagartig entspannende Seil zu schweren und tödlichen Verletzungen führen.

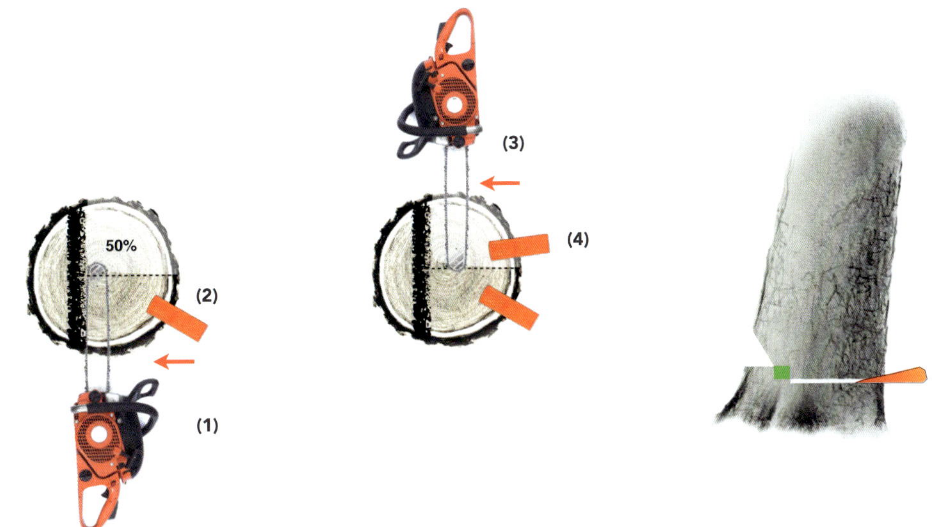

Mit der 50/50-Technik kann der Fällschnitt für starke Rückhänger ausgeführt werden, nachdem der Baum mit dem Seil leicht auf Spannung gebracht wurde. Die Bruchstufe ist im Bild negativ angelegt. Keile fest einschlagen.

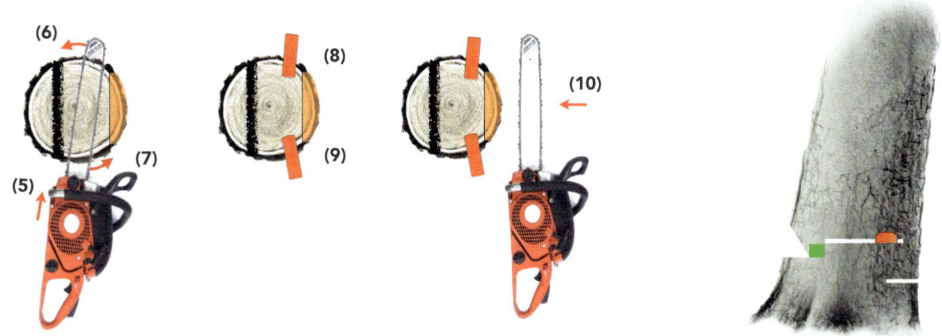

Alternativ zur 50/50-Technik kann auch ein Stützband belassen werden. Der Stechschnitt wird mit positiver Bruchstufe ausgeführt, wenn ein Seil im zweiten Drittel der Baumhöhe eingebracht wurde. Die Keile vor dem Stützband fest einschlagen. Den Trennschnitt 3 bis 15 cm unterhalb des Fällschnitts ausführen. Er muss den Fällschnitt mindestens 2 cm überlappen.

Negativ unterschnittenes Stützband.

Sicherungskeil im Trennschnitt.

Seil-einsatz

Kapitel 4
S. 68 ff.

Faser-verlauf beurteilen

Kapitel 5
S. 137

Stützband-Technik

Kapitel 5
S. 90 ff.

Starke und extreme Rückhänger

Starke bis extreme Rückhänger und Rückhänger mit kurzen Holzfasern können mit dem Würzenschnitt, in Kombination mit Stützband, negativer Bruchstufe, verbreiterter Bruchleiste und Seil, gefällt werden. Der Stammwalzendurchmesser muss mindestens 35 cm betragen.

Der Würzenschnitt ist eine zusätzliche keilförmige Kerbe **(2)** in der Sohle des Fallkerbs **(1)**. Er beginnt an der Sehne und verläuft dort parallel zu den schrägen Fasern des Stammes **(2a)**. Dazu wird zuerst mit Hilfe des herausgesägten Fallkerbholzes der Faserverlauf im Stamm beurteilt.

Entlang der Sehne und parallel zum Faserverlauf des Bruchleistenbereichs wird der Stamm durchstochen. Die Schiene steht also leicht diagonal. Der zweite Schnitt erfolgt so, dass ein gleichschenkliger Holzkeil in Schienenbreite und über die gesamte Länge der Sehne entsteht **(2b)**. Von der restlichen Sohle sollten mindestens 5 cm stehen bleiben. Es kann von beiden Seiten gestochen werden, falls die Schienenlänge nicht ausreicht.

Die Funktion des Würzenschnitts besteht darin, die schrägen Fasern in der Bruchleiste und die Führung des Baumes zu verlängern. Andernfalls besteht die Gefahr, dass der Baum vom Stock abreißt, bevor er über seinen Schwerpunkt hinaus aufgerichtet ist. Der Würzenschnitt verhindert gleichzeitig, dass der Baum seitlich vom Stock abreißt. Die Arbeitssicherheit wird wesentlich erhöht.

Der Fällschnitt erfolgt mit negativer Bruchstufe **(3)** und positiv überschnittenem Stützband, 3 bis 15 cm oberhalb des Fällschnitts **(4)**.

Bei Bäumen mit einem Stammwalzendurchmesser < 35 cm kann man direkt eine offene Fallkerbe von 90° schneiden, wobei der Sohlenschnitt parallel mit den schrägen Fasern verlaufen sollte.

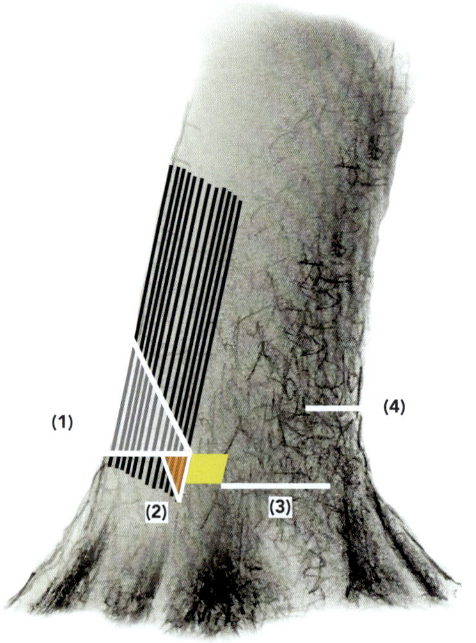

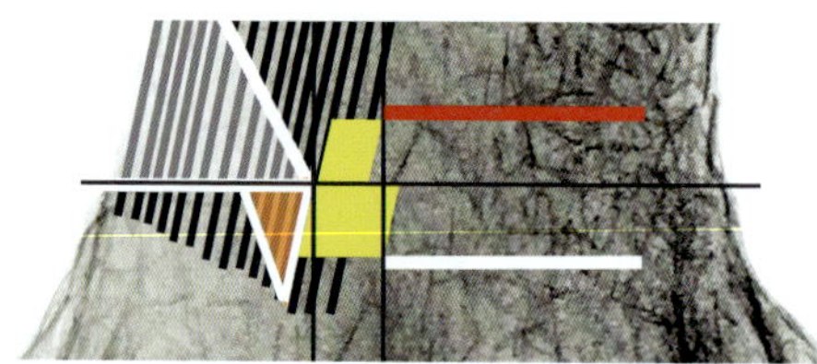

Der Würzenschnitt: Nach Anlage des Fallkerbs auf 1/3 der Stammwalze (1) und Prüfung des Faserverlaufs, wird mit der Schiene an der Fallkerbsehne und über deren gesamte Länge parallel zum Faserverlauf eingestochen (2a). Der zweite Schnitt formt ein gleichschenkliges Dreieck (2b). Der so entstandene Keil wird herausgenommen; die Lücke führt dazu, dass der Baum länger geführt wird, bevor er vom Stock abreißt. Der Fällschnitt erfolgt mit negativer Bruchstufe (3) und positiv überschnittenem Stützband (4). Eine positive Bruchstufe führt durch den schrägen Faserverlauf zu einer lebensgefährlich schmalen Bruchleiste (siehe Detailansicht im Bild unten links, rot markierter Fällschnitt).

1. Seileinbringung
Einbringen des Seils im zweiten Drittel des schrägen Baumstammes, möglichst über dem Schwerpunkt des Baumes (dieser ist manchmal nicht feststellbar).

2. Fallkerbanlage und Prüfung des Faserverlaufs
Anlage des klassischen Fallkerbs mit der Sohlentiefe auf 1/3 und einem Öffnungswinkel größer 60°. Überprüfen des Faserverlaufs im Stamm. Bei Stammwalzen ab 35 cm einen Würzenschnitt durchführen, unterhalb von 35 cm eine offene Fallkerbe anlegen.

3. Markieren des Kippscharniers
Markieren des Kippscharniers der negativen Bruchstufe. Die Breite der Bruchleiste sollte zur Sicherheit etwas mehr als 10 % betragen, die Bruchstufenhöhe kann ebenfalls etwas größer als 10 % sein.

4. Seil anziehen und den Baum leicht auf Spannung bringen.

5. Fällschnitt
Mit einem Stechschnitt Bruchleiste und Stützband ausformen **(1 bis 3)**. Die Bruchstufe ist negativ. **Achtung!** Die Wurzelanläufe dürfen nicht beigeschnitten werden. Keine Splintschnitte setzen.

Keile auf beiden Seiten neben dem Stützband fest einschlagen **(4 und 5)**. Jetzt das Stützband 3 bis 15 cm (je nach Baumstärke – je dicker der Baum, desto höher der Schnitt) oberhalb des negativen Fällschnitts durchtrennen **(6)**. Der Schnitt muss den Fällschnitt 2 bis 3 cm überlappen, so dass die Holzfasern der Stammwalze im Überlappungsbereich durchtrennt sind.

6. Gefahrenbereich verlassen.
Der Motorsägenführer (!) gibt das Signal zum Umziehen des Baumes. Wird der Baum jetzt mit dem Seil umgezogen, scheren die Längsfasern im Überlappungsbereich ab.

Stechschnitt

Kapitel 3
S. 50

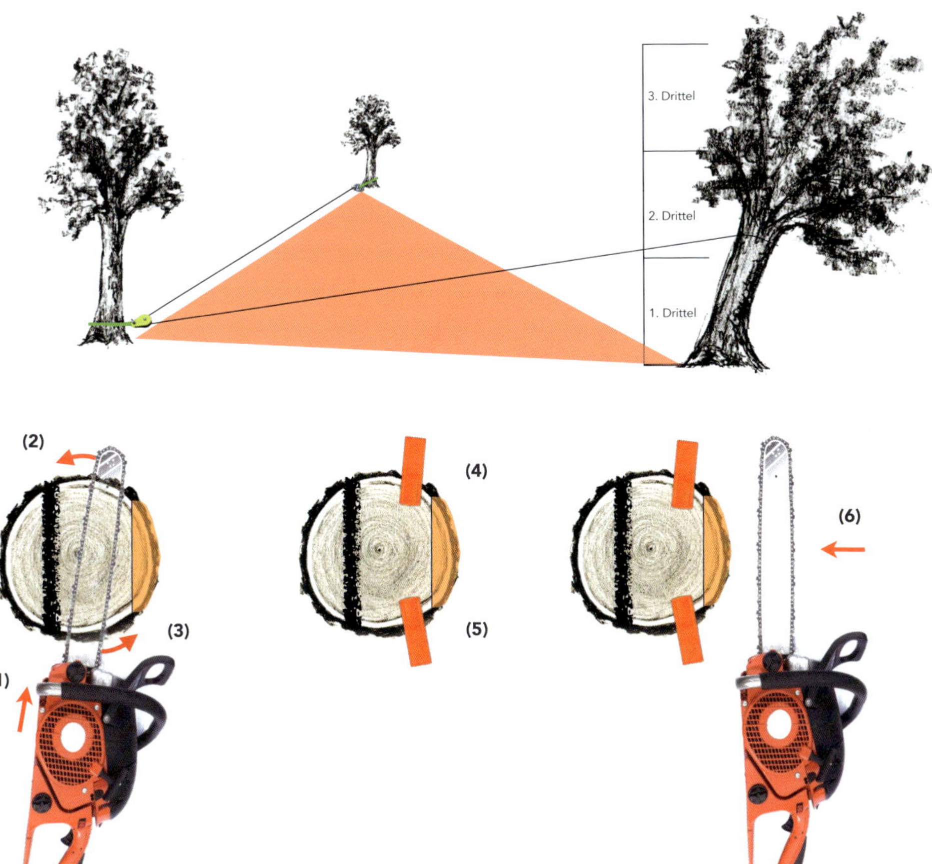

Oben: Das Seil ins zweite Drittel des zu fällenden Rückhängers einbringen. Umlenkrolle und Seilwinde platzieren. Im Seilinnenwinkel, dem im Bild oben rot markierten Bereich, darf sich, sobald die Seilwinde läuft, niemand aufhalten, um schwere und tödliche Unfälle zu vermeiden.
Unten: Mit einem Stechschnitt Bruchleiste und Halteband mit negativer Bruchstufe ausformen (1 bis 3). Keile seitlich fest einschlagen (4 und 5). Das Halteband 3 bis 15 cm oberhalb des negativen Fällschnitts durchtrennen (6). Der Schnitt muss den Fällschnitt geringfügig überlappen.

5.5.3. Seitenhängerbäume fällen

Seil-einsatz
Kapitel 4
S. 68 ff.

Seitenhängerbäume sind Bäume, die eine seitliche Neigung zur gewünschten Fällrichtung aufweisen. Seitenhängerbäume sind nicht immer einfach zu fällen. Die Gefahr beim Fällen dieser Bäume liegt darin, dass das Fällziel nicht getroffen wird und der Baum in eine falsche Richtung fällt. Es lässt sich, je nach Neigungsgrad, auch nicht jeder Seitenhängerbaum als Seitenhänger fällen.
Ein Schwachpunkt bei Seitenhängern liegt in der Baumart und im Kronengewicht: Kurzfaseriges Holz kann leicht von der Bruchleiste abreißen; Bergahorn bspw. kann häufig nicht als Seitenhänger gefällt werden. Ein hohes Kronengewicht besitzt große Hebelkraft und kann den Baum in Richtung Seitenhang abreißen lassen. Sehr alte Bäume können ebenfalls frühzeitig vom Stumpf abreißen. Bei Seitenhängern dürfen auf der Zugholzseite keine Splintschnitte gesetzt werden.

Peilen
Kapitel 7
S. 193

Von leichten Seitenhängern kann man bei Bäumen sprechen, die nicht mehr als 6° vom Lot abweichen. Das entspricht einem maximalen Verhältnis von 1:10,5. Leichte Seitenhänger können i.d.R. ohne Seileinsatz gefällt werden.
Faustformel: Baumhöhe (m) * 0,1 = maximale Lotabweichung in Metern zum Stammfuß.
Beispiel: *Bei einem 25 m hohen Baum kann ein Seitenhänger mit maximal 2,5 m Lotabweichung ohne Seileinsatz gefällt werden.*

Holz zieht Holz
Kapitel 6
S. 170

Von starken Seitenhängern spricht man, wenn die Abweichung vom Lot zwischen 6° und 8° liegt. Das entspricht einem maximalen Verhältnis von 1:7,1. Faustformel: Baumhöhe (m) / 7 = maximale Lotabweichung in Metern zum Stammfuß. Starke Seitenhänger müssen mit Seilwinde gefällt werden. Das Seil sollte im oberen ersten Stammdrittel angeschlagen werden.
Beispiel: *Bei einem 25 m hohen Baum kann ein Seitenhänger noch zwischen 2,6 und 3,6 m Lotabweichung mit Seilwinde gefällt werden.*

Bäume mit einer Abweichung von mehr als 8° können i.d.R. nicht mehr als Seitenhänger gefällt werden. Sie werden meist wie Vorhänger behandelt. Lotrechte Bäume mit einseitiger Krone können auch als Seitenhänger angesehen werden.
Eine geeignete und sehr zielgerichtete Fälltechnik für Seitenhängerbäume ist das Überrichten der Fallkerbe. Bei dieser Fälltechnik wird der Fallkerb (und damit auch die Fallkerbsehne) mit einer anderen Zielrichtung angelegt, so dass der Baum sich selbst in die gewünschte Fällrichtung zieht.
Bei geringem Seitenhang kann auch die einseitige Bruchleistenverbreiterung nach dem Prinzip „Holz zieht Holz" eingesetzt werden. Hierbei wird die Bruchleiste nicht parallel ausgeformt, sondern auf der Zugholzseite breiter belassen.

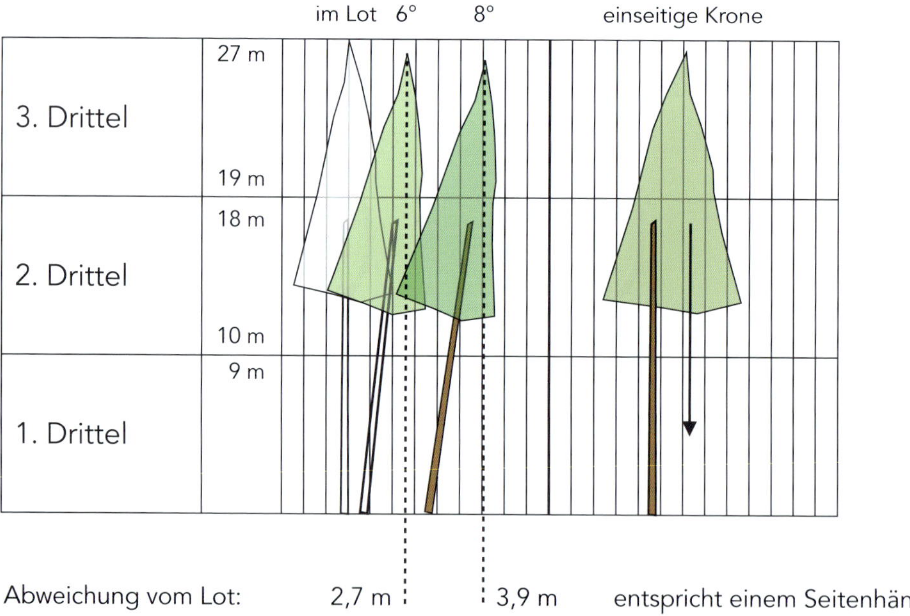

Leichte Seitenhänger von bis zu 6° Neigung können i.d.R. ohne Seileinsatz gefällt werden. Starke Seitenhänger zwischen 6° und 8° müssen mit Seilwinde gefällt werden. Ab 8° werden Seitenhänger meist als Vorhänger gefällt. Lotrechte Bäume mit einseitiger Krone werden wie Seitenhänger behandelt.

Überrichten der Fallkerbe (Versatz des Fallkerbs)

1. Festlegen der Fallrichtung
Als Erstes wird die gewünschte Fällrichtung festgelegt **(1)**. Auf der Fällschneise wird in 20 bis 30 m Entfernung (Strecke entsprechend der ungefähren Baumhöhe) ein Hilfspunkt deutlich markiert, z.B. mit einem Stock. Die seitliche Neigung des Baumes zur beabsichtigten Fällrichtung (Abweichung vom Lot zum Stammfuß) wird durch Peilen und Abschreiten ermittelt **(2)**.
Nun läuft man wieder zum markierten Hilfspunkt zurück und spiegelt das am Stammfuß ermittelte Schrittmaß für die Neigungsabweichung an der Fällschneise **(3)**. Dieser neu ermittelte Punkt stellt das überrichtete Fällziel für die Fällung des Seitenhängers dar. Den Punkt gut sichtbar markieren, damit man die Fallkerbsehne im 90°-Winkel zum neuen Fällziel ausrichten kann.

2. Fallkerbanlage
Anlage eines klassischen Fallkerbs mit Sohlentiefe 1/5 bis 1/3 und einem Fallkerbwinkel von 45° bis 60°.

3. Markieren des Kippscharniers
Markieren des Kippscharniers mit den Regelmaßen des 10 %-Quadrats.

4. Fällschnitt
Der Baum wird kontrolliert gefällt, indem der Sägenführer mit der 50/50-Technik den Fällschnitt ausführt. Begonnen wird i.d.R. auf der Druckholzseite **(4)**. Zur Sicherung und Unterstützung einen Keil fest einschlagen **(5)** und von der Zugholzseite her den zweiten Sektorenschnitt durchführen **(6)**. Gegebenenfalls auf der Druckholzseite einen Nachsetzkeil setzen und den Baum umkeilen.

50/50-Technik
Kapitel 5
S. 93

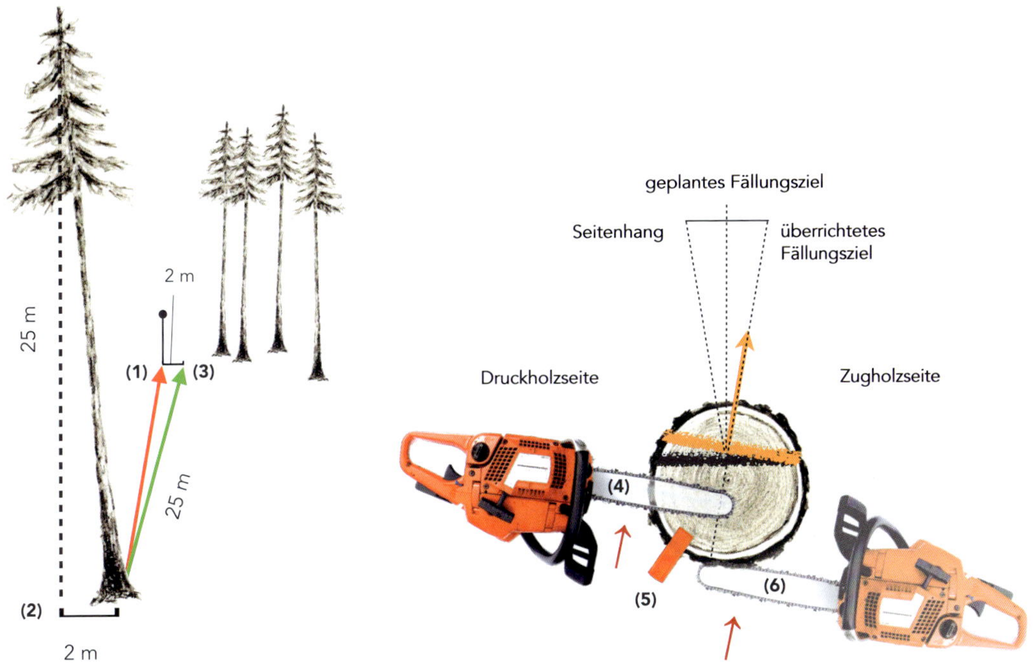

Die geplante Fällrichtung (roter Pfeil) wird in 20 bis 30 m Entfernung vom Baum deutlich markiert (1). Die seitliche Baumneigung wird von dort aus durch Peilung ermittelt und dann (2) vom Stammfuß des Baums in Schritten gemessen (im Beispiel 2 m). Das ermittelte Schrittmaß wird (3) an der entfernt liegenden Markierung gespiegelt und zeigt die neue Fällrichtung an (grüner Pfeil). Wird die Fallkerbe nun am neuen Fällziel (am Ende des grünen Pfeils) ausgerichtet, zieht der Seitenhang den Stamm in die gewünschte Fällrichtung (roter Pfeil).

Beim Überrichten der Fallkerbe wird die Fallkerbsehne im 90°-Winkel zum überrichteten Fällungsziel angelegt.
Mit der 50/50-Technik wird der Fällschnitt ausgeführt. Der erste Schnitt erfolgt i.d.R. auf der Druckholzseite (4). Anschließend einen Sicherungskeil setzen (5) und den zweiten Schnitt auf der Zugholzseite durchführen (6).
Gegebenenfalls auf der Druckholzseite einen weiteren Keil setzen und den Baum umkeilen.

Peilen

Kapitel 7
S. 193

Peilen mit Zollstock

Kapitel 7
S. 191

50/50-Technik

Kapitel 5
S. 93

Einseitige Bruchleistenverbreiterung

1. Festlegen der Fallrichtung
Fällziel in 20 bis 30 m Entfernung vom Stammfuß markieren. Die Seitenabweichung vom Lot durch Peilung feststellen und diesen Punkt ebenfalls in der Entfernung markieren.

2. Fallkerbanlage und Peilung
Einen klassischen Fallkerb im Regelmaß in beabsichtigter Fällrichtung anlegen. Die beiden Enden eines halb gefalteten Zollstocks als Peilungshilfe an den Enden der Fallkerbsehne anlegen. Über den Zollstock stellen (mit dem Rücken am Baum). Die Zollstockspitze schiebt man nun von der beabsichtigten Fällziellinie in die tatsächliche Fallrichtungslinie des Seitenhängers. Die Zollstockspitze zeigt jetzt zur zweiten Markierung. Dabei tritt beim Linkshänger das rechte Zollstockende wenige Zentimeter aus dem Sohlenschnitt; beim Rechtshänger wäre es das linke.

3. Markieren des Kippscharniers
Diese wenigen Zentimeter müssen nun zum Regelmaß der Bruchleiste auf der rechten Seite hinzugerechnet werden (beim Rechtshänger umgekehrt). Legt man den Fällschnitt an, entsteht eine keilförmige Bruchleiste, bei der die Bruchleiste auf der Zugholzeite breiter ist als auf der Druckholzseite. Sie zieht den Baum nach dem Prinzip „Holz zieht Holz" in die gewünschte Fällrichtung.

4. Fällschnitt
Der Baum wird kontrolliert gefällt, indem der Sägenführer mit der 50/50-Technik den Fällschnitt ausführt. Begonnen wird i.d.R. auf der Druckholzseite **(1)**. Einen Sicherungskeil auf der Druckholzseite fest einschlagen **(2)**. Von der Zugholzseite her den zweiten Sektorenschnitt durchführen **(3)**. Gegebenenfalls auf der Druckholzseite einen Nachsetzkeil setzen und den Baum umkeilen.

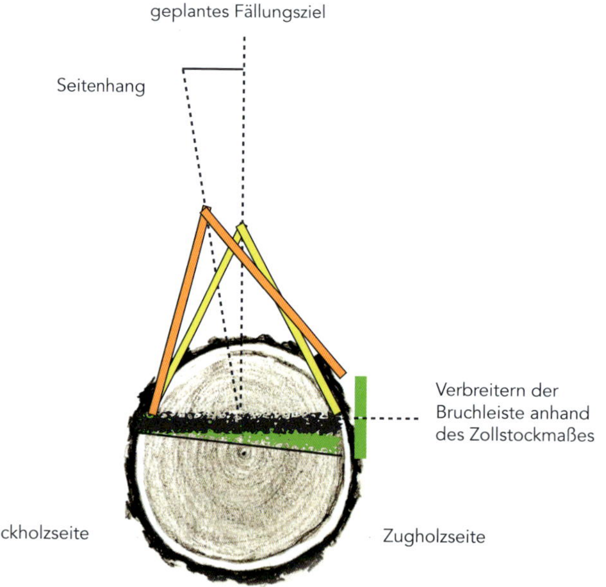

Bei der einseitigen Bruchleistenverbreiterung zuerst die Seitenabweichung vom Lot durch Peilung ermitteln. Fallkerb im 90°-Winkel zur geplanten Fällrichtung schneiden und mit einem halb gefalteten Zollstock das Maß für die Bruchleistenverbreiterung auf der Zugholzseite des Baums ermitteln. Mit der 50/50-Technik den Fällschnitt ausführen. Begonnen wird i.d.R. auf der Druckholzseite (1). Einen Keil fest auf der Druckholzseite einschlagen (2). Auf der Zugholzseite den zweiten Sektorenschnitt setzen (3) und ggf. einen Nachsetzkeil auf der Druckholzseite platzieren.

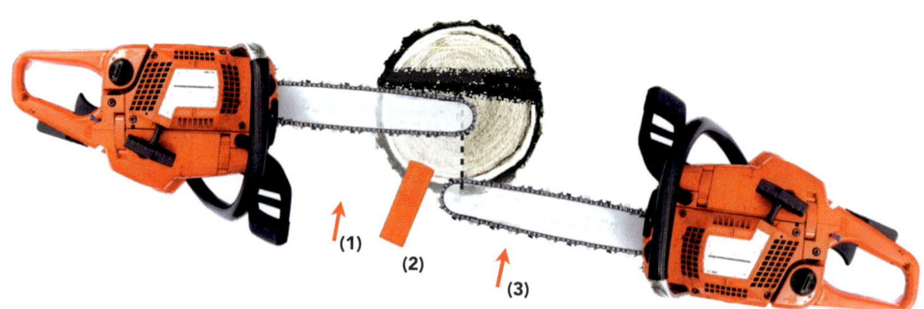

5.5.4. Vor- und Seitenhänger fällen

Es gibt mehrere Möglichkeiten, Bäume zu fällen, die zugleich Vor- und leichte Seitenhänger sind. Nötig werden Techniken, die den geringeren Fallweg des Vorhängers berücksichtigen und gleichzeitig den Seitenhänger in die gewünschte Fällrichtung ziehen.
Man kann Techniken für Vor- und Seitenhänger grundsätzlich miteinander kombinieren – zum Beispiel die Haltebandtechnik mit Überrichten der Fallkerbe. Die eher unbekannte 15-10-Methode mit Halteband eignet sich besonders für Situationen, bei denen Bäume stark nach vorne und leicht zur Seite hängen.

Die 15-10-Methode mit Halteband

Sicherer als kombinierte Fälltechniken ist die Anwendung der Regel „Holz zieht Holz" auf Bruchleiste und Bruchstufe. Danach wird nicht nur die Bruchleiste auf der Zugholzseite verbreitert, sondern auch die Bruchstufe einseitig erhöht. Hiermit lassen sich Seitenhänger im Grenzbereich von bis zu 6° Seitenhang fällen, die gleichzeitig starke Vorhängerbäume sind.
Um ein Aufreißen des Stammes sicher zu verhindern, kann zusätzlich eine Stammpresse angelegt werden.

1. Fallkerbanlage
Fallkerb auf 1/3 in Fällrichtung mit einem Öffnungswinkel von mindestens 60° schneiden.

2. Markieren des Kippscharniers
Markierungen für den Fällschnitt setzen: Auf der Druckholzseite gilt das 10 %-Quadrat. Auf der Zugholzseite wird das 10 %-Quadrat vergrößert, so dass eine breitere Bruchleiste und höhere Bruchstufe erreicht wird **(a und b)**. Am einfachsten ist die Regel, die Kantenlängen des Quadrats um die Hälfte zu vergrößert – es entsteht also ein 15 %-Quadrat.
Beispiel *für einen dicken Stamm von 60 cm Stammwalzendurchmesser: Auf der Druckholzseite messen Bruchleiste und Bruchstufe jeweils 6 cm, auf der Zugholzseite jeweils 9 cm.*

3. Fällschnitt
Der Fällschnitt wird als Stechschnitt durchgeführt und es wird ein Halteband stehen gelassen **(1 bis 3)**. Das Halteband am langen Arm, seitlich stehend, mit Vollgas durchtrennen **(4)**. Dieser Schnitt erfolgt schräg, oberhalb der Stechschnittebene beginnend bis zur Schnittebene **(c)**. Beim Fallen ziehen die Fasern auf der Zugholzseite verstärkt.
Achtung! Besondere Vorsicht bei den kurzfaserigen Holzarten walten lassen.

Holz zieht Holz
Kapitel 6
S. 170

Halteband
Kapitel 5
S. 92

Bei der 15-10-Methode werden Bruchstufe und Bruchleiste auf der Zugholzseite um die Hälfte vergrößert (a und b). Der Fällschnitt wird als Stechschnitt durchgeführt (1 bis 3) und verläuft innerhalb des Stamms leicht schräg (b). Ein Halteband auf der Fällschnittseite stehen lassen, das zum Schluss durchtrennt wird (4 und c). Um ein Aufreißen des Stammes zu verhindern, kann eine Stammpresse angelegt werden.

5.6. Aufhängerbäume fällen

Auch dem Profi passiert es gelegentlich, dass sich der zu fällende Baum beim Fall in einem anderen Baum aufhängt. In dieser Situation besitzt der Baum normalerweise eine starke Neigung in Richtung des Fällziels, er ist jedoch noch nicht vom Baumstumpf abgebrochen. Die Bruchleiste stellt beim Aufhängerbaum weiterhin die Verbindung zwischen Baumstamm und Baumstumpf her.
Wie das Türscharnier nur in eine Richtung funktioniert, so kann sich auch der aufgehängte Baum durch die Bruchleiste nicht zur Seite hin bewegen und folglich nicht von der Krone des Nachbarbaums abrutschen. Die Bruchleiste muss also verändert werden.

Aufhängerbäume können mit Hilfe der Drehzapfentechnik oder durch vollständiges Abtrennen vom Stumpf und Abziehen gefällt werden.

Drehzapfen

An einem Drehzapfen kann der Aufhänger mit einem Wendehebel zur Seite hin aus der Nachbarbaumkrone herausgedreht werden. Der Drehzapfen ist außerordentlich wichtig. Wird der Stamm nämlich komplett vom Stumpf getrennt, kann der Baum nicht mehr oder nur noch sehr schwer abgedreht werden. Drehzapfen werden quadratisch oder leicht rechteckig ausgeformt.
Bei der Drehzapfentechnik wird die Bruchleiste entweder an beiden Seiten geschmälert, so dass der Drehzapfen in der Mitte der ehemaligen Bruchleiste liegt, oder er wird seitlich mit Hilfe des Brückenschnitts zugeschnitten. Mittig angelegte Drehzapfen eignen sich für dünnere Aufhänger, da bei diesen kein Brückenschnitt durchgeführt werden kann, für Aufhänger mit unklaren Druck- und Zugholzspannungen, die nach beiden Seiten gedreht werden können, und für sehr dicke Bäume, da sie sich so leichter abdrehen lassen. Für die mittige Anlage ist es sinnvoll, mit schneller Kette und mit schrägen Schnitten den Zapfen scheibchenweise auszuformen, damit die Schiene nicht einklemmt.

Beispiel:
Der Stumpfdurchmesser eines dünnen Aufhängerbaums beträgt 21 cm. Bei einer Sohlentiefe von 1/5 beträgt die Bruchleistenlänge 80 % des Durchmessers; also knapp 17 cm. Die Stechschnittbreite für einen Brückenschnitt kann mit ca.

Bild links: Aufhängerbäume fabriziert der Laie wie der Profi. Mit einem Drehzapfen auf der Druckholzseite (oder bei dünnen und sehr dicken Bäumen mittig) lässt sich der Aufhänger meist zu Fall bringen.
Oben rechts: Anlage des Drehzapfens. Unten rechts: Links im Bild der vom Stock abgerissene Drehzapfen, an dem der Aufhängerbaum aus der Nachbarkrone gedreht wurde.

12 cm angenommen werden. Damit verbleiben im Ergebnis 2,5 cm für den Drehzapfen ((17 cm - 12 cm) / 2 = 2,5 cm). Das ist zu wenig, um links oder rechts einen ausreichend breiten Drehzapfen aus der Bruchleiste bei einem dünnen Aufhängerbaum zu formen. Deswegen wird der Drehzapfen mittig, in einer Breite von ca. 5 cm, angelegt – eine ideale Breite, um für diese Baumstärke den Aufhängerstamm aus dem Nachbarbaum herauszudrehen. Bei dicken Bäumen sollte die Drehzapfenstärke eher quadratisch sein (1/10 des Stammdurchmessers).

Brückenschnitt

Der Brückenschnitt eignet sich vorzüglich, um einen Drehzapfen aus der Bruchleiste auszuformen, ohne dass die Schiene durch die Eigenlast des Baums am Stumpf einklemmt. Die Brücke entsteht, wenn von hinten, also der fällrichtungsabgewandten Seite, die Bruchleiste mittig durchstochen wird. An beiden Seiten der Bruchleiste entsteht dadurch je ein Brückenpfeiler (ein Druck- und ein Zugholzpfeiler), da sich der angelehnte Baum von seinem Stütz- bzw. Nachbarbaum seitlich wegdrückt.
Sollte der Spalt zwischen Fällschnitt und Stammfuß zu eng sein – z.B. wenn starke Bäume in steilem Winkel hängenbleiben, so kann das untere Ende des Stammes schräg beschnitten werden, um Platz für die Motorsäge zu schaffen.
Die Eleganz der Schnitttechnik liegt darin, dass der Zugholzpfeiler durchtrennt wird und der Druckholzpfeiler als Drehzapfen übrigbleibt. Der Zugholzpfeiler wird i.d.R. mit Vollgas schräg von der Seite aus durchtrennt. Schätzt man die Spannungsverhältnisse falsch ein und durchtrennt zuerst den Druckholzpfeiler, klemmt die Schiene schnell ein. Der Zapfen sollte mindestens quadratisch, besser rechteckig sein. Am seitlich am Stammfuß im Splintholzbereich angelegten Pfeiler kann nun der Aufhänger aus dem Nachbarbaum herausgedreht werden. Oft dreht sich der Baum aber durch sein Eigengewicht bereits von alleine am Druckholzpfeiler zur Seite. Der Druckholzpfeiler als Drehzapfen funktioniert wie eine Art Zapfengelenk.

Zum Abdrehen können folgende Hilfsmittel eingesetzt werden:
Fällheber mit Wendehaken,
Wendehaken mit Wendebaum,
Rundschlinge mit Wendebaum,
Wendebaum allein oder
Seilzuggerät (Seilzug, Seilwinde).

Drehzapfen mittig

Kapitel 5
S. 125

Oben: Brückenschnitt.
Unten: Nach Durchtrennen des Zugholzpfeilers dreht sich der Baum bereits in Richtung Druckholzseite.

Oben: Anlage des Brückenschnitts.
Unten: Verbreitern des Spalts zwischen Fällschnitt und Baumstumpf, um Zugang zur Bruchleiste zu bekommen.

Fällheber
Kapitel 4
S. 63

Fällheber

Mit der Wendehakenfunktion des Fällhebers dürfen nur Bäume mit einem maximalen Brusthöhendurchmesser von 35 cm manipuliert werden. Den Wendehaken des Fällhebers möglichst tief am Stamm ansetzen. Die Hakenspitze wird auf der in Zugrichtung des Fällhebers abgewandten Seite ins Holz eingedrückt. Er sollte von vornherein so sitzen, dass beim Hebeln nicht nachgefasst werden muss, damit man nicht in den Gefahrenbereich gerät. Der Waldarbeiter zieht am äußeren Ende des Hebels und hat dabei den Fallbereich im Blick. Der Hebel wird in die Richtung gezogen, in die der Baum abgedreht werden soll. Sobald sich der Baum bewegt, in die Rückweiche treten. Manchmal hilft es, den Wendehebel des Fällhebers ruckartig zu ziehen, z.B. um einen verklemmten Ast des Aufhängerbaums vom Nachbarbaum zu lösen.

Rückweiche
Kapitel 2
S. 21 f.

Ankerstich
Kapitel 4
S. 74

Bei glattrindigen Bäumen und bei Frost besteht die Gefahr, dass der Wendehaken abrutscht. Um das zu verhindern, kann man die Rinde dort, wo der Haken gesetzt werden soll, bis in den Splintholzbereich einsägen und damit aufrauen.

Abdrehen des Aufhängerbaums mit dem Haken des Fällhebers: Tief ansetzen und mit Ausfallschritt am Fällheber ziehen – niemals drücken!

Wendebaum, Wendehaken und Rundschlinge

Stärkere Stämme können mit einem Wendehaken oder einer Rundschlinge in Verbindung mit einem Wendebaum (z.B. eine lange und stabile Holzstange direkt aus dem Wald) zu Fall gebracht werden. Der Wendebaum kann bis zu 4 m lang sein. Er muss eine ausreichende Stabilität aufweisen und beim Wendehaken außerdem durch den Ring passen. Die Rundschlinge kann im Handzug zur Not eine aussortierte sein, die nicht mehr für Seilzugarbeiten verwendet werden darf.

Der Wendehaken mit Wendebaum wird wie der Fällheber mit Wendehaken eingesetzt. Die Rundschlinge wird mit einem Ankerstich um den Stamm, möglichst nahe am Stammfuß, gelegt. Der Würgebereich des Ankerstichs liegt auf der Zugholzseite. Die Rundschlinge sollte von vornherein so sitzen, dass beim Hebeln nicht nachgefasst werden muss, damit man nicht in den Gefahrenbereich gerät.

Ist die Öse der Rundschlinge sehr lang, kann sie noch einmal um den Stamm gewickelt und zurechtgeschoben werden – sie muss nur groß genug sein, um den Wendebaum hindurchschieben zu können. Der Wendebaum wird so durch die Öse geschoben, dass seine Spitze auf der Druckholzseite am Stamm anliegt. Zieht man am Ende des Wendebaums, dann zieht sich die Rundschlinge zu einem festen Knebel zusammen und man kann den Baum am langen Hebel über die Druckholzseite abdrehen. Sobald sich der Baum bewegt, in die Rückweiche treten.

Anlegen des Ankerstichs bei der Rundschlinge auf der Zugholzseite und Ansetzen des Wendebaums auf der Druckholzseite des Aufhängers.

Wende-baum

Kapitel 4
S. 63

Oben: Zugrichtung beim Einsatz eines Wendebaums in Kombination mit einer Rundschlinge.
Mitte: Zugrichtung beim Einsatz eines Wendebaums in Kombination mit einem Wendehaken. Bei dicken Stämmen sollte der Drehzapfen mittig angelegt werden.
Unten: Zwei Größen von Wendehaken.

Zugholzseite

Kapitel 5
S. 122, 147

Wendebaum allein

Sollte man aus unerfindlichen Gründen keine Hilfsmittel wie Fällheber, Wendehaken oder Rundschlinge dabeihaben, kann man sich wie folgt helfen: Einen quadratischen Kanal ca. 60 bis 100 cm über Fällschnitthöhe durch den Stamm sägen – mittig durch die Stammachse. Als Nächstes stellt man sich einen geeigneten Wendebaum aus einem dünnen Stamm her. Dieser wird auf der Zugholzseite in den Kanal gesteckt. Der Hebel wird hinter dem Aufhängerstamm in einem Halbrund in Richtung Druckholzseite gezogen, bis der Baum fällt.

**Bildfolge oben: Stechen eines Kanals mit der Motorsäge.
Unten: Einsatz des Wendebaums ohne Wendehaken.**

Mit dem Seil Aufhängerbäume abdrehen
Aufhänger können auch mit Hilfe von Seilzug oder Seilwinde abgedreht werden. Mit ihnen kann man große Kräfte wirken lassen. Es können Kunststoff- oder Stahlseile allein oder in Kombination mit einer Rundschlinge oder einer Kette zum Einsatz kommen. Wird nur das Stahlseil mit einem einfachen Haken eingesetzt, besteht jedoch die Gefahr, dass das Seil durch Knicke beschädigt wird. Am einfachsten ist es daher, nach Anlage des Drehzapfens eine Rundschlinge zum Abdrehen des Stamms in Kombination mit dem Stahlseil einzusetzen:
Zuerst die Rundschlinge mit Ankerstich ca. 60 cm oberhalb des Fällschnitts befestigen, so dass die Öse in Richtung Zugholzseite zeigt. Von der Seilzugseite aus, die sich ebenfalls auf der Zugholzseite befindet, den Haken des Seils an der Öse der Rundschlinge befestigen. Dazu das Seil von der Zugholzseite aus unter dem Stamm zur Druckholzseite und von dort über den Stamm wieder zur Zugholzseite führen. Aus dem Gefahrenbereich treten und das Seil anziehen. Durch den Zug wird der Stamm über den Zapfen in Druckholzrichtung abgedreht.
Ein Kunststoffseil kann ohne Rundschlinge eingesetzt werden. Das ist die einfachere und schnellere Lösung gegenüber der Kombination aus Stahlseil und Rundschlinge. Nachteilig kann hier sein, dass Nadelbaumarten das Seil verharzen bzw. das Seilende generell verdreckt und der Mantel des Seils leidet.

Rundschlinge
Kapitel 4
S. 73

Ankerstich
Kapitel 4
S. 74

Drehzapfen mittig
Kapitel 5
S. 125

Einsatz von Rundschlinge und Seil in Kombination mit Seilwinde oder Seilzug: Die Rundschlinge wird mit einem Ankerstich ca. 60 cm oberhalb des Fällschnitts befestigt, so dass die offene Öse in Richtung Zugholzseite zeigt. Die Seilzugseite befindet sich ebenfalls auf der Zugholzseite. Das Seil von der Zugholzseite aus unter dem Stamm zur Öse der Rundschlinge führen und dort befestigen. Aus dem Gefahrenbereich treten und das Seil anziehen. Durch den Zug wird der Stamm über den Zapfen abgedreht.

Trennen und Weghebeln

Eine weitere Methode für dünne Aufhängerbäume bis ca. 35 cm Stammwalzendurchmesser ist, den Stamm vollkommen vom Stock zu trennen und ihn dann mit Hilfe von zwei Holzstangen (ca. 2 bis 4 m Länge) im Zwei-Mann-Arbeitsverfahren nach hinten wegzuhebeln.

Dieses Verfahren wird eingesetzt, wenn die Drehzapfentechnik versagt oder nicht möglich ist, etwa weil der Baum mit seiner Krone mittig in der Nachbarbaumkrone liegt. Zuerst die Baumkante brechen, so dass der Stamm beim Abziehen leichter über den Waldboden gleiten kann. Am Stammende dazu mit der Motorsäge die Baumkante im Splintholzbereich abflachen.

Dann den Drehzapfen schräg mit schneller Kette durchtrennen bzw. den Baum vom Stock trennen. Gesägt werden muss mit großer Aufmerksamkeit, da die Schiene schnell einklemmen kann. Den Waldbart (das Gegenstück zur Bruchleiste am Stammende), wenn möglich, abschneiden.

Manchmal ist es notwendig, die Bruchstufe niedriger, auf die Höhe der Fallkerbsohle zu setzen, damit das Stammende über den Stock rutschen kann. Aus dem Bereich hinter der Stammstirnfläche möglichst Laub und andere Hindernisse am Boden entfernen.

Im Zwei-Mann-Arbeitsverfahren kann nun mit Hilfe der zwei Hebelstangen, die unter dem Stamm durchlaufen und sich dabei überkreuzen, der Stamm vom Stock nach hinten weggehebelt werden – bis der Aufhänger aus der Nachbarkrone rutscht und zu Boden fällt. Beide Waldarbeiter hebeln zugleich und setzen immer wieder nach. Der Baumstumpf kann als Widerlager dienen.

Oben: Aufhängerbaum, der vom Steilhang auf den Forstweg gerutscht ist und nun im Zwei-Mann-Arbeitsverfahren nach hinten weggehebelt wird. Nach jedem Hebelschritt ist die Lage neu zu beurteilen.

Unten: Gebrochene Baumkante und beigeschnittener Waldbart am Stammende, damit der Stamm gut rutscht.

Oben: Bodenrammer, der mit einer Stange, Geduld und Kraft aus dem Loch gehebelt werden kann.

Unten: Die Bruchstufe muss manchmal niedriger gesetzt werden, damit der Stamm nach hinten abgezogen bzw. weggehebelt werden kann.

Absetzschnitt bei Bodenrammern

Stehen einem für einen mittelstarken Aufhängerbaum, der sich beim Hebeln in den Boden gerammt hat, keine geeigneten Hilfsmittel (v.a. Seil) zur Verfügung, kann man bei Baumneigungen um 45° einen speziellen Absetzschnitt verwenden. Hierbei wird der Stamm in max. 50 cm Höhe waagrecht durchstochen **(1)**, so dass im Zug- und Druckholzbereich Bänder von jeweils 6 bis 8 cm stehen bleiben. Die Hälfte des vorderen Bandes wird ohne Wechsel der Position ebenfalls durchtrennt **(2)**. Einen Keil setzen **(3)**. Im Druckholzbereich das verbliebene Halteband 1 bis 2 cm unterhalb des Stechschnitts 1 bis 2 cm überlappend unterschneiden **(4)**. Zum Schluss am langen Arm von der Zugholzseite aus das verbliebene Stützband schräg durchtrennen **(5)**. Der Aufhänger rutscht über die Druckholzseite zu Boden.

Trennen und Abziehen mit dem Seil

Wie beim Weghebeln des Aufhängerbaums muss zum Abziehen mit einem Seil zuerst die Baumkante gebrochen und der Stamm vom Stock getrennt werden. Der Waldbart sollte beigeschnitten werden. Sitzt der Stammfuß auf der Fallkerbsohle auf, muss gegebenenfalls die Bruchstufe niedriger gesetzt werden, damit das Stammende über den Stock rutschen kann. Aus dem Bereich hinter der Stammstirnfläche hindernde Äste und, soweit möglich, Bodenhindernisse (z.B. Steine und Baumstümpfe) entfernen.

Praktisch ist es, wenn man zusätzlich ein 1 bis 2 m langes, dickeres Stück Holz hat, das man in der Mitte spaltet, so dass zwei Hälften mit ihren langen Seiten, Rinde nach oben, zu einer Rutschbahn zusammengeschoben werden können. Alternativ nimmt man mehrere dünne Stangen. Die Rutschbahn verhindert, dass sich der Baumstamm beim Abziehen in den Boden rammt.

Die Rutschbahn wird direkt an den Baumstumpf gelegt, dort, wo man den Baum hinziehen möchte. Das Seil möglichst weit unten am Stamm anbringen – mittig, um den Stamm nach hinten wegzuziehen, rechts, um den Baum mit einer Drehbewegung nach links zu bringen, und entsprechend links, um ihn nach rechts zu bringen.

Sollte der abgezogene Stamm trotz Aufräumen durch ein Bodenhindernis aufgehalten werden, z.B. Wurzeln oder Bodenkuhlen, kann man das Hindernis mit einer geeigneten neuen Seilführung meistens überwinden. Bei Kuhlen lässt sich der Stamm mit Seilverlauf unter dem Stamm führen, bei seitlichen Hindernissen durch Änderung der Zugrichtung.

Ein Kunststoffseil allein eignet sich für die Abziehtechniken weniger, da der Mantel des Seils leicht beschädigt wird. Geeignet sind Draht- oder Würgeseil (Choker) und Würgekette in Kombination mit einem Kunststoffseil.

Choker

Kapitel 4
S. 73

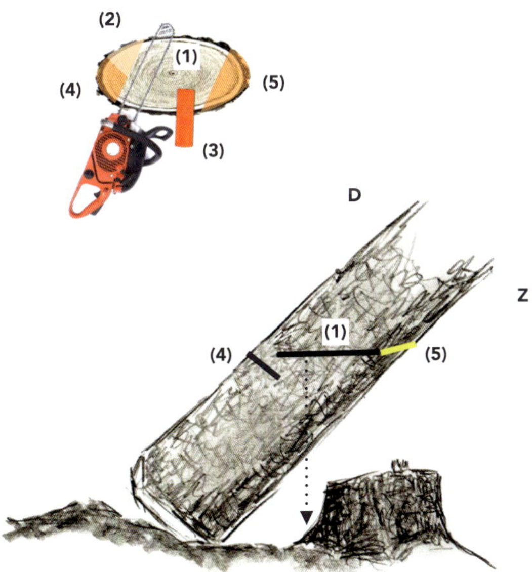

Absetzschnitt bei Bodenrammern. Alle Arbeitsschritte erfolgen ohne Positionswechsel des Motorsägenführers. Das Stützband auf der Zugholzseite wird zum Schluss mit langem Arm durchtrennt. Der Aufhänger rutscht über die Druckholzseite zu Boden.

Die Rutschbahn verhindert, dass sich der Stamm beim Abziehen in den Boden rammt. Sie kann aus einem gespaltenen dickeren Stammstück oder mehreren Stangen gebaut werden. Die Rutschbahn wird dort dicht an den Baumstumpf gelegt, wo man den Aufhänger hindrehen möchte. Das Seil möglichst weit unten am Stamm anbringen.

5.7. Sondersituationen

Sondersituationen stellen Fällungen bei Bäumen mit besonderen Eigenschaften oder an besonderen Wuchsorten dar.

5.7.1. Dürre Bäume, morsches Holz und Bäume mit Totholz in den Kronen

Seil-einsatz
Kapitel 4
S. 68 ff.

Gefahren-bereich
Kapitel 2
S. 21 f.

Totholzbäume sind abgestorbene Bäume. Bei ihnen besteht sehr häufig die große Gefahr, dass die Krone abbricht, tote Äste herunterfallen und, je nach Baumart und Zustand, die Bäume in sich selbst instabil, d.h. morsch, hohl oder angerissen sind. Bei der Fällung können sie frühzeitig abbrechen und ausscheren, nicht mehr gekeilt werden oder in eine ungewünschte Richtung fallen. Auch in ansonsten gesunden Bäumen kann, insbesondere im naturnah bewirtschafteten Laubmischwald, sehr viel Totholz in Form von abgestorbenen Äste in den Kronen hängen. Früher sprach man bei Kronentotholz von Witwenmachern – nicht ohne Grund.
Für das Fällen von reinen Totholz- und morschen Bäumen, hohlen und angerissenen Bäumen sowie Bäumen mit Totholzästen in den Kronen kommen – je nach Gefährdungssituation – verschiedene Fälltechniken in Frage.

Dünne Totholzbäume fällen
Dünne Totholzbäume (Schwachholzbereich) fällen, ist äußerst gefährlich, weil Baumkronen, Baumspitzen kahl gewordener Stämme („Spargel") oder morsche Äste leicht abbrechen und den Motorsägenführer erschlagen können. Spargelbäume werden am besten im Zwei-Mann-Arbeitsverfahren mit Seil und Ast- oder Fällhaken gefällt. Der Motorsägenführer baut das Seil per Haken und Schubstange in den toten Spargel bis in eine Stammhöhe von 5 m ein – im Idealfall steht er dabei mindestens 2,5 m abseits vom Stamm.
Nach dem Einbau verlässt der Motorsägenführer den inneren (mindestens 9 m) und ggf. auch den äußeren Gefahrenbereich (doppelte Baumlänge). Der zweite Mann steht ohnehin außerhalb dieser Bereiche und zieht auf Kommando des Motorsägenführers das Seil per Hand zuerst vorsichtig an und den Baum schließlich ruckartig um. Sollte der Baum nicht fallen oder die Spitze nicht abbrechen, kann der Motorsägenführer nach diesem Stabilitätstest den Baum per Regelfälltechnik fällen – dabei sehr vorsichtig keilen. Das Seil bleibt im Baum, so dass dieser bei Bedarf noch immer umgezogen werden kann. Auch kann ein dünner Totholzbaum am Seil per Seilzug oder Seilwinde umgezogen werden. Diese Herangehensweise ist besonders in dichten Beständen sinnvoll.

Tot, morsch, gefährlich: Abbrechende Kronen und Äste solcher Bäume können den Motorsägenführer leicht erschlagen – Witwen- und Witwermacher eben.

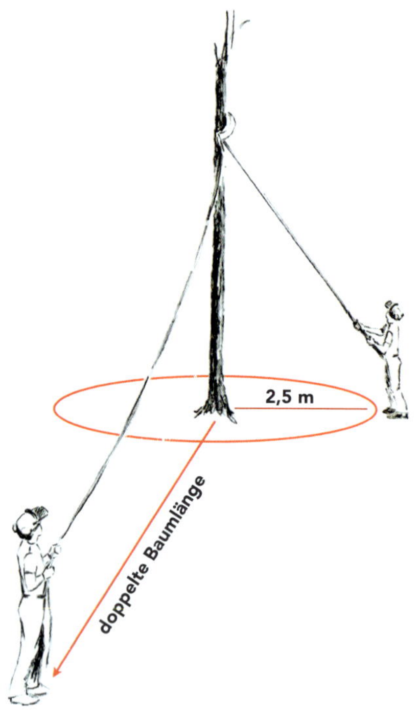

Fällen von Spargelbäumen im Zwei-Mann-Arbeitsverfahren mit Seil und Ast- oder Fällhaken. Der Einbau des Seils erfolgt idealerweise so, dass der Motorsägenführer einen Respektabstand von mindestens 2,5 m zum Stamm einnimmt und der zweite Arbeiter den Sicherheitsabstand "doppelte Baumlänge" einhält.

Abgetrocknete, dürre Bäume und „Pfähle" fällen
Abgetrocknete Bäume haben aufgrund des fehlenden Wassers im Stamm und in der Krone oft nicht ausreichend Schwungmasse, um umzukippen. Bei diesen Bäumen ist die Faserstruktur meistens zwar noch vollständig erhalten, aber die mangelnde Kronenlast des Baumes erschwert das Keilen und damit das Fällen des Baumes ungemein. Sind Totholzbäume in den Kronen anderer Bäume eingeklemmt, dann lassen sie sich ganz besonders schwer fällen. Zudem besitzen kleinkronige tote Bäume häufig einen geringen BHD, was meist zu einem Platzmangel für Keile im Fällschnitt führt.
Eine geeignete Fälltechnik ist die 50/50- oder Zweidrittel/Eindrittel-Technik. Bei der Zweidrittel/Eindrittel-Technik für den Fällschnitt zuerst die eine Seite der Stammwalze von hinten einschneiden und die Säge parallel zur Bruchleiste vorziehen **(1)**. Erst nach Setzen eines Sicherungskeils **(2)** erfolgt der Schnitt der zweiten Stammseite, bei dem alle Fasern im Fällschnittbereich durchtrennt werden müssen **(4)**. Daran anschließend sollte ein Nachsetzkeil gesetzt werden.
Trockene Bäume, im Übrigen auch hohe Baumstümpfe („Pfähle" bzw. Bäume mit abgebrochener Krone), können meistens leichter gekeilt werden, wenn die Bruchleiste mittig durchstochen wird (Brückenschnitt **(3)** oder Herzschnitt bei dickeren Stämmen) und dadurch die haltenden Fasern verringert werden.
Einfacher und kraftsparender lassen sich dürre Bäume und Pfähle jedoch mit mechanischen oder hydraulischen Fällhilfen fällen. Sie hebeln den Stamm über den eigenen Gewichtsschwerpunkt und bringen ihn so zu Fall.

Sind Kronen an- oder nicht ganz abgebrochen, müssen diese meistens per Seilwinde oder Seilzug zuerst abgezogen werden. Erst im Anschluss darf dann der hohe Baumstumpf bzw. Pfahl gefällt werden.

Herz-schnitt
Kapitel 5
S. 102

Brücken-schnitt
Kapitel 5
S. 123

Fällhilfen
Kapitel 4
S. 59 f.

BHD
Kapitel 7
S. 181

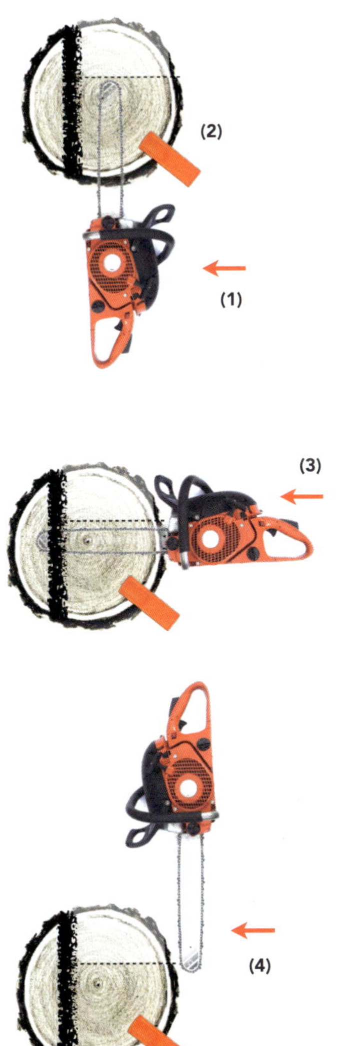

Oben: Pfahl im Wald. Ohne Krone fehlt Schwungmasse, was das Umkeilen erschwert.

Links: Zweidrittel/Eindrittel-Technik in Kombination mit dem Brückenschnitt (3) zum Fällen trockener Bäume und Pfähle. Der Brückenschnitt verringert die haltenden Fasern in der Bruchleiste. Bei dicken Bäumen kann alternativ zum Brückenschnitt die Herzschnitttechnik eingesetzt werden.

50/50-Technik
Kapitel 5
S. 93

Fällhilfen
Kapitel 4
S. 59 f.

Witwenmacher fällen

Beim normalen Einsatz von Keilen durchfährt den Baum bei jedem Schlag eine Vibration, die sich besonders in der Krone durch starkes, ruckartiges Schwingen der Äste zeigt. Hängt totes Holz lose in der Krone oder ist es nur noch schwach am Baum gebunden oder ist sogar die gesamte Baumspitze morsch oder angebrochen, so kann die Erschütterung durch den üblichen Keileinsatz bewirken, dass sich ein Ast löst und herunterfällt.

Bei Kronentotholz muss daher besonders vorsichtig mit langsamem Schlagrhythmus gekeilt werden, um die Vibrationen im Baum zu minimieren. Beim Einschlagen des Keils muss in die Baumkrone geblickt werden – das erschwert das Schlagen, vor allem aber das Erschlagenwerden.

Auch können während der Fällschnittanlage organisatorische Maßnahmen am Baum im inneren Gefahrenbereich getroffen werden, um das Unfallrisiko zu mindern. Wenn beispielsweise ein gefährlicher Totast auf der linken Seite des Baums in der Krone hängt, kann der Waldarbeiter bei Einsatz der 50/50-Technik beim zweiten Fällschnitt auf der ungefährlicheren rechten Baumseite stehen und schneiden. Löst sich der Ast dann aus der Baumkrone, trifft er nur den Boden.

Kommt Totholz in der Krone eines Baumes vor (oder sind Stämme morsch), können hydraulische oder mechanische Fällhilfen, die erschütterungsfrei arbeiten, zum Einsatz kommen. Hierzu zählen der hydraulische Fällheber (Stempelhub) und der mechanische oder hydraulische Schubkeil (Spindelkeil, hydraulischer Keil).

Besonders günstig ist der Einsatz eines Spindelkeils in Verbindung mit einem Schlagschrauber und dem Forstbandmaß (ValFast-Technik), da hier der Keilvorschub aus sicherer Entfernung erfolgen kann. Der Motorsägenführer befindet sich, während der Baum kippt und zu Boden fällt, außerhalb des inneren Gefahrenbereichs.

Gefahrenbereich
Kapitel 2
S. 21 f.

Oben: So können Witwenmacher aussehen – schwere, in großer Höhe senkrecht herabhängende Äste, die, wenn sie auf Köpfe fallen, tödlich treffen.

Unten: Spindelkeil in Kombination mit einem Akkuschlagschrauber. Der Spindelkeil wird über ein Maßband am Akkuschlagschrauber aus sicherer Entfernung (außerhalb des inneren Gefahrenbereichs) bedient – die ValFast-Technik.

Dickeres Totholz und morsches Holz fällen

Morsche, angerissene, hohle sowie trockene Bäume in dichten Beständen und stärkere Bäume mit gefährlichem Totholz in den Kronen müssen i.d.R. mit Seileinsatz in Kombination mit einer Regelfälltechnik gefällt werden; hier können wieder die 50/50-Fälltechnik oder die Stützbandtechnik mit positivem oder negativem Trennschnitt des Bandes angewendet werden.

Der Motorsägenführer baut das Seil möglichst im zweiten Drittel der Baumhöhe ein und bereitet den Winden- oder Seilzugeinsatz vor. Mit einem Regelfallkerb und der Stützbandtechnik wird der Baum präpariert. Bruchleiste und Stützband mit einem Stechschnitt ausformen.

Bei Einbau des Seils im zweiten Drittel der Baumhöhe ist die Bruchstufe positiv anzulegen. Keile werden auf beiden Seiten neben dem Stützband vorsichtig eingeschlagen.

Jetzt das Stützband 3 bis 15 cm oberhalb des Fällschnitts durchtrennen. Je dicker der Baum, desto höher erfolgt der Schnitt ins Stützband – bei hohlen Bäumen grundsätzlich mit 15 cm Abstand. Der Trennschnitt des Bandes muss den Fällschnitt ein paar Zentimeter überlappen, dann sind die Holzfasern der Stammwalze im Überlappungsbereich vollständig durchtrennt. Gefahrenbereich verlassen. Der Motorsägenführer (!) gibt das Signal zum Umziehen des Baumes. Wird der Baum jetzt mit dem Seil gezogen, scheren die Längsfasern im Überlappungsbereich ab und der Baum fällt in Fällrichtung um.

Besteht der Verdacht, dass ein Stamm im Kernholzbereich morsch oder hohl ist, so kann der Fallkerb in bis zu 1 m Höhe über dem Boden angelegt werden, um möglichst viel intaktes Holz in der Bruchleiste zu haben. Aus demselben Grund sollte die Bruchleiste zusätzlich verbreitert (maximal verdoppelt) werden.

Es muss in jedem Fall ein Sicherungskeil gesetzt werden. Ist die Fäule im Inneren des Baumes fortgeschritten, so haben Nachsetzkeile keine Wirkung, da sie nur im Splintholzbereich aufliegen. Der Splint ist, anders als intaktes Kernholz, feucht und weniger fest; hier wirken dann durch den Keil auf kleiner Fläche zu starke Kräfte im Holz. Er hebt folglich nicht den Stamm, sondern drückt in der Senkrechten lediglich ins Splintholz. Als zusätzliche Sicherheit bei hohlen und angerissenen Bäumen kann eine Stammpresse eingesetzt werden. Die Stammpresse verhindert zum einen das Aufreißen oder Aufplatzen des Stammes, zum anderen ein Einklemmen der Schiene beim Sägen.

Seileinsatz
Kapitel 4
S. 68 ff.

50/50-Technik
Kapitel 5
S. 93

Stützband
Kapitel 5
S. 92

Stammpresse
Kapitel 4
S. 67

Splintholz
Kapitel 6
S. 170 f.

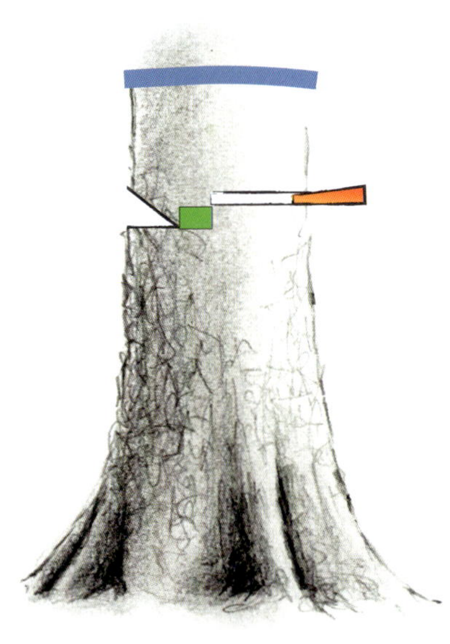

Links oben: Baumstumpf einer hohlen Fichte (Stockbild).
Links unten: Stockbild nach Einsatz von Seil und Stützbandtechnik mit positivem Trennschnitt bei einer toten Birke.
Rechts: Besteht der Verdacht, dass ein Stamm im Kernholzbereich morsch oder hohl ist, so kann der Fallkerb in bis zu 1 m Höhe über dem Boden angelegt werden, um möglichst viel intaktes Holz in der Bruchleiste zu haben. Die Bruchleiste sollte verbreitert (maximal verdoppelt) werden. Zusätzliche Sicherheit bei hohlen und angerissenen Bäumen bietet eine Stammpresse.

5.7.2. Echte und unechte Zwiesel

Zwiesel und andere Mehrstämmlinge sind Bäume, die mindestens zwei Hauptstammverzweigungen an einem Baum aufweisen (echter Zwiesel, Gabelungszwiesel als V- oder U-förmiger Zwiesel) oder in Bodennähe aus mindestens zwei Bäumen bestehen, die ineinander gewachsen und quasi zu einem Baum geworden sind (unechter Zwiesel, Waldbraut und Waldbräutigam, Verwachsungszwiesel).
Das Hauptunterscheidungskriterium stellt die Markröhre dar: Gabelungszwiesel weisen nur eine, Verwachsungszwiesel mindestens zwei Markröhren auf. Nach der Höhe der beginnenden Verwachsung bzw. Verzweigung unterscheidet man Hoch- und Tiefzwiesel. Zwiesel stellen häufig eine besondere Fällungssituation dar.

Tiefzwiesel fällen

Unechte Tiefzwiesel muss man i.d.R. als einzelne Bäume fällen, weil die Fasern der zwei und mehr Stämme keine gemeinsame Einheit ausbilden und oft Baumneigungen in unterschiedliche Richtungen aufweisen. Die einzelnen Stämme werden i.d.R. nacheinander gefällt, beginnend beim schwächsten.
Viele unechte Tiefzwiesel lassen sich ohne weiteren Einsatz von Fällhilfen (d.h. insbesondere ohne Seil) fällen, vor allem, wenn sie fast keinen Kontakt zum Partnerbaum haben und die Äste beider Kronen nicht ineinander verhakt sind. Dann ist ausreichend Platz für die Anwendung geeigneter Fälltechniken vorhanden. Der erste Tiefzwiesel, i.d.R. der schlankere (Waldbraut) wird zu der dem Waldbräutigam entgegengesetzten Richtung oder zur Seite hin gefällt. Der zweite, i.d.R. dickere Baum (Waldbräutigam) wird im Anschluss als normaler Einzelbaum mit entsprechender Fälltechnik, meistens als Vorhängerbaum, gefällt.
Sind die Stämme miteinander verwachsen oder mit den Ästen in den Kronen ineinander verhakt, kann die Waldbraut meist nicht als normaler Baum gefällt werden. Bei verwachsenen V-Tiefzwieseln, die weit nach oben hin in den Stämmen eine Einheit bilden, ist es mitunter notwendig, die Fällung höher am Stamm anzulegen. Um eine Fällung hoch am Stamm durchführen zu können (bis in 2 m Höhe über dem Boden), kann man die Standhöhe bis maximal 1 m erhöhen. Am einfachsten ist hier zwar der Einsatz eines Springboards – insbesondere im steilen Hang. Es muss aber gewährleistet sein, dass man 1. arbeiten kann, ohne auszugleiten oder abzustürzen, und 2. diesen Arbeitsplatz bei Gefahren rasch und sicher zu verlassen vermag. Bei einer negativen Gefährdungsbeurteilung darf das Springboard nicht eingesetzt werden.
Das Springboard ist ein stabiles Brett, das mit seiner Stahlnoppenseite in eine Kerbe im Stamm eingesetzt wird. Es dient dem Motorsägenführer als Standfläche. Die Kerbe wird i.d.R. mit der Motorsäge geschnitten.

Ein gebrochener V-Zwiesel. Zwiesel können nach hinten fallen und den Motorsägenführer gefährlich verletzen.

Unechter Tiefzwiesel, wo man die innige Verbindung zwischen Waldbraut (schlankerer Stamm) und Waldbräutigam (dickerer Stamm) schön sehen kann. Die Stämme des unechten Zwiesels werden i.d.R. als einzelne Bäume gefällt, beginnend mit dem schwächeren. Je nach Wuchssituation Faserverlauf im Stamm prüfen!

Alternativ kann aufwendig ein Gerüst aufgebaut werden. Falls die Stämmlinge auf mehr als 2 m Höhe miteinander verwachsen sind, sollte in jedem Fall ein ausgebildetes Seilklettertechniker-Team (SKT-B-Schein) die Waldbraut fällen.
Achtung! In diesen besonders gefährlichen Arbeitstechniken muss man aus- bzw. weitergebildet sein.

Die sicherste Fälltechnik für unechte Tiefzwiesel ist meistens der Seileinsatz in Kombination mit einem Stütz- oder Halteband, das negativ oder positiv durchtrennt wird. Keile setzen während des Fällschnitts nicht vergessen, auch wenn die einzelnen Bäume i.d.R. Vorhängereigenschaften besitzen. Den Gefahrenbereich verlassen und den Baum mit Seilzug oder Seilwinde umziehen. Diese Fälltechnik in Kombination mit dem Seil ist außerdem ratsam, weil bei unechten Zwieseln oft Äste der Kronen ineinander verhakt sind. Der zweite Baum wird dann, nachdem auch der höhere Stumpf des ersten Zwieselstämmlings gefällt wurde, i.d.R. als Vor- oder Seitenhänger gefällt.
Der verbliebene Stumpf einer Waldbraut kann eine Höhe von bis zu 2 m aufweisen. Ihn kann man auf verschiedene Arten beseitigen, um dann ausreichend Platz zur Fällung des Waldbräutigams zu haben:

- Die einfachste Möglichkeit besteht darin, ihn von oben stückweise ("Holzrollen" abschneiden) unter Zuhilfenahme des noch bestehenden Springboards oder Podestes abzutragen.
- Wenn die Ehebäume nicht zu eng aneinandergewachsen sind, dann lässt sich der Stumpf der Waldbraut i.d.R. wie ein Pfahl seitlich wegfällen.
- Bilden die Stämmlinge eine Art verwachsene Einheit, kann meist ein Überlappungsschnitt in Kombination mit einem Seil eingesetzt werden. Dazu am Stumpfende das Zugseil einbringen **(1)**. In Bodennähe werden zwei 10 bis 15 cm überlappende Trennschnitte angelegt **(2 und 3)**. Der untere Schnitt erfolgt zuerst **(2)**; er liegt auf der Seilzugseite. Zum Schluss wird der Stamm mit dem Seil über die entstehende Holzstufe abgezogen.

Manche miteinander verwachsenen Tiefzwiesel können jedoch auch einfach gleichzeitig gefällt werden. Dann wird der Zwiesel quasi als **ein** Baum, häufig per Seilunterstützung, gefällt. Das ist meist der Fall, wenn es sich um nur zwei Stämmlinge handelt und ausreichend Platz in der Baumumgebung zur Fällung zur Verfügung steht.
Als Fälltechnik eignet sich die Stützbandtechnik mit unter- oder überschnittenem Stützband. Bei der Fällung ist darauf zu achten, dass beide Stämmlinge mit dem Seil zusammengebunden werden, und dass die Schienenlänge der Motorsäge ausreichend lang ist (beide Baumdurchmesser ≤ nutzbare Schienenlänge).

Seil-einsatz
Kapitel 4
S. 68 ff.

Pfahl fällen
Kapitel 5
S. 131

Stützband
Kapitel 5
S. 92

Fällung eines unechten Tiefzwiesels unter Zuhilfenahme des Springboards. Das Springboard kann bis zu einer Höhe von 1 m eingesetzt werden.

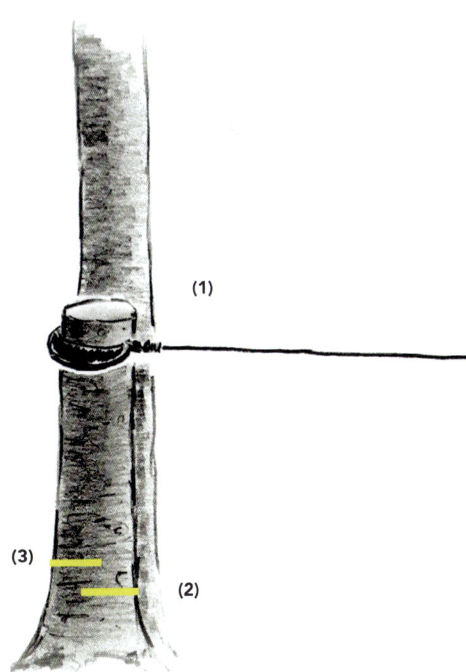

Abtrennen des hohen Stumpfs der Waldbraut mit einem Überlappungsschnitt und Seileinsatz.

Herz-
schnitt

Kapitel 5
S. 102

Seil-
einsatz

Kapitel 4
S. 68 ff.

Hochzwiesel fällen

V-Hochzwiesel zu fällen, ist gefährlich, da einer der Stämmlinge bereits während der Fällung aus der Gabelung brechen kann. Der Motorsägenführer muss bei der Gefährdungsbeurteilung vor allem darauf achten, eine geeignete Fällrichtung auszusuchen. Der Hochzwiesel sollte aus Gründen der Arbeitssicherheit möglichst so auf den Boden auftreffen, dass beide Stämmlinge (bei V- und U-Zwieselbäumen) gleichzeitig den Boden berühren. Dies ist auch wichtig für den Erhalt des Wertholzes – der Wertholzstamm unterhalb der Gabelung würde ansonsten nämlich in Längsrichtung aufgespalten werden.

Zusätzlich zu den üblichen hohen Spannungen durch den Zwieselwuchs ist bei Seileinsatz, bei gefrorenem Holz und bei bestimmten Holzarten (z.B. Esche) die Gefahr des Aufsplitterns besonders groß. Um die hohen Spannungen abzubauen, kann bei ausreichend starker Stammdimensionierung (ab mittelstarkem Holz) ein Herzschnitt zur Entlastung, vor allem bei Wertholz (Laubholz), erfolgen. Bei der Fällung von mittelstarken bis starken Hochzwieselbäumen empfiehlt sich ein Einsatz der Stammpresse.

Wird ein gefährlicher V-Hochzwieselbaum per Seil umgezogen, sollte das Seil genügend weit oberhalb der Gabelung angebracht und sämtliche Zwieselstämmlinge zusammengebunden werden.

Wenn ein Hochzwiesel an- oder abgebrochen ist, aber noch an der Gabelung des Hauptstamms hängt, bringt man im gebrochenen Stämmling bzw. in dessen Kronenbereich ein Seil ein und zieht ihn, außerhalb des Gefahrenbereichs stehend, mit einer Seilwinde vom Baumstamm ab. Den verbliebenen Zwilling fällt man dann mit einer situationsangepassten Technik (z.B. Regelfälltechnik).

Links: V-Hochzwiesel, der per Seil umgezogen werden soll. Das Seil sollte oberhalb der Gabelung eingebracht und sämtliche Stämmlinge zusammengebunden werden. Zwiesel stehen unter starker Spannung und reißen schnell auf.

Rechts: U-Hochzwiesel. Die Fällrichtung sollte so angelegt werden, dass beide Stämmlinge – auch bei V-Hochzwieseln – gleichzeitig auf den Boden auftreffen.

5.7.3. Fällung bei schrägem Faserverlauf

Schräge Faserverläufe findet man im Wurzelanlaufbereich, in abholzig gewachsenen Bäumen (häufig Solitäre), bei in sich selbst gedrehten Stämmen oder bei Bäumen mit einer Neigung, also Vor-, Seiten- und Rückhängerbäumen. Bei schrägem Faserverlauf im Fallkerb kann eine negative Fallkerbe, eine offene Fallkerbe oder ein klassischer Fallkerb mit Würzenschnitt (v.a. bei Bäumen > 35 cm BHD) eingesetzt werden. Wichtig ist, dass die Sohle des negativen und des offenen Fallkerbs sowie der Würzenschnitt mit der Holzfaser nahezu parallel verlaufen. Der Fällschnitt wird entsprechend der Baumsituation durchgeführt.

Bei der Gefährdungsbeurteilung ist es sinnvoll, bei Verdacht auf schrägen Faserverlauf im Holz zunächst einen Richtungsschnitt anzulegen, um den Faserverlauf mit Hilfe eines Nagels (z.B. dem Dorn des Maßbandes) festzustellen. An der angeschnittenen Holzseite wird dazu der Nagel im Bruchleistenbereich etwas ins Holz gedrückt und vertikal nach oben gezogen. Der Nagel verläuft dann meist mit der Faser und zeichnet diese im Holz ab. Den Faserverlauf im Bruchleistenbereich kann man auch anhand des herausgeschnittenen Fallkerbs feststellen. Dazu den Kerb mit der Axt oder dem Spalthammer durchhacken. Der Faserverlauf ist im gespaltenen Fallkerbholz gut zu sehen.

abholzig
Kapitel 6
S. 170

Würzenschnitt
Kapitel 5
S. 116

Fallkerben
Kapitel 5
S. 85

Oben: Bäume mit schrägem Faserverlauf, der linke Stamm mit starkem Drehwuchs ist zusätzlich innen hohl. Fällung mit breitem Halteband möglich. Rechts: Echter Tiefzwiesel, Fällung als zwei getrennte Bäume. Die erste Fallkerbe in ca. 1,20 m Höhe beim rechten Stämmling anbringen.
Unten links: Prüfung des Faserverlaufs mit dem Dorn des Maßbandes in der Bruchleiste. Drückt man ihn leicht ins Holz und zieht nach oben, folgt er dem Faserverlauf.
Unten Mitte: Zur Prüfung des Faserverlaufs kann man auch den Keil des Fallkerbs verwenden. Hackt man ihn in der Mitte durch, lassen sich die Fasern gut sehen (im Bild unten rechts zur Verdeutlichung mit ein wenig Waldboden "eingefärbt").

Halteband-Technik
Kapitel 5
S. 92, 121

5.7.4. Bäume im Hang

Die Gewichtsverteilungen der Kronen von Nadel- und Laubbäumen in steileren Hanglagen sind unterschiedlich. Der natürliche Wuchs der Nadelbäume ist meist lotrecht bis leicht hangaufwärts geneigt. Die Kronen von Laubbäumen bilden sich indes stärker hangabwärts aus. Sie besitzen insgesamt häufig eine Neigung zum Tal hin. Diese Wuchsunterschiede bei den beiden Baumartengruppen muss man kennen, denn im Hanggelände können die Baumneigungen oft nicht gut erkannt werden. Es besteht die Gefahr, dass die Bäume, je nach beabsichtigter Fällungsrichtung, Vor-, Rück- und Seitenhängereigenschaften aufweisen.

Sicherheitsfälltechnik
Kapitel 5
S. 90 ff.

50/50-Technik
Kapitel 5
S. 93

Fällhilfen
Kapitel 4
S. 59 f.

Bei Bäumen im Hang kommen grundsätzlich sämtliche Fällungstechniken (auch in Kombination) für Bäume mit Neigungen zur Anwendung. Bewährt haben sich für die meisten Fällungen bei beiden Baumartengruppen die Sicherheits- und 50/50-Fälltechnik. Hangbäume können besonders gut unter Einsatz technischer Fällhilfen (hydraulische bzw. mechanische Fällhilfen) gefällt werden.
Hangbäume sollten möglichst bergauf, schräg in den Hang oder hangparallel gefällt werden. Bei der Fällung hangabwärts bekommen die Bäume durch den größeren Fallweg eine zusätzliche und dann auch gerne gefährliche Beschleunigung, weshalb eine Fällung talwärts vermieden werden sollte. Falls eine Bergabfällung unumgänglich ist, sollte der Baum entsprechend seiner Neigung entweder mit Halte- oder mit Stützband gefällt werden.
Bergabfällungen sollten mit einem negativ ausgeformten Fallkerb durchgeführt werden, damit der Stamm beim Fall nicht zusätzlich über die äußere Sohlenkante beschleunigt wird („Kick über die Kante"). Bäume können gegen Abrutschen oder Abrollen per Seil gesichert werden. Der Stamm wird hier mit einem Seil am Stock desselben Baums oder an einem Nachbarbaum gesichert, damit er nicht im Hang abrutscht. Auch dünnere Bäume können mit einer möglichst weit geöffneten Fallkerbe (offener Fallkerb) gefällt werden. Dadurch reißt der gefällte dünne Baum spät oder gar nicht von der Bruchleiste ab – und gerät weniger ins Rutschen.
Ein weiteres Problem bei Hangbaumfällungen kann auftreten, wenn die Bäume keine ausreichend stabile Verwurzelung im Boden besitzen. Dieses Phänomen besteht vor allem bei kleinkronigen und hohen Bäumen, die zugleich nur einen kleinen Wurzelbereich im Boden einnehmen. Das ist insbesondere der Fall bei hohen Bäumen auf Decklehmen und Hangschuttböden. Dort tritt unzureichende Verwurzelung aufgrund des sogenannten Hang- bzw. Bodenfließens häufiger im unteren Hangabschnitt auf, wenn die Lockergesteinsböden über festen Gesteinen liegen. Die Wurzeln der Bäume vermögen oft nicht im Festgestein zu wurzeln, und die Bäume schwimmen dann regelrecht in der lockeren Gesteinsschicht (siehe Bild nächste Seite).
Wird in einer solchen Situation ein Baum gefällt und streift einen Nachbarbaum, kann dieser mitgerissen werden und mit umfallen oder sich in einem dritten Baum aufhängen. Auch um solche lebensgefährlichen Effekte zu vermeiden, sollte bergauf gefällt werden: Fallweg und Hebelwirkung des planmäßig fallenden Baumes sind geringer und damit auch die Schäden an Nachbarbäumen.

Die Fällung von Bäumen im nicht befahrbaren Hang sollte entweder hangparallel oder schräg zum Hang erfolgen, wobei Baumstümpfe oder Seileinsatz das Abrutschen im Hang verhindern können.

5.7.5. Laubholzfällungen und Bäume mit unklarer Gewichtsverteilung

Starkes Laubholz ist meist Wertholz und eine fachgerechte Arbeitstechnik erhält dessen Wert. Häufig besitzen stark dimensionierte und vor allem hoch gewachsene Laubbäume auch große, schwere Kronen mit unklarer Gewichtsverteilung. Bei Bäumen mit diesen Eigenschaften treten i.d.R. hohe Beschleunigung und damit auch hohe Hebelkräfte beim Fall auf, was Konsequenzen für die Baumfällung hat. Aufgrund des hohen Kronengewichtes weisen besonders Laubbäume während des Falls innerhalb des Stamms häufig unterschiedlich starke Druck- und Zugholzspannungen auf – vor allem in der Vegetationszeit durch die Blattmasse. Bei ihnen besteht grundsätzlich die Gefahr, dass sie im unteren Stammbereich in Längsrichtung aufplatzen und in der Folge den Waldarbeiter sehr gefährlich verletzen.
Damit der Stamm nicht aufreißt, können die Sicherheits- sowie die 50/50-Technik eingesetzt werden. Ein Herzschnitt hilft, die Holzspannungen innerhalb der Bruchleiste zu mindern. Als technische Maßnahme kann im Laubstarkholz zusätzlich die Stammpresse eingesetzt werden, um das (plötzliche) Aufplatzen des Stamms zu verhindern.

1. Fällschnitt mit Stützband
Bei normal gewachsenen Bäumen ist die Fällung mit Stützband (Sicherheitsfälltechnik) zu empfehlen. Dabei wird der Fällschnitt nicht durchgehend ausgeführt, sondern auf der Fällschnittseite ein Teil der Zugzone belassen. Das ermöglicht es, die Bruchleiste in Ruhe auszuformen, und verhindert, dass der Baum vorzeitig oder ungewollt in Bewegung gerät. Erst wenn der Fällschnitt ausgeführt und die Keile gesetzt sind, wird das Stützband von außen waagrecht in der Fällschnittebene durchtrennt. Bei eindeutigen Vorhängern wird das Stützband zum Halteband. Dieses wird zum Schluss mit langem Arm von oben schräg durchtrennt.

2. Splintschnitte schneiden, um den Stamm vor dem Aufreißen an den Bruchleistenenden zu bewahren.

3. Herzschnitt
Der Herzschnitt verringert die Gefahr, dass der Stamm aus der Mitte heraus in Längsrichtung aufreißt. Er ist auch bei sehr starken Bäumen erforderlich, um alle Holzfasern im Stammzentrum zu durchtrennen.

Laubbäume sollten vor der Vegetationszeit in der Vegetationsruhe (Anfang Oktober bis Ende Februar) eingeschlagen werden, also nach dem Laubfall. In dieser blattlosen Zeit sind die Baumkronen einsehbar und können somit besser beurteilt werden; gefährliche Trocken- und Totäste werden leichter erkannt. Ihr Kronengewicht ist wesentlich geringer und sie besitzen dadurch geringere Hebel- und Beschleunigungskräfte beim Fallen. Bei belaubten Bäumen können die Blätter außerdem wie ein Segel wirken, so dass der Baum beim Fallen regelrecht flattert und geringfügig in eine ungewünschte Richtung getragen wird.
Gerne sind im Laubholz auch Kronen oder Einzeläste benachbarter Bäume miteinander verhakt. In solchen Situationen ist zusätzlich mit Seil zu fällen.
Bei asymmetrischer (sympodialer) Verzweigung und belaubt kann der Laubbaum eher schlecht von anderen Bäumen ableiten – deswegen vorsorglich Wende- und Abzugwerkzeug dabeihaben.

Baumkronen
Kapitel 6
S. 166 f.

Herzschnitt
Kapitel 5
S. 102

Seileinsatz
Kapitel 4
S. 68 ff.

Stützband-Technik
Kapitel 5
S. 90 ff.

Aufhänger beseitigen
Kapitel 5
S. 122 ff.

Noch zu Bäumen im Hang: Bäume streben nach einer starken Verankerung im Boden und nach dem Licht. Wenn der Boden "fließt", ist die Verankerung vermindert, gleichzeitig richtet sich der Baum aber immer wieder neu nach dem Licht aus und zeigt dann einen schlangenförmigen Wuchs. In solchen Hanglagen kann ein Baum bei der Fällung Nachbarbäume mitreißen.

5.7.6. Fällungen von Bäumen mit Einwachsungen von Fremdkörpern

„Oooh, Mist!"; da ist es geschehen und die Kette ist plötzlich stumpf. Ursache: Fremdkörper, die in Bäume eingewachsen sind, wie z.B. Steine, Stacheldraht, Zäune, Granatsplitter, Stangen oder Schilder. Das A und O ist auch hier Wissen – über das Erkennen von Fremdkörpern im Holz, die Gefährdungsbeurteilung, die Fremdkörpereigenschaften sowie Schmirgelschichten auf der Rinde. Leider lassen sich aber nicht bei jedem Baum Einwachsungen von Fremdkörpern anhand der Gefährdungsbeurteilung (vor allem bei der Begutachtung der Rinde) erkennen; das ist dann letztlich Pech für den Motorsägenführer.
Bei sogenanntem Splitterverdacht bei (hierzulande nun recht alten) Bäumen kommen Granatsplitter aus den Weltkriegen im Holz vor. Für den Waldarbeiter sind diese Granatsplitter bei der Fällung meist weniger bedeutsam, denn die Splitter durchdrangen das Holz zum allergrößten Teil in Brust- bis Augenhöhe und bis zu 5 m Höhe darüber. Im untersten Stammbereich, da wo Fallkerb und Fällschnitt angelegt werden, kommen also weniger Granatsplitter vor. Wenn nun jedoch im Holz eine abnormale Verfärbung (bläulich, schwarz, grau) auftritt, können folgende Vorsichtsmaßnahmen häufig helfen: Man sollte in jedem Fall mit geringer Kettengeschwindigkeit arbeiten und vorsichtig Gas geben. Sind die lokalen Verfärbungen extrem, dann kann der Fallkerb erneut, in gleicher Fällrichtung, etwas höher angelegt werden, um dem Granatsplitter zu entgehen. Trifft die Kette allerdings den Fremdkörper, so sind die Schäden meist nicht nur an der Kette, sondern auch an der Schiene gravierend.

Im Stammfußbereich von Straßenbäumen findet man sehr häufig Steine und schmirgelnde Sandschichten durch den Schneeschub von der Straße. Meist haften sie zwar nur am Stamm an oder kommen im Moos der Bäume im Stammfußbereich vor, sie wachsen jedoch auch als Fremdkörper in grober Rinde und den Stamm ein. Im Normalfall reicht es, wenn der Stammfuß bei Bäumen mit der Schneide einer Axt oder mit einer Drahtbürste gesäubert wird. Besteht in einem Gebiet der Verdacht von gehäuften Steineinwachsungen in die Rinde, so sollte der Fallkerb etwas höher am Stamm angelegt werden (bis 1 m höher), um aus der bodennahen Schmutzzone zu gelangen. In der Folge verbleibt der störende hohe Stumpf am Straßenrand, der aber z.B. mit Hilfe einer Stammfräse zerkleinert und beseitigt werden kann. Reicht das höhere Fällen am Stamm nicht aus, so muss mit langsamer Kette geschnitten und womöglich die Kette einer ohnehin stumpfen Säge im Holz quälend missbraucht werden. Natürlich könnte der Baum auch mit einer teuren, gehärteten Kette (Hartmetallsägekette) gefällt werden, deren Standzeit wesentlich länger ist als die üblicher Ketten. Das lohnt sich aber nur, wenn wirklich häufig eingewachsene Steinchen in den Stämmen vorkommen.

Links: In den Stamm eingewachsene Fremdkörper kann man manchmal schon an Rindenveränderungen erkennen. Hier typisches Bild einer Verletzung durch Granatsplitter bei einer Buche im Niederrheinischen.
Rechts: Manchmal zeigt sich ein Fremdkörper erst bei der Fällung. Nicht nur ist das Aufeinandertreffen von Metall auf Metall gut zu hören und zu fühlen, sondern im Stamm eingewachsene Metalle führen zu deutlich sichtbaren Holzverfärbungen – hier bei einer Eiche.

5.7.7. Bäume bei Schnee und Frost fällen

Schnee und Temperaturen unter 0° Celsius besitzen einen gefährlichen Einfluss auf Baumfällarbeiten. Es sollte möglichst die Sicherheitsfälltechnik angewandt werden. Mit Hilfe dieser Fälltechnik werden verdeckt auftretende Holzspannungen entlastet, der Motorsägenführer entscheidet, wann der Baum – und damit auch ein Schneebehang – zu Boden fällt, und es kann i.d.R. zielgerichteter gefällt werden (es treten allgemein weniger Aufhängerbäume auf). Im mittelstarken und starken Holz ist es außerdem ratsam, die Bruchleiste unmittelbar nach der Fallkerbanlage von vorne zu durchstechen (Herzschnitttechnik). Dadurch werden Holzspannungen im Stamm reduziert. Um die Gefahr des Aufplatzens des Stamms zu reduzieren, kann außerdem eine Stammpresse eingesetzt werden.

5.7.8. Seilunterstützte Fällung

Fällarbeiten mit einem Zugseil erleichtern die Waldarbeit wesentlich. Die seilunterstützte Baumfällung kommt bei folgenden Fällsituationen häufig zum Einsatz:

- Lotrecht stehendes Laubstarkholz in strukturreichen Waldbeständen (hier können Gefahren in den Kronen und in der Umgebung schlecht ermittelt werden, da z.B. die Kronen, in denen sehr häufig Totholz vorkommt, schlecht einsehbar sind),
- Bäume mit Rückhang (Fällungen sind i.d.R. bei starken Rückhängern bis 10° gut möglich),
- Bäume mit Seitenhang (Fällungen sind i.d.R. bis ca. 8° Seitenneigung seilunterstützt möglich [Lothöhe geteilt durch sieben = Seitenhangdistanz; entspricht 8,13° Seitenneigung]; auf Baumart und Kronengewicht achten),
- kranke und morsche Bäume,
- hohle und (an-)gerissene oder stark abholzige Baumstämme oder gefährliche Zwieselbäume,
- Aufhängerbäume,
- vom Sturm geworfene oder gebrochene Bäume,
- Objekte (z.B. ein Haus) sollen bei der Fällung geschützt werden oder gefährliche Objekte in der näheren Umgebung (z.B. Überlandstromleitung) dürfen nicht von fallenden Bäumen berührt werden.

Für diese verschiedenen Fällsituationen (vgl. seilunterstützte Fällsituationen in Kapitel 5) sowie aufgrund der örtlichen Gegebenheiten (u.a. Platzverhältnisse, Verankerungsmöglichkeiten an zur Verfügung stehenden anderen Bäumen) kommen im Allgemeinen drei Grundvarianten von Aufstellungen des Seilzuggerätesystems (Seilzuggerät, Seil, Anschlagmittel) zum Einsatz:

- Fällung im direkten Zug,
- Fällung mit umgelenktem Zug (indirekter Zug),
- Seileinsatz im Objektschutz (Fixierung ohne Zug oder mit aktivem Zug am Seil).

Diese drei Grundvarianten von Aufstellungen des Seilzuggerätesystems können bzw. müssen zum Teil weiter abgeändert werden. Abänderungen im System sind dann erforderlich, wenn zum Beispiel die Windenzugkraft im System durch den Einbau einer losen Rolle (Flaschenzugprinzip) verstärkt werden muss oder wenn die Gegenzugkraft an einem Ankerbaum allein nicht ausreicht und deshalb auf zwei Ankerbäume verteilt wird.

Sicherheitsfälltechnik
Kapitel 5
S. 90 ff.

Baumeigenschaften
Kapitel 6
S. 165

Herzschnitt
Kapitel 5
S. 102

Stammpresse
Kapitel 4
S. 67

Seileinsatz
Kapitel 4
S. 68 ff.

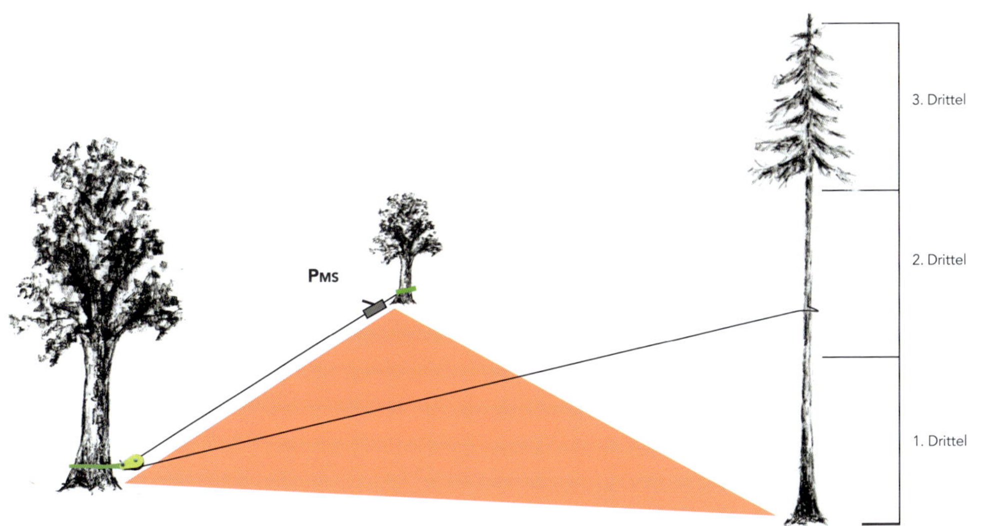

Seilzugunterstützte Fällung mit umgelenktem Zug: Anschlag des Seils im zweiten Drittel des zu fällenden Baumes; dort liegt i.d.R. sein Schwerpunkt.
Die Entfernung vom Ankerpunkt (mit Umlenkrolle) zum Stammfuß des zu fällenden Baumes sollte mindestens der doppelten Seilanschlaghöhe entsprechen. Der Seilzug wird an einem zweiten geeigneten Ankerbaum befestigt.

Seil-einsatz

Kapitel 4
S. 68 ff.

Calm-bacher Tabelle

Kapitel 4
S. 69

Bei den drei oben dargestellten Grundaufstellungen sollte auch auf einen geeigneten Seilanstellwinkel geachtet werden. Als Faustformel für die minimale Seilentfernung vom Ankerpunkt zum Stammfuß des zu fällenden Baumes gilt: Die Seilentfernung sollte mindestens doppelt so lang sein, wie die Höhe des eingebauten Seils im Baum. Diese Faustformel bringt u.a. zum Ausdruck, dass der Zugkraftverlust der Winde auf maximal 10 % begrenzt wird.
Große Relevanz für die sichere seilunterstützte Baumfällung besitzt vor allem auch die Einbauhöhe des Seils in den Baum (= Anhängepunkt des Seils im Baum). Durch sie wird festgelegt, welche Zugkraft erforderlich wird und welche Fällschnitttechnik angewendet werden muss. Die Einbauhöhe gibt den Zugpunkt am Baum an. Dieser Zugpunkt kann unterhalb oder oberhalb des Baumschwerpunktes sein oder sich auch genau im Bereich des Lageschwerpunktes des Baumes befinden. Wird das Seil über dem eigenen Schwerpunkt des Baumes angeschlagen, dann wird der Baum während der Fällung sicher an der Bruchleiste geführt, da sich die Hauptmasse des Baums unterhalb des Anhängepunktes befindet. Befindet sich der Anhängepunkt jedoch näher an der Bruchleiste des Baumes, dann reduziert sich dieser Krafthebel mit zunehmender Nähe zur Bruchleiste immer weiter, so dass im Umkehrschluss die Zugkraft (wesentlich) zunehmen muss. Außerdem besteht bei einem niedrigen Anhängepunkt (unterhalb des Schwerpunktes des Baumes) die Gefahr, dass die Bruchleiste durch das Baumgewicht abreißt – vor allem bei Stammfäule und bei nicht ausreichender Ausformung von Bruchleiste und (negativ angelegter) Bruchstufe.
Als Faustformel für die Ermittlung der Lage des Gewichtsschwerpunktes eines Baumes kann folgendes gelten: Der Schwerpunkt des Baumes befindet sich im zweiten (mittleren) Baumdrittel.

Im Objektschutz kann es erforderlich werden, den Abstand zum Ankerbaum zu verringern und damit einen steilen Anstellwinkel des Seils hinzunehmen. Ein steiler Seilanstellwinkel bewirkt, dass die Zugkraft mitunter stark reduziert wird. Das muss bei der Arbeitsplanung in jedem Fall berücksichtigt werden. Außerdem ist auf eine sorgfältige Auswahl des Umlenkankerbaums zu achten. Die Seilverbindung zwischen Ankerbaum und zu fällendem Baum muss einen ungehinderten Halbkreis schlagen können.

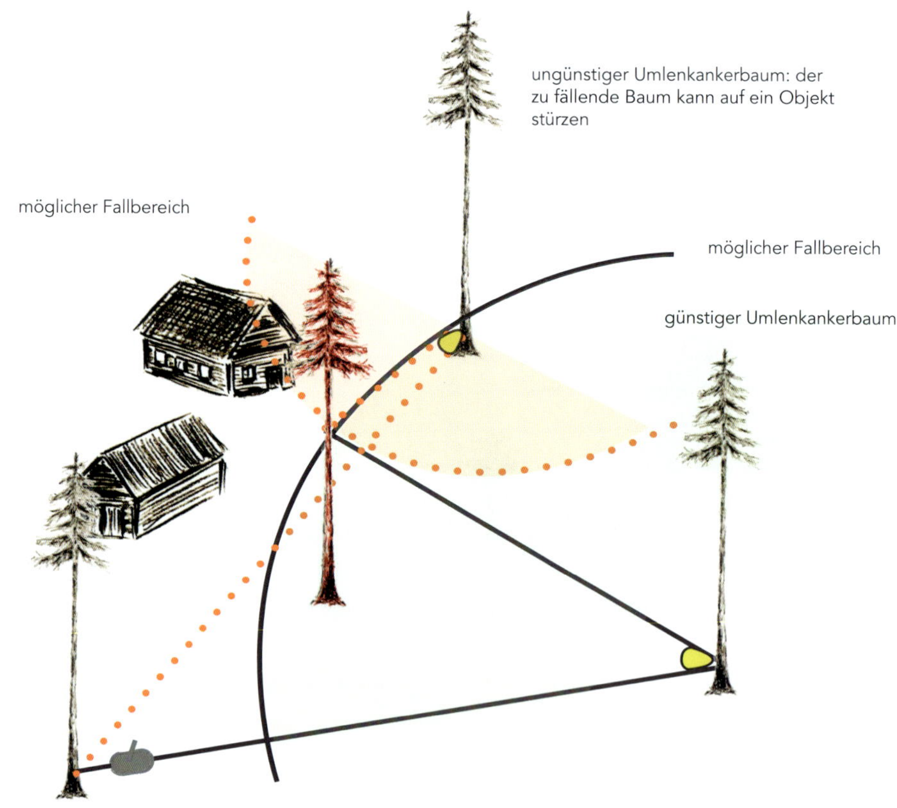

Arbeiten im Objektschutz: Der Umlenkankerbaum muss so gewählt werden, dass der zu fällende Baum auch im ungünstigsten Fall kein Objekt trifft. Die einfache Regel lautet, dass die Seilverbindung zwischen Ankerbaum und zu fällendem Baum einen ungehinderten Halbkreis schlagen können muss.

5.8. Aufarbeitung von liegendem Holz

Die Aufarbeitung von liegenden Bäumen und Kronen beinhaltet das Auf- bzw. Entasten, d.h. das Abschneiden von Ästen unterhalb der Derbholzgrenze (Derbholzgrenze = Holz in Rinde mit einem Durchmesser von ≥ 7 cm) und die Trennschnitte. Trennschnitte werden zum Durchtrennen von Stamm und Stammteilen sowie zum Trennen von besonders stark unter Spannung stehenden Ästen auch unterhalb der Derbholzgrenze angewendet, die mit spezieller Technik geschnitten werden müssen. Zur Aufarbeitung können Entrinden und Holzspalten gehören.

5.8.1. Grundsätze der Holzaufarbeitung

Auch im liegenden Holz muss der Baumarbeiter eine sorgfältige Gefährdungsbeurteilung durchführen, um Unfällen vorzubeugen.
Im Fokus stehen die drei Gefahrenbereiche

- Gehölzdimensionen im Arbeitsraum,
- Holzspannungen und
- Boden-, Gelände- und Umgebungssituation.

Für sicheres, produktives und ergonomisches Arbeiten sollte man bereits vor der Baumfällung an die sich anschließende Holzaufarbeitung denken (z.B. bei der Auswahl der Fällrichtung).

5.8.2. Gehölzdimensionen im Arbeitsraum

Die Eigenschaften eines gefällten Baumes unterscheiden sich in:

- Art (Laub- oder Nadelbaumart),
- Holz- und Rindeneigenschaften (z.B. Holzspannungen und Unterschiede der Rinden-/Borkenstärke bei Trennschnitten),
- Kronenform (kugel- oder kegelförmige Kronen),
- Verzweigungsaufbau (symmetrische Astverzweigungen oder unsymmetrisch erscheinende)
- Dimension (Kronenvolumen, räumliche Kronenausladung und Durchmesserstärke von Stammteilen und Ästen; Belaubungszustand),
- Lagehöhe des Stamms im Raum (z.B. am Boden liegend oder erhöht).

Die Gefährdungsbeurteilung entscheidet über die Vorgehensweise bei der Aufarbeitung.

5.8.3. Astungstechniken

Die Aufarbeitung im Laubholz
Die Aufarbeitung von größeren Laubholzkronen geschieht nach dem Menüprinzip. Dabei arbeitet man sich mit der Motorsäge von außen nach innen vor, genauso wie bei einem Menü in einem vornehmen Restaurant: Besteck und Gläser werden schrittweise von außen nach innen benutzt.
Beim liegenden Laubbaum mit weit ausladender Krone wird i.d.R. an der Baumspitze begonnen. Äste werden zunächst außen abgeschnitten und anschließend nach innen, in Richtung Stamm, schrittweise gestummelt. Entsprechend der Gefahrenbeurteilung können bei Ästen unter Spannung meist Stücke von 40 bis 120 cm geschnitten werden. Das Arbeitsverfahren minimiert das Risiko, von Ästen oder dem gesamten Stamm erdrückt zu werden, weil die Gefahr der hochliegenden Baumlast schrittweise abgebaut wird.
Bei der Aufarbeitung von liegendem Laubholz mit kleinen Kronendurchmessern wird, analog zum Nadelholz, vom Stammfuß aus stammaufwärts bis zur Zopfgrenze geastet. Wo möglich, kann die Scheitelmethode eingesetzt werden. Andere Entastungstechniken sind aufgrund des Wuchses von Laubbäumen (keine Anordnung der Äste in Quirlen) eher selten. Im Wald verbleibendes Holz wird i.d.R. kleingeschnitten, so dass es beim Rücken und bei der Waldpflege nicht stört.

Unfälle
Kapitel 2
S. 15 f.

Zopfen
Kapitel 5
S. 101, 144

Scheitelmethode
Kapitel 5
S. 146

Aufarbeitung von Laubholz nach dem Menüprinzip: Beginnend an der Baumspitze werden von außen nach innen Schritt für Schritt Äste abgeschnitten. Bei jedem stärkeren Ast sind die Spannungen neu zu beurteilen, um zu entscheiden, wie und von wo aus geschnitten werden soll.
Entsprechend der Gefahrenbeurteilung können bei Ästen unter Spannung meist Stücke von 40 bis 120 cm geschnitten werden. Das Arbeitsverfahren minimiert das Risiko, von Ästen oder dem gesamten Stamm erdrückt zu werden.

Entastungstechniken im Nadelholz

Nadelbäume mit weit ausladenden Kronen werden ebenfalls nach dem Menüprinzip aufgearbeitet (z.B. mächtige Schwarzkiefern).

Normalerweise sind Nadelbäume jedoch recht symmetrisch und strukturiert aufgebaut. Die Äste am Stamm von Fichte, Douglasie, Lärche und junger Kiefer sitzen wie die Borsten in der Klobürste: Sie sind rings um den Stamm in Etagen, in Astquirlen angeordnet. Ihre Durchmesser sind häufig wenige Zentimeter dünn. Das hat den Vorteil, dass fast jeder Ast nur einen Schnitt braucht und die Arbeit ungefährlich für den Motorsägenführer ist. Die benadelten Zweige dämpfen eventuelle Schläge außerdem gut ab.

Axt
Kapitel 4
S. 62

Man geht vom Stammende aus am Stamm entlang in Richtung Krone und schneidet die Äste (auch Beulen) nach den drei Hauptentastungstechniken ab: Hebelmethode (in drei Subvarianten), Scheitelmethode und Pendelmethode.

Beim Nachvornegehen muss sich aus Arbeitssicherheitsgründen zwischen Motorsägenschiene und Motorsägenführer immer der Baumstamm befinden. Ergonomisch ist auch, wenn die Motorsäge auf dem Stamm nach vorne geschoben wird, wobei die Schiene leicht nach rechts abwendet wird. Günstig ist, wenn ein Nadelholzstamm nicht ganz auf dem Boden, sondern in Knie- oder Hüfthöhe liegt, weil man dann auch die Äste auf der Unterseite ohne Wenden des Stammes abschneiden kann. Liegt der Stamm auf dem Boden auf, kann er per Wendehebel oder mit einer stirnseitig eingeschlagenen Axt gedreht werden. Besonders ergonomisch ist es für Rechtshänder, wenn die Äste von der Unterseite auf 2 bis 3 Uhr gedreht werden. Abgetrennt (gezopft) wird die Kronenspitze i.d.R. an der Derbholzgrenze von 7 cm, bei Nadelstarkholz bei 10 bis 14 cm Zopfdurchmesser.

Eine angenehme Arbeitsposition kann man im schwachen Nadelholz herstellen, indem man einen offenen Fallkerb schneidet. Dieser bewirkt häufig, dass der Stamm nach dem Aufprall auf den Boden noch am Stock hängt und so eine stabile und höhere Lage zum Entasten, auch auf der Stammunterseite, bleibt (Bankverfahren). Wird zunächst ein Baum quer zur Hauptfällrichtung gefällt, kann man außerdem andere Bäume im rechten Winkel über diesen werfen; der querliegende Stamm bewirkt, wie eine Bank, eine höhere Arbeitsposition (sogenanntes Schwedisches Bankverfahren).

Beim Entasten der meisten Nadelbäume geht man vom Stammende aus am Stamm entlang in Richtung Krone und schneidet die Äste (auch Beulen) nach drei Hauptentastungstechniken ab: Hebelmethode, Scheitelmethode und Pendelmethode. Beim Vorlaufen muss sich aus Sicherheitsgründen der Stamm zwischen Motorsäge und Sägenführer befinden. Die Stammlänge kann erfasst werden, indem man das Maßband am Stammfuß einhakt und mitlaufen lässt.

Spiegeleitechnik und stammnaher Astschnitt

Ein Ast kann stammglatt abgeschnitten werden, dann entsteht ein „Spiegelei". Man durchtrennt dabei Rinde und Astwulst (Astansatz). Diese Schnitttechnik diente früher dazu, beim Entrinden der Stämme mit dem Schäleisen nicht ständig am Astwulst hängenzubleiben. Zum anderen galt der Stamm als qualitativ gut aufgearbeitet und dem Holzkäufer als besonders vorzeigbar.

Heutzutage ist es üblich geworden, den Ast direkt auf dem Astwulst, d.h. nur rindennah abzuschneiden. Rinde und Astwölbung am Ansatz des Astes bleiben unversehrt. Mit dieser Methode ist man bis zu 30 % schneller als mit der Spiegeleitechnik. Die Entastungsqualität ähnelt der von Vollerntemaschinen (Harvestern). Der Nachteil ist, dass Stämme nicht mehr so einfach von Hand mit dem Schäleisen bearbeitet werden können.

Die Hebelmethode

Bei der Hebelmethode werden Äste schematisch zuerst auf der stammabgewandten, dann auf der Stammoberseite und schließlich auf der Stammseite des Motorsägenführers abgeschnitten, bevor dieser zum nächsten Stammabschnitt vorläuft. Man unterscheidet, je nach Astdichte und der sich daraus ergebenden ergonomischen Situation, 3-Punkt-Hebelmethode und 6-Punkt-Hebelmethode.

Bei der 3-Punkt-Hebelmethode werden stammabgewandt mit **(1)** auslaufender Kette Äste von hinten nach vorne abgetrennt; die Motorsäge wird dabei auf dem Stamm abgestützt. Die Säge **(2)** über links nach oben schwenken, umgreifen und mit aus- oder einlaufender Kette den Ast stammoberseits schneiden. Beim Schnitt mit einlaufender Kette den Gashebel mit dem Daumen

Schäleisen
Kapitel 4
S. 68

Kettenlauf
Kapitel 3
S. 39

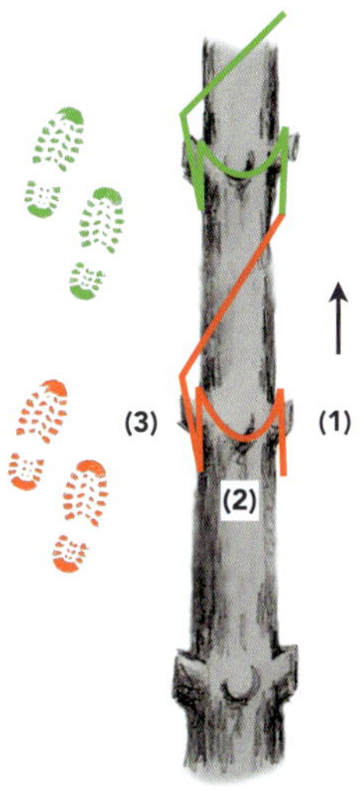

Oben: Spiegelei, das beim stammebenen Abschneiden von Ästen entsteht; darüber unsauberer Aststummel. Unten: Abschneiden von Ästen auf der Seite, auf der sich der Motorsägenführer befindet.

Oben: Schnittfolge der 3-Punkt-Hebelmethode mit den zwei aufeinander folgenden Standpositionen (grün, rot). Unten: Abschneiden von Ästen auf der stammabgewandten Seite.

bedienen. Mit **(3)** einlaufender Kette die Äste auf der Motorsägenführerseite von oben nach unten durchtrennen. Säge auf die stammabgewandte Seite bringen, einen Schritt vorgehen und einen neuen Zyklus starten.

Bei der 6-Punkt-Hebelmethode zusätzlich die Säge nach dem Schneiden des 3. Segments nach vorne ziehen **(4)** und mit auslaufender Kette die Äste auf der Motorsägenführerseite abtrennen. Mit auslaufender Kette **(5)** die Oberseite schneiden und mit einlaufender **(6)** die Äste auf der stammabgewandten Seite. Jetzt nach vorne gehen und einen neuen Zyklus beginnen.

Ist die Stammunterseite frei zugänglich, kommt dort die Pendelmethode zum Einsatz.

Die Scheitelmethode

Die Motorsäge liegt oben auf dem Stamm auf und wird beim Entasten auf diesem in Richtung Krone schrittweise vorgeschoben. Mit einlaufender Kette werden die Äste auf den drei Stammseiten links, rechts und oben auf dem Stamm, wie beim feinen Ziehen des Scheitels mit dem Kamm, abgeschnitten. Die Äste auf der Stammunterseite werden, wenn es möglich ist, mit einem Pendelschnitt durchtrennt. Dabei wird die Motorsägenschiene waagrecht auf der Stammunterseite nach vorne und hinten geschoben. Das geschieht sowohl mit einlaufender als auch mit auslaufender Kette. Bei dieser waagrechten Pendelbewegung werden meistens mehrere Äste abgeschnitten.

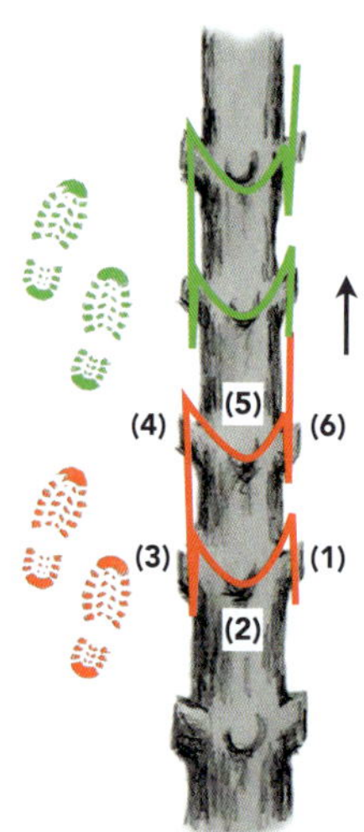

Oben: Schnittfolge der 6-Punkt-Hebelmethode mit den zwei aufeinander folgenden Standpositionen (grün, rot). Unten: Abschneiden von Ästen auf der Stammoberseite mit auslaufender Kette.

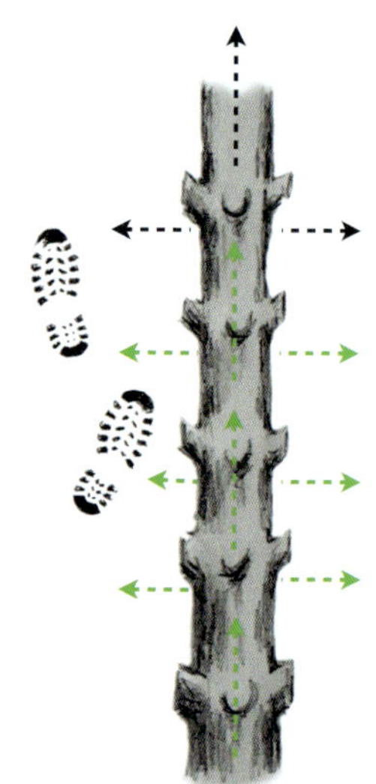

Oben: Scheitelmethode, bei der die Säge auf dem Stamm schrittweise vorgeschoben wird. Unten: Abschneiden von Ästen auf der Stammoberseite mit einlaufender Kette.

Die Pendelmethode

Wunderbar einsetzbar ist diese Methode bei sehr dünnen und zahlreich vorkommenden Ästen am Stamm sowie an nahe beieinanderliegenden Astquirlen und leicht trennbaren Totästen. Auch wird sie bei der waagrechten Entastung eingesetzt (vgl. Scheitelmethode).

Die Motorsäge wird zunächst entlang der körpernahen, linken Stammseite mit auslaufender, schneller Kette geführt. Mit der Ausführung des Schnittes werden zugleich mehrere Äste in einem Bereich bis Armlänge am Stamm nach vorne in Zopfrichtung abgetrennt. Die Armbewegung mutet dabei einem nach vorne schwingenden Pendel an.

Befindet sich das Pendel Motorsäge in vorderer Lage, wird die gesamte Schiene zur Seite auf die Stammoberseite geschwenkt. Mit der flach aufliegenden Schiene wird nun die Motorsäge auf dem Stamm mit auslaufender Kette nach hinten gezogen. Befindet sich das Armpendel mit der Motorsäge wieder in rechter Hüft-/Beinnähe, wird die Säge auf der rechten Stammseite mit senkrechter Schiene erneut nach vorne gependelt. Die Äste sind nun auf drei Seiten des Stamms abgeschnitten.

Auf der Stammunterseite können im letzten Entastungsschritt (vorausgesetzt die Stammunterseite bietet Platz zum Sägen) die Äste stammnah mit einlaufender Kette in einem Zug waagrecht abgetrennt werden. Nach der Stammunterseite folgt der nächste Zyklus am Stamm.

5.8.4. Trennschnitte

Trennschnitte werden bei dickeren Ästen, Stammteilen und Stämmen benötigt. Liegende Stämme stehen immer unter Spannung. Die Spannung kann auf der Ober- und Unterseite des Stamms, also in vertikaler Richtung verlaufen, oder seitlich, d.h. horizontal bzw. waagrecht.

Eine falsche Einschätzung des unter Spannung stehenden Stamms kann lebensgefährlich sein!

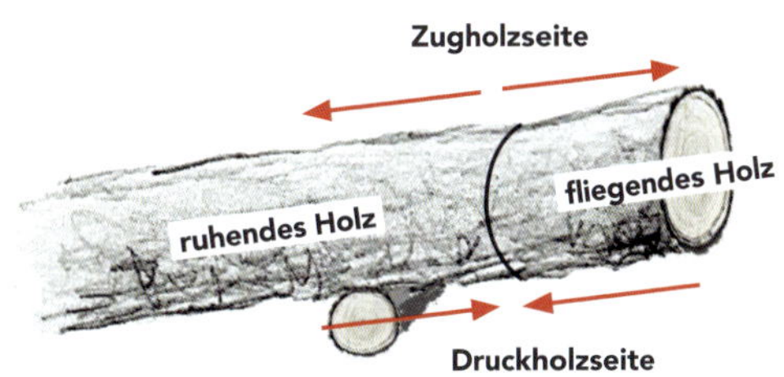

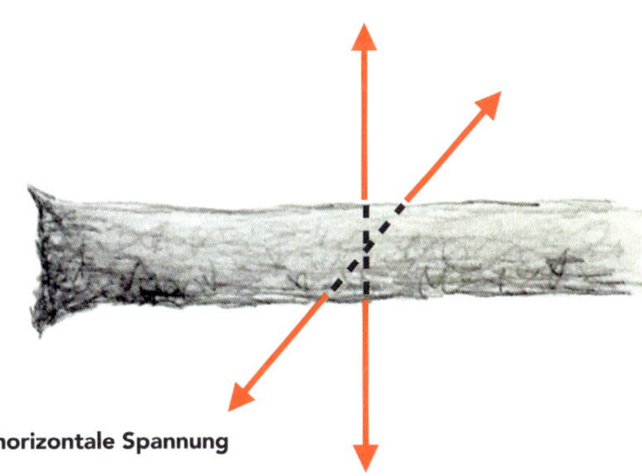

Für die Arbeitssicherheit ist es unerlässlich, die Spannungsverläufe im Holz zu beurteilen sowie ruhendes und fliegendes Holz zu unterscheiden. Der Motorsägenführer befindet sich bei den Sägearbeiten am seitlich (horizontal) unter Spannung stehendem Stamm grundsätzlich auf der Druckholzseite.
Eine falsche Einschätzung des unter Spannung stehenden Stamms kann lebensgefährlich sein!

Entasten auf der Stammunterseite mit der Pendelmethode. Zur Entlastung des Rückens kann der rechte Arm auf dem Oberschenkel abgestützt werden.

Schmetterlingsschnitt
Kapitel 5
S. 157

Kickback/ Rückschlag
Kapitel 3
S. 50

Für den Motorsägenführer gibt es beim Trennschnitt folgende sichere Standpositionen:

- Bei vertikal verlaufenden Holzspannungen steht er auf einer der beiden neutralen Holzspannungsseiten, also einer der beiden Stammseiten.
- Bei waagrecht, d.h. horizontal verlaufenden Holzspannungen steht der Motorsägenführer grundsätzlich auf der Druckholzseite.
- Können die Verläufe der Holzspannungen nicht zweifelsfrei erkannt werden, sucht sich der Motorsägenführer i.d.R. das ruhende Holz und steht in diesem sichereren Bereich. Die Motorsäge wird am langem Arm geführt. Das ruhende Holz bewegt sich nach dem Trennschnitt eher wenig, bzw. es bewegt sich kalkulierbar vertikal und (fast) nicht horizontal in Richtung des Motorsägenführers.

Bei unklaren Spannungsverhältnissen kann eine Schrägschnitttechnik zum Einsatz kommen. Lässt es sich nicht vermeiden, auf der vermeintlichen oder tatsächlichen Zugholzseite stehen zu müssen, positioniert man sich dort, wo man das ruhende Holz vermutet. Liegt das ruhende Holz rechts vom Trennschnitt, kann die Motorsäge ausnahmsweise links vom Körper geführt werden. Hierbei ist darauf zu achten, dass sich der Motorsägenführer samt seinem Kopf neben der Schnittführung befindet, damit er beim Kickback-Effekt nicht verletzt wird.

Normaler Trennschnitt (Stufenschnitt, Vertikal-Spannungen)

Dieser Trennschnitt ist der vermutlich am häufigsten verwendete Schnitt mit der Motorsäge zum Durchtrennen von Ästen und Stammteilen. Die Schnitttechnik wird bei in vertikaler Richtung im Holz verlaufenden Spannungen angewendet. Beim normalen Trennschnitt wird der Stamm zunächst **(1)** von der Druckholzseite her bis maximal zu 1/3 des Holzdurchmessers eingeschnitten. Anschließend wird dann das Holzstück **(2)** von der Zugholzseite in derselben Schnittlinie durchtrennt. Alternativ können die Schnitte schräg gesetzt werden, um ein Einklemmen der Schiene zu vermeiden. Der zweite Schnitt kann leicht versetzt ins ruhende Holz erfolgen.

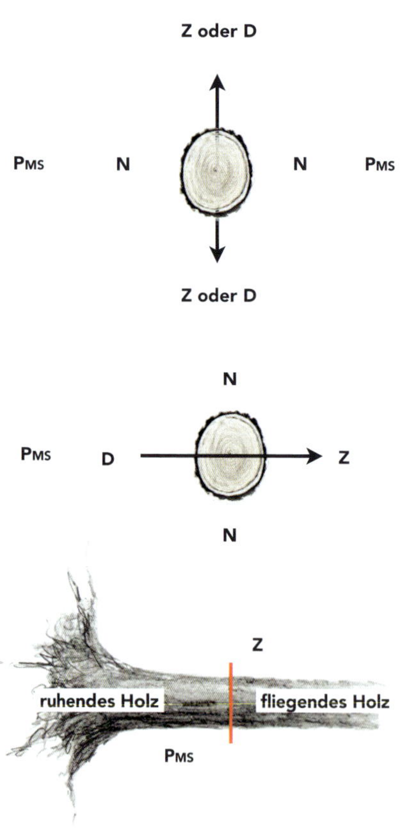

Sichere Standpositionen für den Motorsägenführer (P_{MS}): Im Bild oben auf der neutralen Holzseite (N) bei vertikalen Spannungen, im mittleren Bild auf der Druckholzseite (D) bei horizontaler Spannung, im Bild unten eine Position am ruhenden Holz.

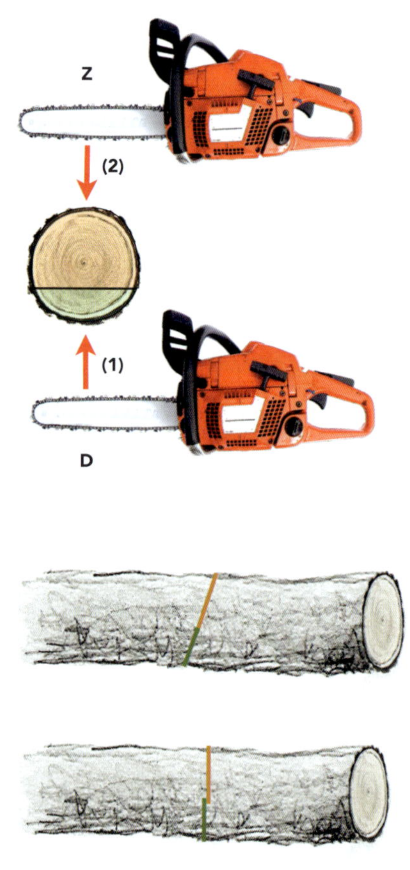

Normaler Trennschnitt: Einschneiden des Stammes zu 1/3 von der Druckholzseite her. Um ein Einklemmen der Schiene oder Wegschleudern der Säge zu vermeiden, können Schnitte auch schräg oder leicht versetzt erfolgen.

Mond- bzw. Kreisschnitt (Vertikal-Spannungen)

Diese Trennschnitttechnik wird bei vertikal verlaufenden Holzspannungen, häufig bei sturmgeworfenen Bäumen, bei denen der Wurzelteller unmittelbar nach dem Trennschnitt vom Stamm wieder zurück zum Boden klappen kann, angewendet.
Bei dickeren Stämmen **(A)** muss der Motorsägenführer den Stamm von zwei Seiten schmälern **(2a und 2b)**. Er beginnt auf der Stammseite, auf der er beim finalen Schnitt nicht stehen wird. Auch muss bei dickeren Stämmen zusätzlich in die Druckholzseite des Stamms bis ca. 1/5 seines Durchmessers eingeschnitten werden, damit in jedem Fall eine Entlastung im Druckholz erreicht wird **(1)**. Der Trennschnitt erfolgt von der Zugholzseite **(3)** aus sicherer Position. Der Stamm bricht an einem Restzapfen ab **(4)**.
Reicht die Schienenlänge für die Stammstärke aus (Schienenlänge ≥ Stammstärke), so kann der Stamm ohne Positionswechsel nur von einer Stammseite aus durchtrennt werden **(B)**. Im neutralen Holz werden dazu auf beiden Stammseiten mondsichelförmige Schmälerungsschnitte **(5a und 5b)** geschnitten, die sich im Druckholzzonenbereich geringfügig überlappen müssen. Bei dieser Variante des Kreisschnitts kann i.d.R. auf den Extraschnitt in die Druckholzzone verzichtet werden, da mit der Schiene diese Zone erreicht wird. Der eigentliche Trennschnitt erfolgt dann von der Zugholzseite **(6)**, wobei der Stamm an einem Restzapfen abbricht **(7)**.

Entwurzelte Bäume

Kapitel 5
S. 162 f.

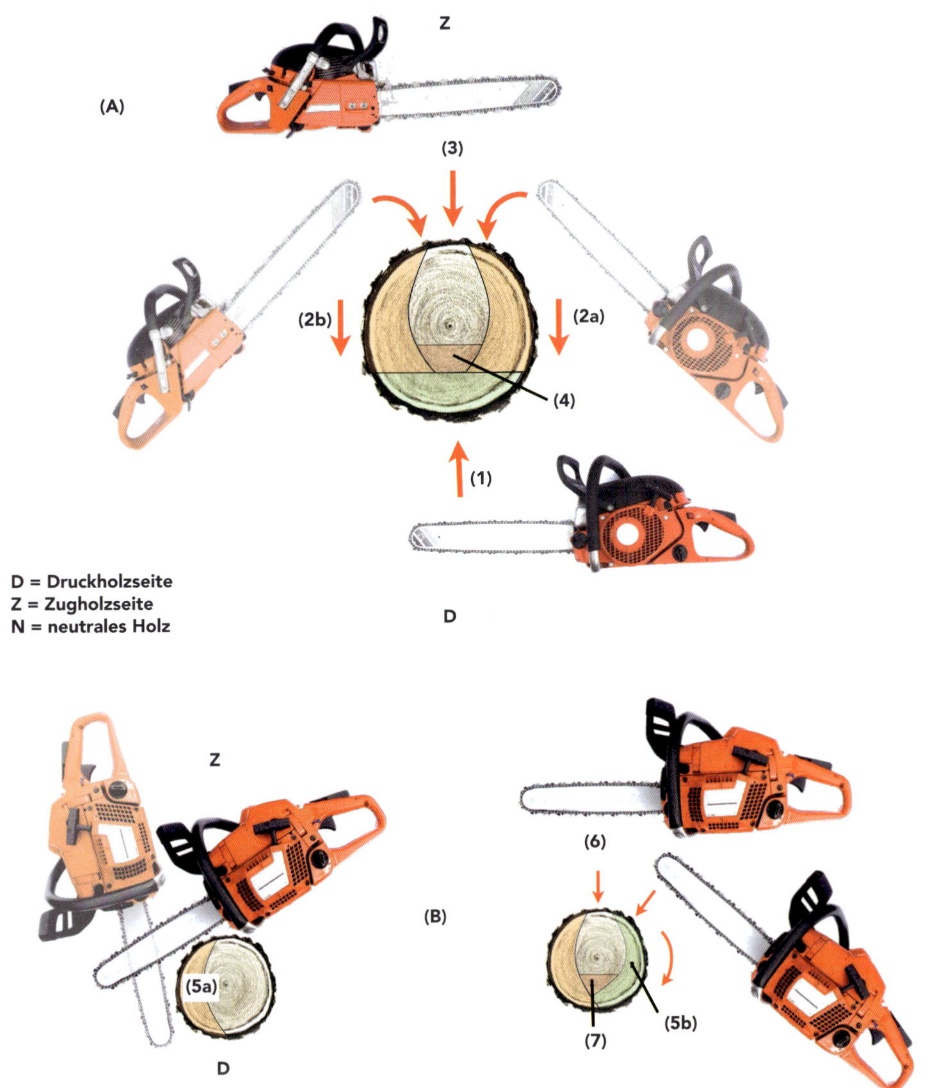

Bei vertikalen Holzspannungen kann der Mond- bzw. Kreisschnitt eingesetzt werden. Je nach Schienenlänge arbeitet man von zwei Seiten (A) oder von einer Seite (B).

Trapezschnitt (Vertikal-Spannungen)
Diese Schnitttechnik wird bei vertikalen, mäßig starken Holzspannungen angewendet. Dazu wird zunächst in die Druckholzzone eine Kerbe mit der Tiefe von 1/5 des Stammdurchmessers bei einem kleinen Öffnungswinkel von bis zu 30° geschnitten **(1)**. Die Stammrundungen in den neutralen Holzspannungszonen auf beiden Stammseiten werden mit je einem Sägeschnitt in der Tiefe von bis zu 1/5 des Stammdurchmessers gebrochen **(2a, 2b)**, so dass der Stammquerschnitt eine Trapezform erhält, wobei die kurze Trapezseite im Zugholzzonenbereich liegt und rund verbleibt (der Trapezschnitt entspricht einer Art offenem Kreisschnitt). Der Stamm wird durchtrennt, indem die Schiene, von der kurzen Trapezseite aus kommend, parallel zur langen Seite des Trapezes geführt wird **(3)**. Es passiert häufiger, dass das letzte Stammstück an einer Art Leiste durchbricht **(4)**.
Der Motorsägenführer kann den Trapezschnitt am Stamm von einer Stammseite aus durchführen; er muss seine Standposition also nicht wechseln.

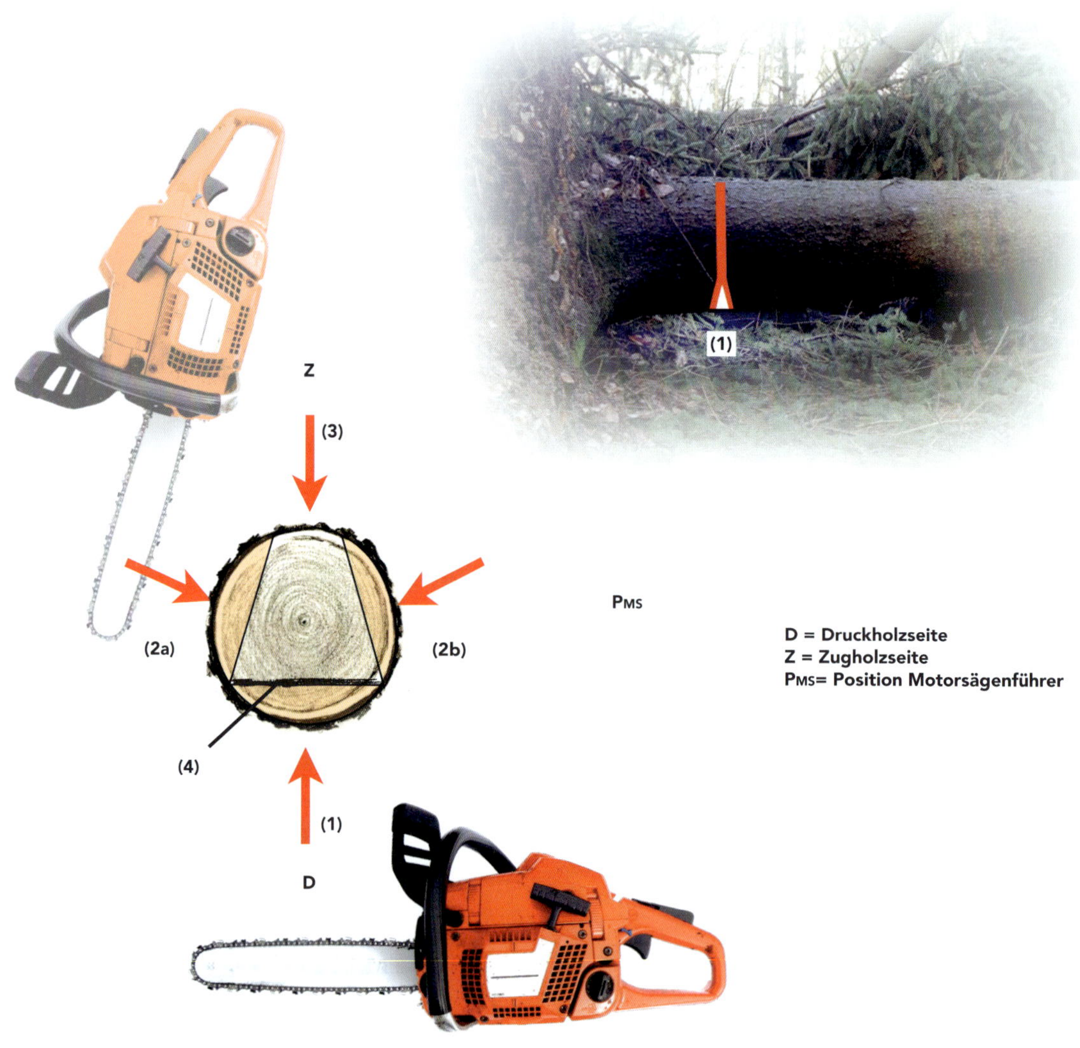

Der Trapezschnitt wird ebenfalls bei vertikalen Spannungen eingesetzt: Dazu wird zunächst in die Druckholzzone eine Kerbe mit der Tiefe von 1/5 des Stammdurchmessers bei einem Öffnungswinkel von 30° geschnitten (1). Die beiden Stammseiten werden so gebrochen, dass auf der kurzen Trapezseite die Stammrundung erhalten bleibt (2a und 2b). Beim letzten Schnitt von der Zugholzseite her (3) bricht der Stamm meist schon, wenn auf der langen Trapezseite nur noch eine schmale Leiste steht (4).

Balkenschnitt (Vertikal-Spannungen)
Bei vertikal verlaufenden, auch stärkeren Spannungsverhältnissen im Stamm kann der Balkenschnitt angewendet werden. Zuerst erfolgt auf der vom Motorsägenführer abgewandten Stammseite ein Schnitt von 1/5 des Stammdurchmessers mit der senkrecht zum Boden zeigenden Schiene ins neutrale Holz **(1)**. Anschließend wird in die Druckholzseite, nun mit waagrechter Schiene, der Stamm 1/5 der Stammstärke eingeschnitten **(2)**. Jetzt die Schiene zu sich, bis maximal 40 % des Stammdurchmessers zurückziehen, um das neutrale Holz auf der eigenen Standseite nach unten hin mit einlaufender Kette zu schmälern **(3)**.

Der Stamm wird durchstochen **(4)**, wenn sich oberhalb der auslaufenden Kette im Stamminneren ein Holzsteg **(6)** von 1/10 des Stammdurchmessers befindet. Ist der Stamm durchstochen, entsteht so in der Stammmitte eine Art Balken, der den weiteren Trennschnitt im Druckzonenbereich offenhält. Abschließend wird die Motorsägenschiene nur noch in Richtung Zugholzseite über die ganze Stammbreite nach unten aus dem Stamm herausgeführt **(5)**. Der Balken hält den Schnitt so lange offen, bis die Schiene auf der Zugholzseite aus dem Holz austritt. Durch die bestehende Eigenlast des Stammes bricht der Balken schließlich ab und der Stamm ist durchtrennt.

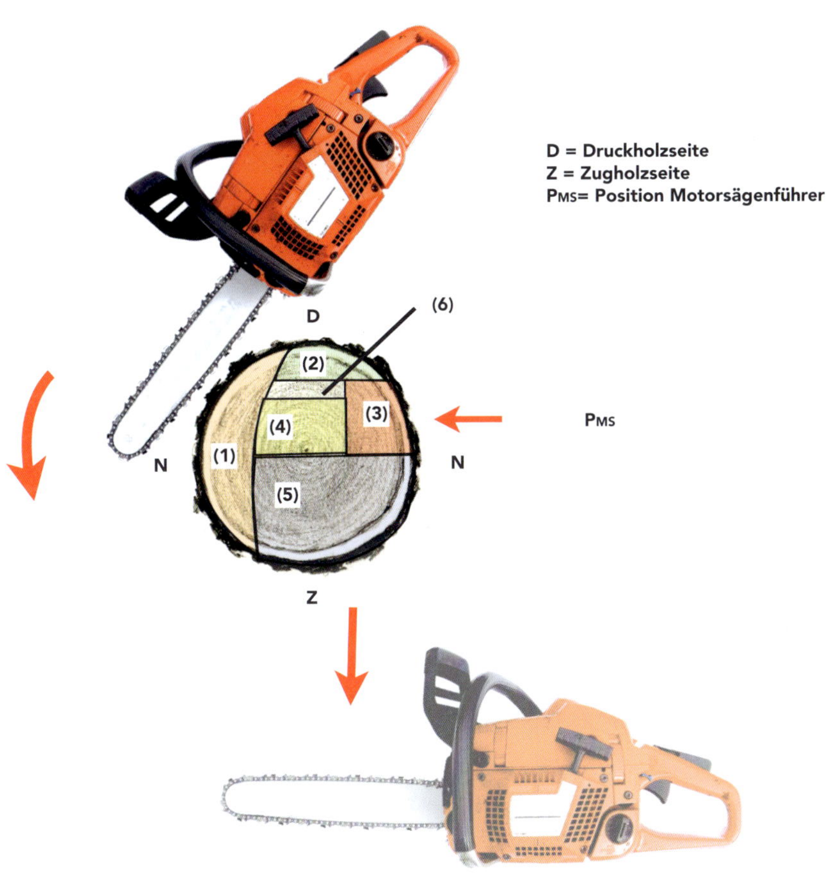

Sehr elegant ist der Balkenschnitt bei Vertikalspannungen. Außerdem macht er viel Freude, weil er die gute und gefühlvolle Sägenhandhabung übt. Am Schluss kann man den sauberen Steg (6), der den Trennschnitt bis zuletzt offenhält, bewundern.

Klemmschnitt (Vertikal-Spannungen)
Der Klemmschnitt kann bei mittelstarken Stämmen ab ca. 30 cm Stammdurchmesser angewendet werden, wenn die Druckholzseite stammoberseits liegt und kein Zugang zur Zugholzseite besteht.
Die Druckholzseite wird zunächst so weit eingeschnitten (i.d.R. 1/5 bis 1/3 des Stammdurchmessers), bis der Stamm den Schnitt zuzudrücken und die Schiene einzuklemmen droht **(1)**. Der Klemmschnitt erfolgt seitlich, direkt neben dem ersten Schnitt, der damit um ca. eine Kettenbreite verbreitert wird **(2)**.
Der Klemmschnitt bewirkt, dass die Außenbereiche der beiden Stammstücke auf der Druckholzseite aneinanderstoßen (ab einer Schnitttiefe von > 1/3 Stammdurchmesser) und die gemeinsame Schnittfuge dadurch schließen. Durch die etwas verbreiterte Schnittfuge im ersten Stammdrittel besteht jedoch im weiteren Schnittverlauf genügend Platz für die Schiene, so dass sie nicht einklemmt.
Alternativ **(b)** kann der zweite Schnitt als Stechschnitt direkt neben dem ersten Schnitt erfolgen, so dass oberhalb des Stechschnittes etwas Holz stehen bleibt. Hier stützt sich dann Holz auf Holz und der Trennschnitt bleibt offen.
Mit einlaufender Kette wird der Stamm von der Druckholzseite vollends mit schneller Kettengeschwindigkeit durchtrennt **(3)**.

(1) **Druckholzseite**

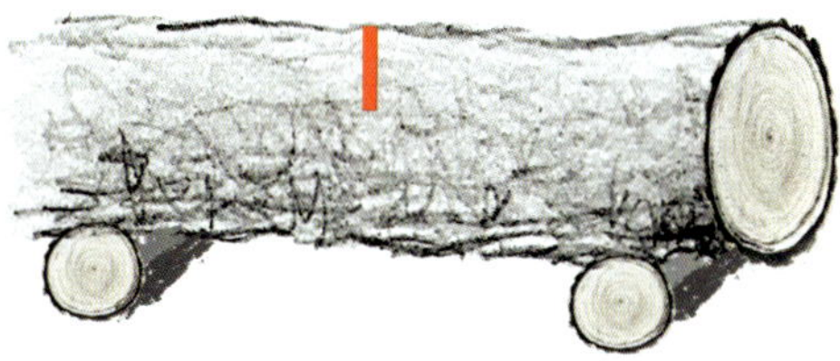

(2)

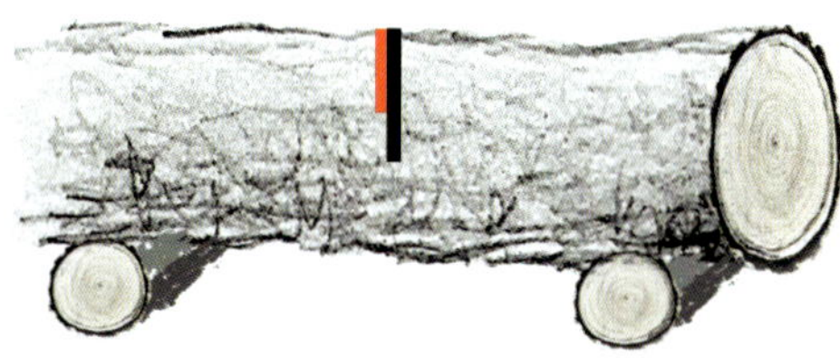

(3)

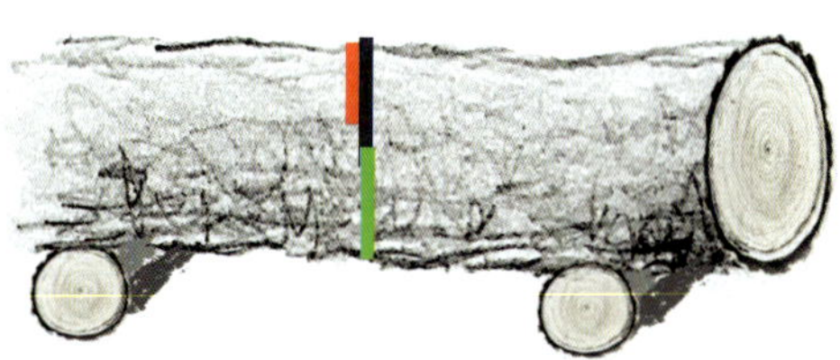

(b)

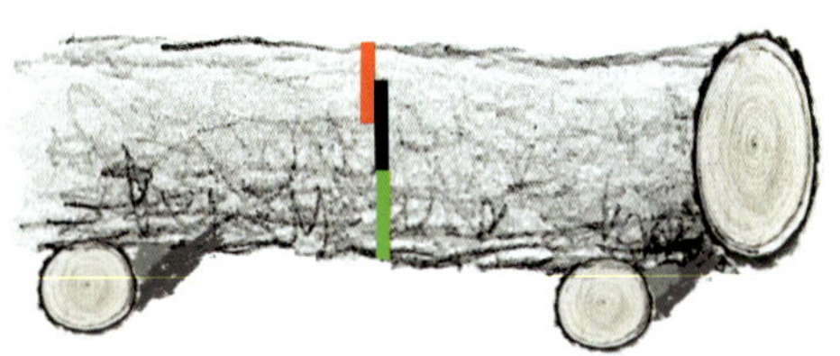

Für mittelstarke (> 30 cm) Stämme mit Vertikalspannung und Druckholzzone auf der Stammoberseite eignet sich der Klemmschnitt. Hier wird der Trennschnitt durch eine verbreiterte Schnittfuge offengehalten, so dass die Schiene nicht einklemmt.

V-Trennschnitt (Vertikal-Spannungen; Druckholzseite auf der Stammunterseite)

Der V-Schnitt kommt bei Stämmen zur Anwendung, bei denen sich die Druckholzseite unten befindet. Er kann daher als Trennschnitttechnik bei durch Sturm angeschobene, schräge Bäume sowie bei geworfenen Bäumen angewendet werden, die förmlich waagrecht in der Luft hängen. Er eignet sich gut bei dicken Stammdurchmessern oder wenn angeschobene Bäume gespalten bzw. gesplittert sind.

Man legt im Druckholzbereich links und rechts am Stamm je eine kleine Fallkerbe an; sie sollten sich ein wenig überlappen **(1a und 1b)**. Anschließend an jeden Fallkerbschnitt können zusätzlich im neutralen Holz **(2a und 2b)** auf beiden Stammseiten Schmälerungsschnitte gesetzt werden (maximal je 1/5 des Stammdurchmessers). Nun sind die Zugspannungen auf der Stammoberseite so verändert, dass man den Stamm problemlos von der Zugholzseite mit schneller Kette durchtrennen kann **(3)**.

Der Trennschnitt erfolgt auf der Schnittebene der beiden Sohlen bzw. geringfügig seitlich versetzt, im ruhenden Stammabschnitt. Eine sichere Arbeitsposition ist während der Arbeitsausführung einzunehmen, d.h. die Motorsäge ist beim Trennschnitt am langen Arm zu halten (Kopf und Körper beugen sich nicht über den Stamm).

V-Schnitt-Technik

Kapitel 5
S. 109 f.

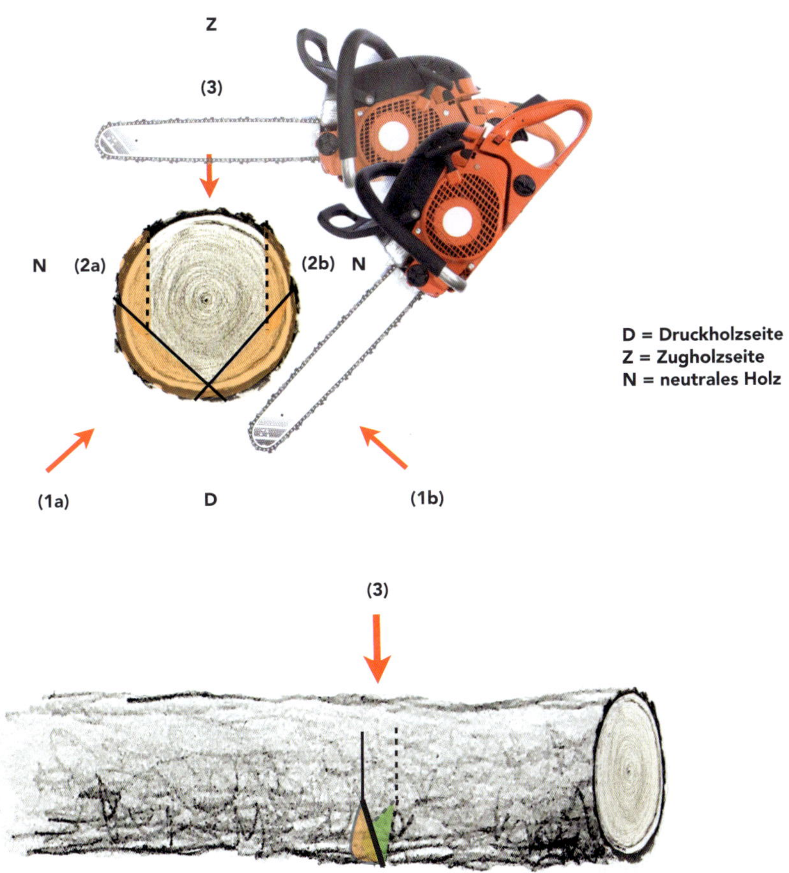

Befindet sich die Druckholzzone bei dickeren Stämmen auf der Stammunterseite, kann der V-Trennschnitt eingesetzt werden. Hierzu legt man im Druckholz zwei kleine Fallkerben an, die sich in der Mitte ein wenig überlappen (1a und 1b). Zusätzliche Schmälerungsschnitte (2a und 2b) verändern die Zugspannungen. Zum Schluss schneidet man den Stamm von oben mit schneller Kette durch (3).

Treppenschnitt

Mit dem Treppenschnitt können Holzspannungen in schwachen Stammdurchmessern sowie Ästen abgebaut werden. Ein Merkmal und zugleich großer Vorteil dieser Trennschnitttechnik liegt darin, dass die Spannungen im mitunter stark gebogenen und gespannten Holz nur von der Druckholzseite her abgebaut werden. Die Schnitttechnik ist immer dann sehr vorteilhaft anwendbar, wenn die Zugholzseite nicht zugänglich ist (z.B. wenn die Zugholzseite eines Astes direkt auf dem Waldboden aufliegt).

Derbholzgrenze
Kapitel 5
S. 144

1. Der erste Schnitt mit der Motorsäge erfolgt nur leicht in die Druckholzseite. Bei einem stark unter Spannung stehendem Ast unterhalb der Derbholzgrenze kann das sogar nur 1 cm sein.
2. Der zweite Schnitt wird direkt daneben, links oder rechts vom ersten Schnitt, durchgeführt. Er sollte möglichst eng an den ersten Schnitt anschließen, kann aber auch ca. 1 cm entfernt von diesem liegen (dann sieht es etwas unsauber aus, und es muss mehr geschnitten werden). Wichtig ist beim zweiten Schnitt, dass dieser etwas tiefer als der erste Schnitt angelegt wird (z.B. 2 cm Schnitttiefe).
3. Die weiteren Schnitte erfolgen analog zum beschriebenen zweiten Schnitt: a) immer direkt anschließend an den zuvor erfolgten Schnitt und b) immer geringfügig tiefer als der vorherige Einschnitt. Je nach Holzdurchmesser entsteht so eine Art Treppe auf der Druckholzseite. Der Ast oder das schwache Stammstück bricht dann zuletzt durch; und das zuvor stark gebogene Holzstück ist durchtrennt – knack.

Bei stark unter Spannung stehenden schwachen Stämmen und dickeren Ästen kann der Treppenschnitt gute Dienste leisten, insbesondere, wenn die Zugholzseite nicht zugänglich ist. Bei diesem Trennschnitt werden die Spannungen über die Druckholzseite stufenweise abgebaut, indem man die Schnitte nebeneinander und jeden Folgeschnitt immer ein wenig tiefer als den Vorgängerschnitt setzt.

Rasieren

Das Rasieren von Holz kann vor allem bei dünnen, stark gebogenen Ästen und Bäumen (≤ Derbholzgrenze), die sehr stark unter Spannungen stehen, angewendet werden. Rasiert wird mit der Motorsägenkette auf der Druckholzseite. Dazu wird die Schiene im 45°-Winkel schräg an das dünne Holz angelegt, so dass der Übergangsbereich zwischen Dach und Brust des jeweiligen Kettenzahns am Holz anliegt.

Die Schiene wird mit laufender Kette seitlich, in Richtung des Winkels von 45°, über das Holz gezogen. Dabei wird die oberste Rinden- und Holzschicht vom Stämmchen in einem Bereich von 30 bis 40 cm Länge weggeraspelt bzw. wegrasiert. Das Rasieren wird Schicht für Schicht wiederholt und so lange Holz von der Druckholzseite abgenommen, bis der Ast oder dünne Baum vollends nachgibt und abbricht.

Gegenschnitt (Horizontal-Spannungen)

Der Gegenschnitt kann bei horizontalen Spannungen im Holz angewendet werden. Die Technik ist dem normalen Trennschnitt für vertikale Spannungen sehr ähnlich. Der erste Schnitt erfolgt in das Druckholz **(1)**. Der Folgeschnitt (Gegenschnitt) auf der Zugholzseite wird nun ca. 1 bis max. 5 cm versetzt zum ersten Schnitt im ruhenden Holz angelegt **(2)**, damit das vermutete fliegende Holzstück die Motorsäge nicht mit- und dem Sägenführer nicht aus der Hand reißt.

Vor Anlage des Gegenschnitts kann ein dickerer Stamm, der nicht über Bauchhöhe liegen sollte, im neutralen Holzspannungsbereich geschmälert werden. Dazu die Säge von oben **(3)** über die Druckholzseite **(4)** nach unten führen **(5)**. Der Stamm kann beidseits bis ca. 20 % des Durchmessers geschmälert werden, ohne dass die Schiene im Holz einklemmt. Der Gegenschnitt erfolgt im Zugholz mit auslaufender Kette **(6)**.

gebogene Bäumchen
Kapitel 6
S. 176

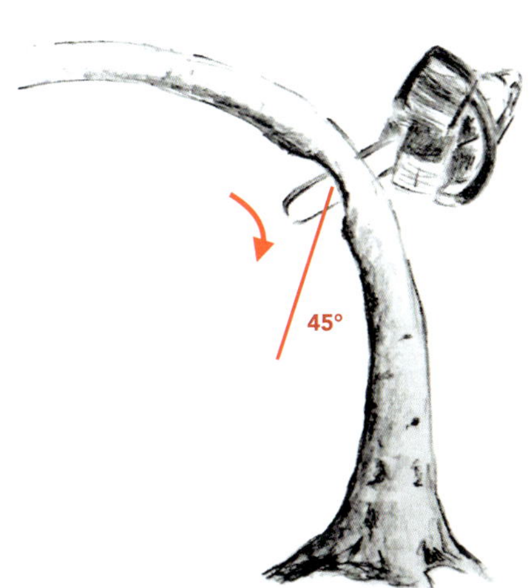

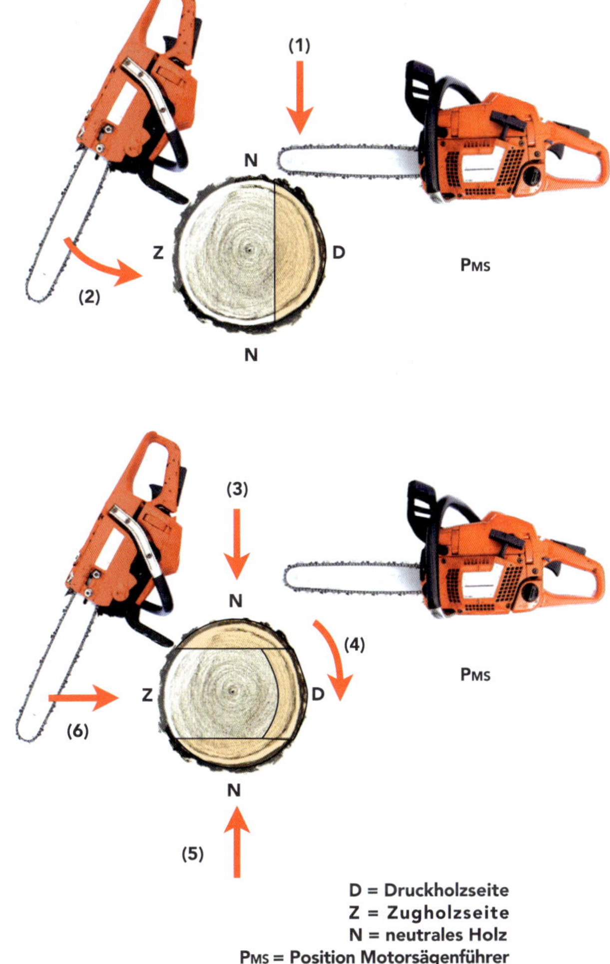

Bei dünnen, stark gebogenen Ästen und Bäumen kann die Rasiertechnik angewendet werden. Rasiert wird mit der Motorsäge auf der Druckholzseite. Dazu wird die Schiene im 45° Winkel schräg über das Holz gezogen.

Der Gegenschnitt eignet sich für Stämme mit Horizontalspannungen.
Dünne Stämme (Bild oben rechts): Schnitt (1) ins Druckholz, Gegenschnitt (2) mit auslaufender Kette ins Zugholz mit überkopf gehaltener Säge.

Dicke Stämme (Bild unten rechts): Schmälern im neutralen Holz (3) und sichelförmiger Schnitt im Druckholz (4), zweiter Schmälerungsschnitt im neutralen Holz auf der Stammunterseite (5) und Gegenschnitt im Zugholz mit auslaufender Kette (6).

Kerbschnitt-Technik (ggf. mit Gegenschnitt; Vertikal- und Horizontal-Spannungen)
Der Kerbschnitt eignet sich als Trennschnitt bei seitlich stark gespannten Schwachholzstämmen. Er kann auch bei vertikal unter Holzspannungen stehenden, schwach bis mittelstark dimensionierten Stämmen als Trennschnitttechnik angewendet werden (z.B. um einen Stamm vom Wurzelteller zu trennen).

Kerbschnitt-Technik
1. Bei seitlicher Stammbiegung schneidet der Motorsägenführer von seiner Standposition aus auf der Druckholzseite eine offene Kerbe mit einer Schnitttiefe von ca. 1/5 des Stammdurchmessers **(a)**.
2. Die Kerbe wird immer weiter geöffnet bzw. vergrößert. Dazu sägt man abwechselnd von Dach- und Sohlenseite Holz scheibchenweise weg. Durch die schrittweise Kerbvergrößerung biegt sich der Stamm immer weiter Richtung Druckholzseite, bis er im letzten Fünftel vollends durchbricht. Stämme und starke Äste können so nur von der Druckholzseite durchtrennt werden, was dann sehr vorteilhaft ist, wenn der Zugang für die Motorsägenschiene zur Zugholzseite verwehrt ist (z.B. wenn die Zugholzseite eines Starkastes direkt auf dem Waldboden aufliegt).

Kerbschnitt-Technik mit Gegenschnitt
1. Der Kerbschnitt wird meistens mit einem Kerbgegenschnitt kombiniert **(b)**. Zunächst wird eine offene Kerbe bis maximal 50 % des Stammdurchmessers scheibchenweise auf der Druckholzseite vergrößert.
2. Mit dem Gegenschnitt wird der Stamm von der Zugholzseite aus durchtrennt. Er wird mit auslaufender Kette geschnitten, wenn die Spannungen horizontal sind. Die Motorsägenschiene wird dazu 45° bis 90° an die Zugholzseite gehalten und überkopf zu sich herangezogen **(c)**. Das hat den Vorteil, dass der Sägenführer eine wesentlich höhere Kontrolle über die Motorsäge beim Gegenschnitt besitzt.
Beim kombinierten Schnitt aus offener Kerbe mit Gegenschnitt ist wieder besonders auf das Spannungspotential der beiden Stammstücke zu achten: Werden beide Hölzer aufgrund immenser Holzspannungen beim Gegenschnitt wegfliegen, so ist der Gegenschnitt genau auf Sehnenhöhe der Kerbe zu schneiden. Ansonsten ist der Gegenschnitt ins ruhende Holz anzulegen, damit die Säge nicht katapultartig vom fliegenden Holz weggeschossen wird.
Bei stärkeren Stämmen kann der Stamm im neutralen Holz bis je maximal 1/5 des Stammdurchmessers beidseits zusätzlich geschmälert werden **(d)**.

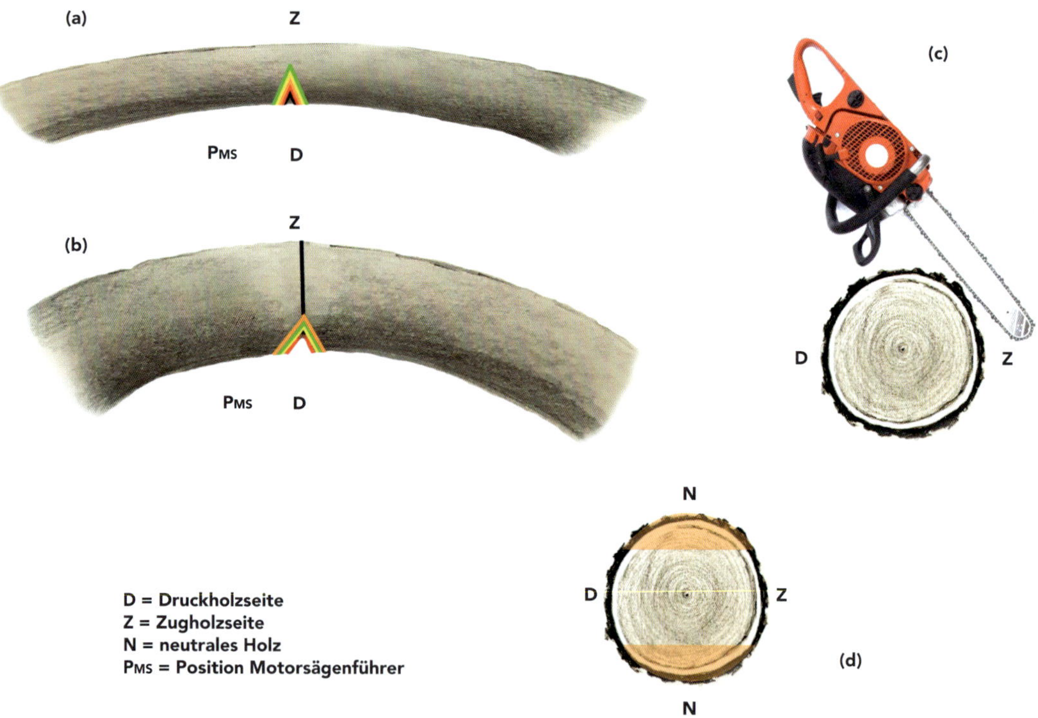

Bei der Kerbschnitt-Technik wird der seitlich gebogene Stamm von der Druckholzseite her mit einer Schnitt für Schnitt vergrößerten Kerbe so weit geschmälert, bis er schließlich durchbricht (a). Alternativ wird die Kerbe bis maximal 50 % des Stammdurchmessers scheibchenweise vergrößert und dann von der Zugholzseite her durchtrennt (b). Bei horizontalen Spannungen wird die Säge überkopf geführt (c). Bei stärkeren Stämmen können zusätzlich im neutralen Holz Schmälerungsschnitte gesetzt werden (d).

Schmetterlingsschnitt (Schrägschnitttechnik; vor allem bei Horizontal-Spannungen)

Stellt der Sägenführer am seitlich unter Spannung stehenden Baumstamm oder Ast unklare Verhältnisse von fliegendem Holz fest, so kann er den Schmetterlingsschnitt anwenden. Den Trennschnitt gibt es in der öffnenden und in der schließenden Variante („öffnender oder schließender Flügelschlag des Schmetterlings"). Beide Trennschnittvarianten zielen darauf ab, dass der Motorsägenführer das spannungsgeladene Holz mit dem letzten, schräg im 45°-Winkel zur Stammachse geführten Schnitt aus einer sicheren Arbeitsposition heraus durchtrennt. Der öffnenden Variante ist der Vorzug zu geben. Die Motorsäge am langen Arm halten.

1. Der erste Schnitt wird von der Seite im 90°-Winkel zur Stamm- bzw. Astachse geführt. Die Schnitttiefe sollte bei maximal 50 % der Stamm- oder Aststärke liegen. Der Sägenführer hat zwei Möglichkeiten: Entweder er wechselt die Standpositionen am Stamm (kann gefährlich sein) oder er führt die Schnitte des Schmetterlingsschnitts nur von einer Seite aus (sicherere Variante). Zusätzlich können die Stammober- und Stammunterseite geschmälert werden **(1)**.

2. Mit dem zweiten Schnitt, dem Schmetterlingsschnitt, wird nun der Stamm durchtrennt. Dabei steht der Sägenführer bei der öffnenden Variante im Bereich des wahrscheinlich ruhenden Holzes **(2)**. Bei der schließenden Schnittvariante steht der Sägenführer hingegen im Bereich des (eventuell) seitlich fliegenden Holzes **(3)**. Beide Positionen des Sägenführers können als sicher gelten: Nach der Stammtrennung fliegt der Stamm bei der öffnenden Variante, wenn die Zugholzseite versehentlich falsch eingeschätzt wurde, am Sägenführer vorbei. Bei der schließenden Variante und einer versehentlich falschen Einschätzung der Holzspannungen, klemmt höchstens die Motorsägenschiene nach dem Schnitt im Trennschnitt ein **(4)**. Das am ruhenden Holz schräg geschnittene Holzstück wirkt als Barriere für das fliegende Holzstück **(5)**. Die Schmetterlingsschnitte können im Übrigen auch etwas überlappend zum ersten Schnitt ausgeführt werden **(6)**.

Ein weiterer Vorteil bei diagonal zur Stammachse angelegten Schnitten ist, dass sich der Schnitt im Holz langsamer schließt und damit die Schiene der Motorsäge weniger schnell einklemmt.

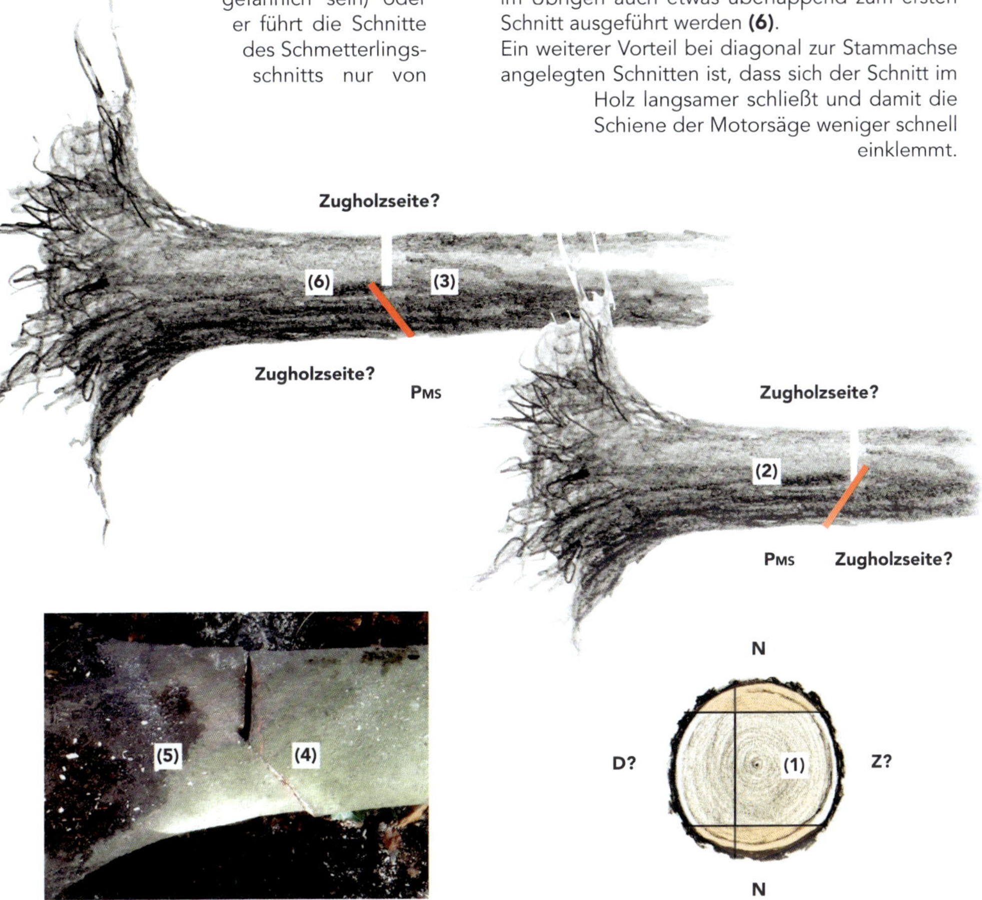

Lässt sich nicht sicher feststellen, wo sich beim seitlich unter Spannung stehenden Stamm ruhendes und fliegendes Holz befinden, bietet der Schmetterlingsschnitt Sicherheit für den Motorsägenführer.

Zapfenschnitt-Technik (Vertikal-, Horizontal-Spannungen)

Mit der Zapfenschnitt-Technik können Stämme vor allem sehr sicher von Wurzelstöcken umgefallener Bäume getrennt werden. Zusätzlich zur Motorsäge wird bei dieser Arbeitstechnik ein Seilzug oder eine Seilwinde benötigt, da die Trennung des Stamms von der Wurzel (Abstocken) erst nach der Anlage des Zapfens am Stamm mit dem Seil geschieht. So wird die Gefährdung des Motorsägenführers drastisch reduziert (z.B. wenn in einer unübersichtlichen Verhausituation kein Fluchtweg angelegt werden kann oder bei der Aufarbeitung im Hang), da er vor der eigentlichen Stammtrennung den Gefahrenbereich verlässt. Die Arbeitstechnik kann jedoch erst ab einer Stammstärke von ca. 30 cm Durchmesser (bzw. der Stammstärke der 3-fachen Schienenbreite) angewendet werden.

Seil-einsatz

Kapitel 4
S. 68 ff.

Die Anlage des (Sicherheits-)Zapfens erfolgt i.d.R. im Bereich der ersten Meter am liegenden Baum oberhalb des Wurzeltellers. Nach geschnittenem Zapfen kann der Stamm grundsätzlich in drei Richtungen von der Wurzel abgezogen werden: in Wurzel- oder Kronenrichtung oder seitlich im rechten Winkel zur Stammachse von der Krone her. Die Anlage des Trennschnitts kann daher (je nach Zugrichtung des Seils) sowohl am langen als auch am kurzen Stammstück in Wurzelnähe erfolgen.

Wenn möglich, sollte zuerst das Seil eingebaut werden (zusätzliche Arbeitssicherheit). Besonders ist dies zu empfehlen, wenn der Wurzelteller in Richtung des Arbeiters zu fallen droht. Dann sollte der Teller zusätzlich mit einem Querholz unterhalb der Seilführung gesichert werden.

Mit der ersten Schnittfolge wird der Stamm ringförmig geschmälert, so dass in der Stammmitte eine Reststärke von maximal 1/4 des Stammdurchmessers verbleibt **(1)**. Dieser Ringschnitt erfolgt i.d.R. durch zwei C-förmige Schnitte, die von beiden Stammseiten geführt werden. Der Ringschnitt kann auch alternativ durch gerade Schnitte auf allen vier Stammseiten erfolgen, so dass in der Stammmitte ein quadratischer Balken in der ungefähren Stärke von maximal 1/4 des Stammdurchmessers übrigbleibt.

Dann erfolgt die eigentliche Anlage des runden oder eckigen Zapfens: Der Stamm wird mittig ca. 15 cm bis 30 cm versetzt zum Ring- oder Quadratschnitt eingestochen **(2)**. Dabei darf der Stamm jedoch nicht durchstochen werden – den Stechschnitt daher nur bis zu einer maximalen Tiefe von

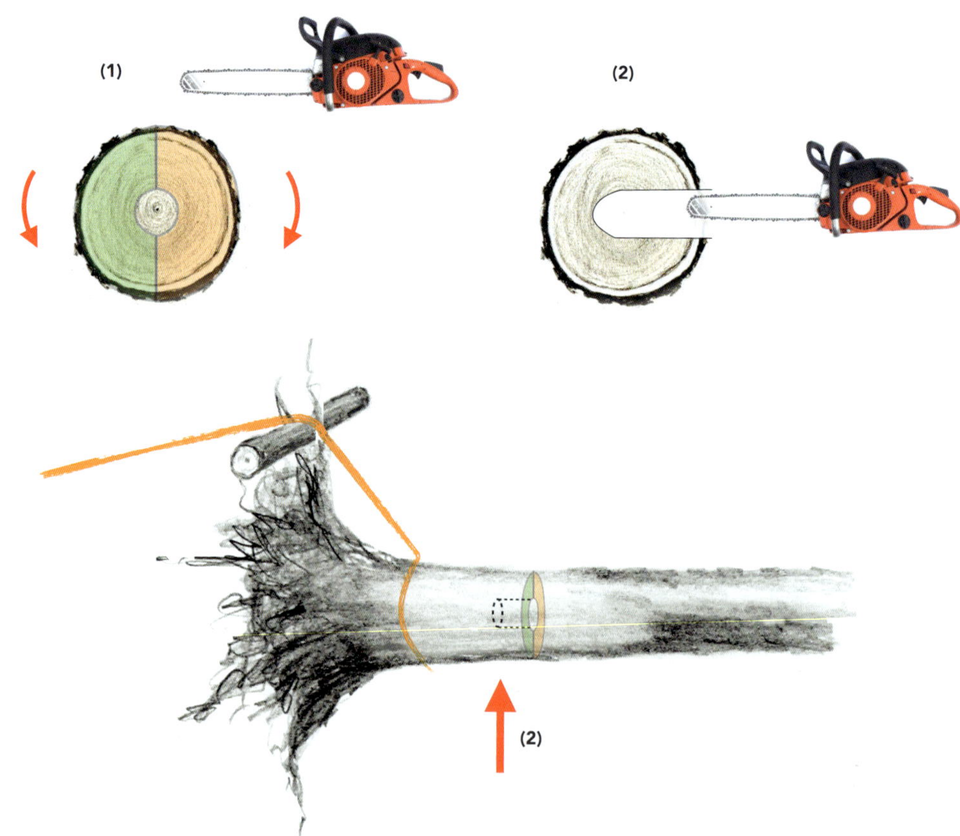

Der Zapfenschnitt erlaubt eine für den Motorsägenführer sichere Abtrennung von Wurzeltellern. Der Wurzelteller wird am besten mit einem Seil gesichert, das über eine Holzstange im Wurzelbereich läuft. Der Stamm wird mit zwei C-Schnitten ringförmig geschmälert, der verbliebene Zapfen abschließend 15 bis 30 cm versetzt durchstochen.

ca. 2/3 der Stammstärke führen. Der Stechschnitt muss auch so erfolgen, dass eine geringfügige Überlappung zum Ringschnitt besteht, damit alle Fasern im Stammquerschnitt in den zwei Schnittebenen durchtrennt sind. Die Lage des Zapfenschnitts kann grundsätzlich so erfolgen, dass nach dem Abziehen entweder der Zapfen oder das Zapfenloch im kürzeren Stammstück verbleibt.

Im letzten Schritt wird der Stamm von der Wurzel abgezogen. Bei dieser Trennschnitttechnik ist wichtig zu erwähnen, dass der Stamm an der Zapfenstelle regelrecht abgeknickt werden muss. Bei seitlichem Abziehen des Stamms muss das Seil daher mindestens einige Meter oberhalb des Zapfens am Stamm in Kronenrichtung befestigt werden. Auch muss die Länge des Zapfens beim Seitenzug auf 15 cm beschränkt werden (Abstand des Stechschnitts zum Ringschnitt).

Wichtig: Diese Arbeitstechnik erfordert einige Übung und eine hohe Zugkraft der Winde.

Keileinsatz bei Trennschnitten

Liegt ein dicker Stamm direkt auf dem Boden, kann man ihn unter Zuhilfenahme von Fällkeilen aufarbeiten. Dazu auf der Druckholzseite den Stamm so weit einschneiden **(1)**, bis der Schnitt zugehen will oder bis ein Keil in den Schnitt gesteckt werden kann **(2)**. Die Säge bleibt im Schnitt sitzen; der Keil darf die Schiene nicht berühren. Da sich das nicht immer richtig einschätzen lässt, empfiehlt sich der Einsatz von Kunststoff- oder Holzkeilen.

Nun weiter nach unten sägen, bis nur noch 1/4 Stammdurchmesser steht **(3)**. Den Keil so tief wie möglich einschlagen und danach den Stamm vollständig durchtrennen.

Spalten von Holz

Spalteigenschaften

Kapitel 6
S. 178

Holz mit einer Axt oder dem Spalthammer spalten, ist anstrengend, aber auch eine der wenigen Arbeiten, bei der man gleichzeitig Sport treibt, etwas sehr Produktives leistet und (sofort) Ergebnisse sieht. Das motiviert, insbesondere, wenn man weiß, wie man mit den jeweiligen Holzeigenschaften umgeht, wie das Holz am besten liegt und welche Technik man einsetzen kann. Außerdem benötigt man gutes Gerät.

Es gibt mehrere Möglichkeiten, dem Stammstück mit geeignetem Schlagwerkzeug zu Leibe zu rücken. Stammstücke bis ca. 50 cm werden hochkant auf eine der beiden Stirnseiten gestellt und radial oder tangential bearbeitet (siehe S. 160, Bild **(a/b)**). Es können Spalthammer, Spaltaxt und Beil verwendet werden.

Bei kleinen Holzdurchmessern erfolgt der erste Spaltschlag am besten radial in der Flucht des Windrisses. Die so entstehenden Hälften lassen sich i.d.R. mühelos weiter teilen. Die eigentliche Herausforderung bei den dünnen Rundlingen besteht darin, möglichst wenig Zeit für sie aufzuwenden. Sehr praktisch ist der Holzspaltfaulenzer (man kann auch einen bzw. mehrere Gummiexpander verwenden). Mit dem Faulenzer werden einige Rundlinge zunächst gebündelt. Im zweiten Schritt werden sie dann sämtlich mit der Axt in die gewünschte Größe aufgespalten. Das Charmante bei dieser Arbeitstechnik liegt darin, dass die Bündelung während des Spaltens erhalten bleibt und die gespaltene Ware im Holzspaltfaulenzer auch über kurze Wegstrecken transportiert werden kann. Vor allem ist diese Methode toll, weil das Spalten viel schneller läuft als bei der Hacken-Aufheben-Hacken-Methode.

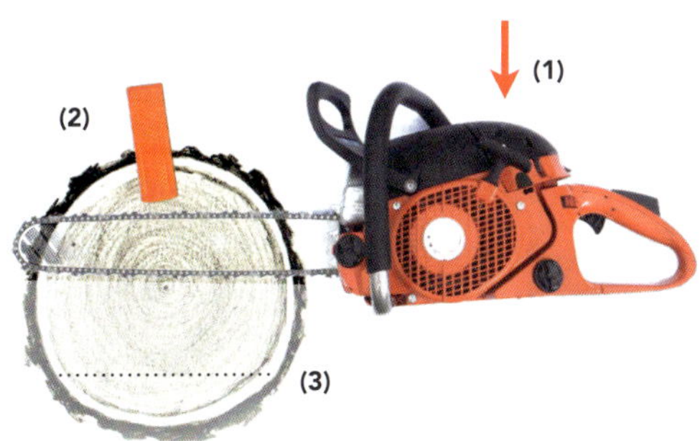

Liegen Stämme mit der Druckholzseite nach oben direkt auf dem Boden, kann man den Schnitt mit einem Keil offenhalten: Sobald der Schnitt zugehen will, steckt man einen Keil hinein; die Säge bleibt dabei im Schnitt.

Der Holzspaltfaulenzer bindet kurze Holzstücke fest zusammen, die so gebündelt anschließend gespalten und weggetragen werden können.

Bündeln lassen sich Holzstücke auch mit einem Autoreifen. Dieser fasst aber nur begrenzt Holz und er kann auch nicht der Bündelgröße angepasst werden.
Beim Spalten sehr dicker, kurzer Stammrollen kommen Spalthammer und Spaltaxt zum Zuge und evtl. Keile. Am wichtigsten ist es zu wissen, wo man die senkrecht aufgestellten dicken Rollen stirnseitig mit der Schneide des Spalthammers treffen bzw. den Keil ansetzen muss: nämlich tangential, zwischen den Jahrringen **(b)**. Dieser Ansatz ist mit dem geringsten eigenen Energieaufwand verbunden. Trifft man gegen die Jahrringe, wird unnötig Kraft verpulvert.

Größere Stücke (Meterstücke) sollten mit dem Windriss auf 12 Uhr liegen und werden entweder 1. durch Schläge stirnseitig in der Flucht des Windrisses, 5 cm von der Rindenkante entfernt **(c)**, oder 2. durch Schläge im 45°-Winkel auf die Kante zwischen Stirnseite und Rindenfläche **(d)** oder 3. durch Schläge entlang eines schon bestehenden Risses im Stamm gespalten. Zum Einsatz kommen Spalthammer oder Spaltaxt.
Für die Schlagvarianten muss sich der Hammerschwinger in eine bestimmte Schlagposition zum Holzstück bringen: Zum Anreißen kann er sich rittlings über dem Stamm stellen. Zum eigentlichen Spalten eignet sich die Position jedoch

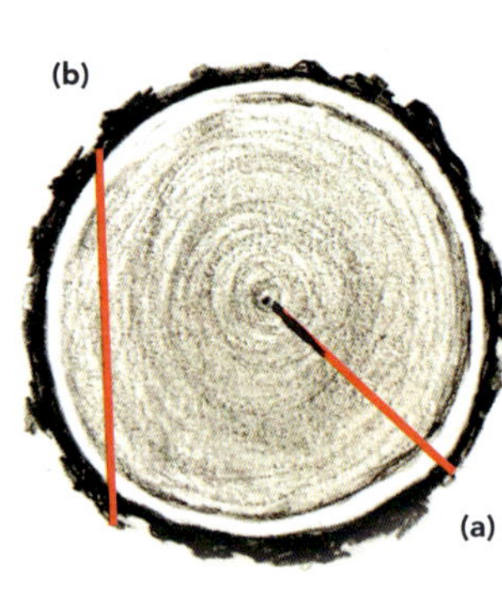

Links: Der Holzspaltfaulenzer als Tragekette.
Mitte: Auch ein alter Autoreifen leistet gute Dienste beim Spalten.
Rechts oben: Radialer Schlag (a) für dünne und tangentialer Schlag (b) für dicke, kurze Holzstücke.

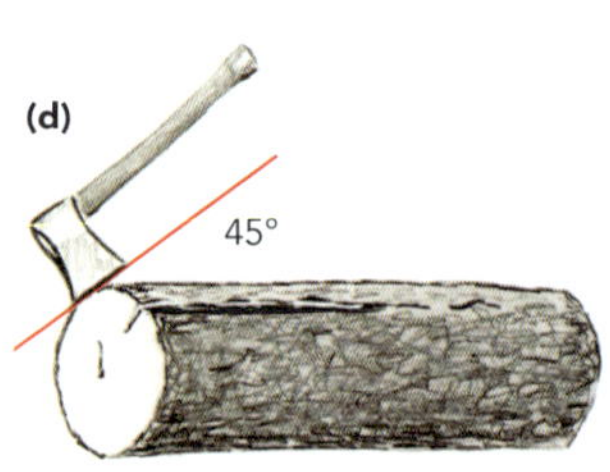

Links: Der Windriss, der durch das Mark des Stammes läuft.
Mitte: Spalten von Meterstücken mit dem Spalthammer.
Rechts (c): Spalten durch Schläge stirnseitig in der Flucht des Windrisses, 5 cm von der Rindenkante entfernt.
Rechts (d): Auftreffwinkel des Spalthammers auf die Kante zwischen Stirnseite und Rindenfläche, Windriss auf 12 Uhr. Befindet sich ein sichtbarer Riss im Stamm, diesen nach oben drehen und mit dem Spalthammer rindenseitig auf den Riss schlagen.

nicht, da er hier mit den Beinen die auseinander fallenden Stammhälften halten müsste. Am besten steht man neben dem Stamm. Man sollte den Rundling möglichst von der dünnen Stirnseite her aufspalten. Hier gilt der alte Holzhauerspruch „Wie der Vogel scheißt, so das Holz reißt" (also von oben nach unten).

Es kann sein, dass das Holzstück bereits nach dem ersten Schlag halbiert ist. Meistens benötigt man jedoch mehrere Schläge. Wenn man beim Auftreffen des Schlages genau hinhört, nimmt man das "Sprechen" des Holzes wahr. Hat es gesprochen, dann ist sein Widerstand gebrochen. Große Astansätze kann man mit der Motorsäge längs vorschneiden, um sich das Spalten zu erleichtern. Ist das Meterstück halbiert, spaltet man die verbliebenen Hälften wiederum von der Rindenseite her.

5.8.5. Entasten mit der Axt

Entastet wird normalerweise mit der Motorsäge. Wer sich körperlich ertüchtigen möchte, kann auch ein scharfes Beil nehmen, um die Äste am Stamm abzuschneiden. Obwohl das Beil bzw. die Axt ein Schlagwerkzeug ist, werden Äste nämlich abgeschnitten. Ab 5 cm Astdurchmesser hört der Spaß aber meist auf, denn für diese Durchmesser müssen dann mehrere Axthiebe je Ast aufgewendet werden.

Die Axt (auf die angemessene Stiellänge achten) wird mit beiden Händen geführt. Aufgearbeitet wird wie beim Entasten mit der Motorsäge i.d.R. vom Stammfuß zur Krone. Die Grundposition ist die Boxerstellung und Abwandlungen davon. Der Axtschwinger steht beim Entasten auf der linken Stammseite.

Stiellänge ermitteln

Kapitel 4
S. 62

Boxerstellung

Kapitel 3
S. 48 f.

In Boxerstellung befinden sich Seitenäste vor dem Axtschwinger. Die Seitenäste werden in dieser Position von oben in einem ungefähren Auftreffwinkel von 45° relativ zur Stammachse von der Axt stammeben getroffen. Dabei schwingt die Axtschneide sehr flach am Stamm entlang (in einem Winkel von ca. 10°). Gelegentlich müssen erst Äste schräg getrennt werden (dickere Astdurchmesser), bevor die Aststummel stammglatt abgeschnitten werden können.

Für Äste auf der Ober- und Unterseite des Stammes dreht sich der Arbeitende mit seinem Körper zum Stamm hin. Geschnitten wird jeweils der Ast, der sich direkt vor dem Körper befindet. Er wird durch einen Seitenschwung abgetrennt, bei dem sich der Axtstiel ungefähr im rechten Winkel zur Stammachse befindet und die Axtschneide wiederum in einem flachen Winkel von ca. 10° geführt wird.

Kommt man an die Äste der Stammunterseite nicht heran, muss der Stamm gedreht werden.

Beim Entasten mit der Axt auf einen sicheren Stand in Boxerstellung (und Varianten davon) achten.

5.8.6. Sturm- und Bruchholz

Die Aufarbeitung von Sturm- und Bruchholz ist die gefährlichste Waldarbeit – um sie sollten sich nur absolut erfahrene Waldarbeiter kümmern. Das Holz liegt nach einem Sturmereignis nämlich häufig wirr und mikadoartig auf der Waldfläche; es besteht i.d.R. keinerlei Systematik und es gibt keinen genauen Überblick über die Gefahrenlage. Insbesondere Holz mit hoher Spannung und große Wurzelteller, die in die Höhe ragen und nach dem Abtrennen des Stamms vom Stock mit Wucht nach vorne kippen oder zurückfallen, bergen hohe Risiken für den Waldarbeiter.

Für Sturm- und Bruchholz gilt folgender allgemeine Aufarbeitungsgrundsatz: „Maschineneinsatz vor Personeneinsatz" (so gern man selbst seine Motorsäge auch mag). Führt kein Weg am direkten Einsatz menschlicher Arbeitskraft – und zwar mit höchster Aufmerksamkeit, Zeit und Ruhe – vorbei, sollte folgendes Vorgehen beherzigt werden: 1. das wirre Holz aus der Richtung beginnend aufarbeiten, aus der der Wind kam, 2. vom Rande beginnen, 3. zuerst bestehende Gefahren von oben beseitigen (das sind: gebogene Bäume, abgebrochene und hängengebliebene Stamm- und Kronenteile, sowie angeschobene, schräg stehende Bäume), 4. geworfene, verkeilte und gespannte Baumstämme von der Baumwurzel abstocken und 5. zuletzt die verbliebenen Baumpfähle fällen.

Bei jedem Schnitt mit der Motorsäge ist in jedem Fall mit starken Holzspannungen zu rechnen, die sich sehr plötzlich entladen können. Diese gefährlichen Zugspannungsverhältnisse muss der Motorsägenführer im Sturm- und Bruchholz einschätzen können. Da das aber häufig nicht genau möglich ist (u.a. aufgrund schlechter Sichtverhältnisse), sind beim Arbeitsfortschritt andauernd per Seil freiliegende und abgestockte Stämme zu entzerren (hier ist das Stahlseil aufgrund des hohen Erdkontakts günstig), vorzurücken und weiter aufzuarbeiten. Waldboden und Steine am Holz sind bei der Aufarbeitung von Sturmholz weitere Belastungen für Motorsägenkette und Motorsägenführergemüt.

Entwurzelte Bäume stehen unter großer Spannung. Zug- und Druckholzseite müssen sorgfältig bestimmt werden. Gearbeitet wird oft mit langem Arm und immer mit erhöhter Konzentration. Nach Schmälerung der einen Stammseite wird der Trennschnitt bei Stämmen, die breiter sind als die Schiene, auf der anderen Seite fertig geschnitten.

Hier werden die Kräfte sichtbar, die im Stamm herrschen: Der nach oben ragende Wurzelteller zieht kräftig am Stamm – und klappt nach dem Trennschnitt mit Macht in sein angestammtes Loch zurück.

Sich einen Überblick verschaffen: Flächenwurf im Fichtenbestand.

6. Holzwissen:

Eigenschaften von Bäumen und Holz richtig einschätzen

Bäume sind ein Wunder der Natur. Sie besitzen neben ihrer dauerhaften Schönheit zahlreiche Qualitäten, die wir Menschen zum Leben benötigen. Deshalb schützen und fällen wir Bäume gleichermaßen. Bei der Fällung und Aufarbeitung zeigt sich schnell: „Nicht jeder Baum ist aus dem selben Holz geschnitzt." In diesem Kurzkapitel geht es um die Eigenschaften von Bäumen und Holz. Derlei Grundkenntnisse zu besitzen, erleichtert die Fällarbeiten ungemein.

6.1. Eigenschaften von Bäumen

Die Eigenschaften stehender, hängender, geworfener und liegender Bäume können sehr unterschiedlich sein. Sie beeinflussen zum einen die Auswahl einer geeigneten Fäll- und Aufarbeitungstechnik, zum anderen bestimmen sie den Wert des Baumes. Etwas über Baum- und Holzeigenschaften zu wissen, macht aber auch große Freude, weil man mit diesem Wissen mit neu geschärftem Blick durch den Wald läuft und tausend Kleinigkeiten entdeckt, die einem vorher entgangen sind.
Von besonderer Bedeutung für Fällung, Aufarbeitung und Verwertung sind neben Höhe und BHD:

- Lot oder Neigung des stehenden Baumes
- Krone (Form, Lage, Gewicht), Verzweigungssystem und Totholzäste
- Wuchsmerkmale des Stammes
  - Faserverlauf und Faserlänge
  - Rindeneigenschaften
- Verankerung im Boden
- Vitalität
- Holz in Spannung
- Geworfenes und liegendes Holz
  - Liegendes Holz
  - Aufhängerbäume
  - Sturm- und Bruchholz
  - Spalteigenschaften

Diese Holz- und Baumeigenschaften haben Konsequenzen für die Bearbeitung mit Motorsäge, Winde, Spalthammer und Axt.

Im Bildvordergrund ein Vorhängerbaum, im Bildhintergrund, hinter dem Motorsägenführer, ein lotrecht stehender Baum.

6.1.1. Bäume im Lot und mit Neigung

Bei lotrechten Bäumen verläuft die Gewichtskraft von Krone und Stamm senkrecht im Stamm. Bäume mit Neigung haben ihren Gewichtsschwerpunkt außerhalb des Stamms. Drei verschiedene Neigungsarten des Baumes können auftreten:

1. Vorhängerbaum (der Baum hängt in Fällrichtung).
2. Seitenhängerbaum (der Baum hängt seitlich zur Fällrichtung; Links- oder Rechtshängerbaum).
3. Rückhängerbaum (der Baum hängt entgegengesetzt zur Fällrichtung).

Baumansprache
Kapitel 2
S. 21

Die Gewichtskraft wirkt bei der Fällung auf das Kippscharnier. An Waldbart und Stock kann man erkennen, wie die Fasern innerhalb der Bruchleiste beim Fall des Baumes gezogen haben. Während des Falls reißen die Fasern innerhalb der Bruchleiste von hinten nach vorne schrittweise ab. Der Baum reißt vollends vom Stock ab, wenn das Fallkerbdach auf die Sohle trifft. Zugkräfte bestehen vor allem im hinteren Bereich der Bruchleiste. Sie sind in etwa doppel so groß wie die Druckkräfte im vorderen Bereich der Bruchleiste.

Baum-
kronen

Kapitel 5
S. 139

Im Rindenbereich der Fallkerbsohle sieht man, wo das Fallkerbdach aufgetroffen ist, da hier das Splintholz gequetscht wurde. Wo besonders hohe Fasern am Stock ausgerissen sind, herrschten besonders hohe Zugkräfte. Hierhin wird also der Baum beim Fallen gezogen – kurz: Holz zieht Holz!

trockene
Bäume

Kapitel 5
S. 130 ff.

6.1.2. Krone (Form, Lage, Gewicht), Verzweigungssystem und Totholzäste

Während der Vegetationszeit stehen Bäume buchstäblich im Saft. Dann befindet sich sehr viel Wasser im äußeren Randbereich des Stamms, in den Ästen und vor allem in den Nadeln oder im Laub der Bäume. Das hat Konsequenzen für die Baumfällung, denn der entstehende Hebel während des Baumfalls besitzt durch das größere Gewicht eine wesentlich stärkere Wirkung. Das Gewicht der Baumkrone ist bei Laubbäumen höher als bei Nadelbäumen. Starke Seitenäste und ungleicher Wuchs erschweren die Beurteilung der Gewichtsverteilung (z.B. beim Zwiesel). Der Motorsägenführer muss sich daher für die richtige Ansprache der Baumkrone Zeit nehmen.

Vollkommen abgetrocknete und abgestorbene Bäume hingegen weisen nur noch eine geringe Gewichtsmasse auf. Diese Bäume lassen sich daher häufig nur recht mühsam runterbringen, weil sie ohne den wuchtigen Hebel nur schwer ins Ungleichgewicht kommen. Die Keilarbeit ist hier sehr anstrengend und schweißtreibend.

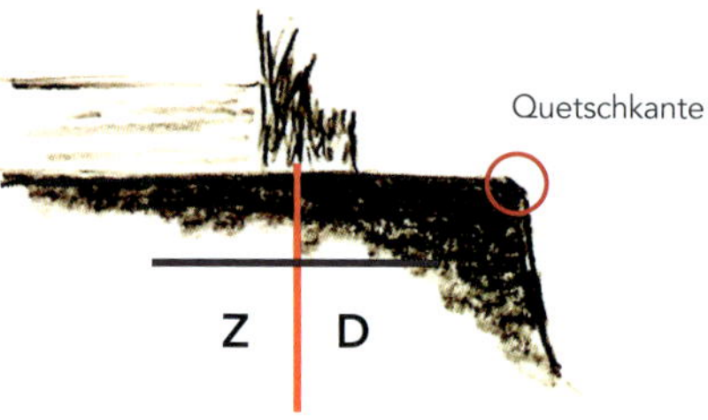

Z = Zugholzseite
D = Druckholzseite

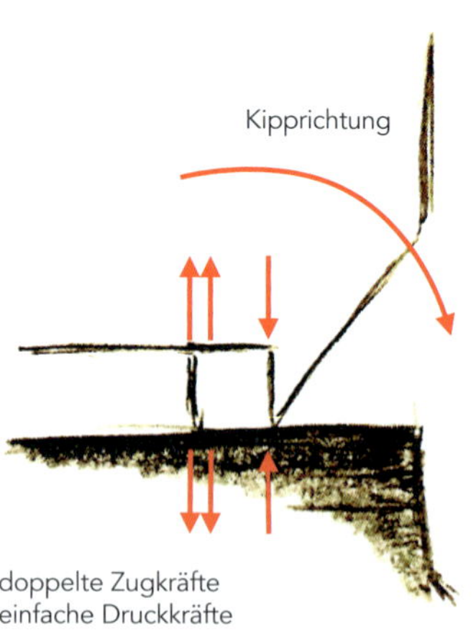

doppelte Zugkräfte
einfache Druckkräfte

Links oben: Holz zieht Holz – sichtbar an den längeren Bruchleistenfasern links.
Mitte: Die Fasern auf der Zugholzseite der Bruchleiste werden gezogen, bis sie reißen. Die Fasern auf der Druckholzseite der Bruchleiste reißen schneller ab, wodurch die Bruchleiste am Stock verschiedene Faserhöhen präsentiert.
Links unten: Zug- und Druckverhältnisse in der Bruchleiste beim fallenden Baum.
Rechts oben und unten: Schematische Darstellung der Druck- und Zugverhältnisse in der Bruchleiste.

In der Vegetationszeit tritt bei manchen zu fällenden Laubbaumarten ein Phänomen auf, das man Segelwirkung der Laubblätter nennt: Besonders bei der Buche haben die Blätter während des Falls des Baumes Effekte eines Schiffssegels, wodurch er unruhig mit einer Drift zu Boden flattern kann.
Im Laubwald ist der Kronenraum meist dicht geschlossen, die Äste greifen oft ineinander. Sperrige Baumkronen von Nachbarbäumen können so die Fällung behindern. Bäume mit großer Krone reißen nicht selten weitere, meist kleinkronige Nachbarbäume mit, insbesondere bei flachgründigen Böden und bei Hangfällungen.
Bei Laubbäumen kommen Totholzäste vor, die man schlecht sieht, die lose im Baum hängen oder leicht abbrechen und die sehr gefährlich sind.
Bei Frost – und vor allem bei schneebedeckten Ästen und Kronen – brechen auch Äste oder Kronenteile vom Baum ab, die sonst nicht brechen würden. Frost bedeutet: Das Wasser im Holz ist gefroren. Äste können dann wie Glas brechen (z.B. besonders anschaulich bei Bergahorn zu beobachten). Deshalb ist es nochmal gefährlicher bei Frost, also unter 0° C, Baumfällarbeiten durchzuführen. Insbesondere wenn in Beständen geschlagen wird, wo einem Nachbarbäume in die Quere kommen, ist das zu berücksichtigen.
Auch gibt es Unterschiede in den Fälleigenschaften bezüglich der Verzweigungsarten. Im Allgemeinen lassen sich in Waldbeständen spitz- bzw. kegelkronige Baumarten leichter fällen als solche mit kugelartigen Kronen, starken Ästen und asymmetrischen Astverzweigungen. Das hat mehrere Gründe: Die meisten Nadelbaumarten haben nur eine Hauptstammachse, während Laubbäume viele Verzweigungen und Verästelungen aufweisen. Bei Nadelbäumen wie Fichte, Tanne und Douglasie kommt an der Hauptstammachse zudem eine regelmäßige Verzweigung der Äste vor; diese haben i.d.R. eine feine Struktur und wachsen waagrecht beziehungsweise leicht nach unten geneigt an der Stammachse. Die Nadeln sind kleiner und ihre Oberfläche glatter als Laub – fallende Nadelbäume gleiten daher meist leichter an den Ästen, Feinästen und Nadeln von Nachbarbäumen vorbei als Laubbäume mit ihren Blättern.

Oben links: Das wilde Verzweigungssystem einer Eiche.
Unten links: Hauptstammachse eines Nadelbaums mit gleichmäßig angeordneten Zweigen – wie bei einer Klobürste.
Rechts: Bäume im Frost.

6.1.3. Wuchsmerkmale des Stammes

Wie im Außen so im Innen, wie im Innen so im Außen: Anhand der äußeren Wuchserscheinung, sowie an Ästen, Rinde bzw. Borke eines Baumes kann der Faserverlauf im Baumstamm recht gut erahnt werden. Ebenso können Rückschlüsse auf den Gesundheitszustand des Baumes sowie die Festigkeit der Holzfasern im Stamminneren gezogen werden. Die wichtigsten äußeren Merkmale, die man am Stammverlauf ablesen kann, um den Faserverlauf im Holz abzuschätzen, sind

- krumm
- bogig
- bauchig bzw. flaschenförmig
- abholzig
- oval
- spannrückig
- gedreht

Fremdkörper im Stamm

Kapitel 5
S. 140

Stammfäule

Kapitel 6
S. 171

Äste deuten ferner darauf hin, dass die Holzfasern des Stamms um diese bogig verlaufen.

Die wichtigsten äußeren Merkmale, die man bei der Baumfällung an der Rinde erkennen kann, sind

- frühere, überwallte Äste bzw. Astlöcher; frühere Triebe, Stämme (z.B. offensichtliche/frühere Schnittflächen),
- lebende oder abgestorbene Rinde,
- Risse im Stamm (z.B. offensichtlich längs gesplitterter Stamm, Frostleiste),
- frühere Stammschäden (z.B. Anfahr- und Rückeschäden),
- Verwachsungen (z.B. unregelmäßiger bzw. maserknollenartiger Faserverlauf im Holzkörper),
- Einwachsungen von Fremdmaterialien (z.B. Draht, Splitter, Steine),
- Einflüsse durch Pflanzen, Pilze (z.B. Rindenpilze, Mistelbewuchs), Tiere (z.B. Spechtabschläge).

Sämtliche Rindenabweichungen von der Norm deuten auf einen ungleichmäßigen oder veränderten Faserlauf hin bzw. auf eine Stammfäule im Kernholzbereich.

Oben: Krumme Bäume.
Unten links: Bogiger Stamm.
Unten Mitte: Flaschenförmiger Stamm.
Unten rechts: Abholziger Stamm eines Solitärs.

Von oben nach unten: Spannrückiger Stamm; früherer Astansatz mit innenliegender Stammfäule; Frostleiste, die auf einen Stammriss hindeutet; Maserknolle/Wucherung.

Von oben nach unten: Starker Drehwuchs; abgetrockneter Stamm mit intakten Holzfasern; Totholzstamm mit Pilzbewuchs, zerstörte Holzfasern; Rückeschaden am Stammfuß.

Faserverlauf und Faserlänge

Fasern können im Holz gerade und schräg, kurz und lang sein. Diese Qualitäten haben Einfluss auf die Fälleigenschaften von Bäumen. Ein schräger Faserverlauf im Holz kann bei Baumfällarbeiten sehr gefährlich werden, weil er die Bruchleiste funktionsunfähig machen kann. Diese Problematik erhöht sich, wenn die Fasern zusätzlich kurz sind. Sie ist mit am größten, wenn kurzfaserige Hölzer als Rückhängerbäume gefällt werden sollen, da hier zum einen die Zugeigenschaften des Holzes gering ausgeprägt sind und zum anderen das relative Bruchleistenmaß von 1/10 schnell unbeabsichtigt unterschritten wird.

Rückhänger

Kapitel 5
S. 111

zu schmale Bruchleiste

Kapitel 5
S. 116

Schräge Faserverläufe kommen vor allem vor bei abholzigen Baumstämmen, im Wurzelanlaufbereich, (tiefen) Zwieseln, Rindenüberwallungen von ehemaligen Stammwunden (u.a. Ein-/Überwachsungen), Maserknollen und anderen Stammwucherungen und bei sehr schräg stehenden Bäumen (z.B. Waldrandbäume, Bäume an Wegen).
Wem die Einschätzung der Faserverläufe schwerfällt, der stelle sich einfach vor, wie das Wasser am Stamm herunterfließen würde: Überall dort, wo es nicht senkrecht flösse, kommen schräge Faserverläufe vor.
Vollholzigkeit besteht, wenn der Durchmesser eines Baumes je 1 m Stammlänge um ≤ 1 cm abnimmt. Vollholzige Bäume kommen überwiegend in Wäldern bzw. Beständen vor, da sie mit vielen anderen Bäumen gemeinsam aufwachsen. Die Vollholzigkeit eines Stamms entsteht, weil der Baum zum Licht strebt. Wenn viele Bäume gemeinsam wachsen, dann erfährt der Einzelbaum einen Konkurrenzdruck um das Licht, und so wachsen die Bäume in unseren Wäldern überwiegend gerade und schlank zum Himmel empor.
Abholzigkeit besteht, wenn der Durchmesser eines Baumes je 1 m Stammlänge um > 1 cm abnimmt. Bäume, die abholzig wachsen, besitzen häufig viel Wuchsraum; sie können sich nach dem Wuchsfaktor Licht frei zur Seite hin und zum Himmel strecken. Die Wuchsform abholziger Bäume ist entsprechend eher gedrungen bzw. kegelartig. Abholzigkeit kommt häufig bei solitär gewachsenen Bäumen vor, z.B. bei Garten-, Allee- und Straßenbäumen.

Baumarten mit langen Fasern („lange Spaghetti"), beispielsweise Fichte, Weißtanne, Waldkiefer, Lärche, Pappel und Esche, besitzen gute Fälleigenschaften. Ihre Fasern sind flexibel und führen den Baum lange beim Fallen. Hingegen besitzen Baumarten mit kurzen Holzfasern („kurze Spaghetti") eher schlechte Fälleigenschaften – sie brechen leicht und sind wenig flexibel. Zu diesen Hölzern zählen Ahornarten, Rotbuche, Stiel- und Traubeneiche. Jüngere Bäume besitzen allgemein recht gute Fälleigenschaften, da sie tendenziell langfaseriges Holz aufweisen.

Das Prinzip „Holz zieht Holz!"

Wenn die Bruchstufe in ihrer Höhe oder die Bruchleiste in ihrer Breite unregelmäßig ausgeformt sind, fällt der lotrechte Baum nicht in Richtung des geplanten Fällungsziels, obwohl die Sehne exakt im 90°-Winkel zur Fällrichtung verläuft. Hierfür gibt es eine einfache Erklärung: "Holz zieht Holz!" Damit ist gemeint, dass an den Stellen, an denen mehr Holz in der Bruchleistenbreite oder der Bruchstufenhöhe stehen geblieben ist, der Baum in seiner Fallrichtung hinzieht. Das liegt daran, dass die ziehenden Holzfasern (Zugholz) bei einer einseitig breiteren Bruchleiste in einer höheren Anzahl und bei einer einseitig höheren Bruchstufe in einem längeren Bündel vorkommen.

Splint- und Kernholz

Das Holz des Baumes wird aufgeteilt in die zwei Bereiche Kern- und Splintholz. Das Splintholz liegt im äußeren Mantelbereich des Baumstammes und besitzt lebende Zellen und Reservestoffe. Der Splint ist an der Wasserleitung im lebenden Stamm beteiligt. Die Wasserversorgung bei Na-

Fasereigenschaften: Links die „langen Spaghetti" einer Fichte, rechts die „kurzen Spaghetti" eines Ahorns.

Deutlich sichtbar sind hier die schrägen Fasern im Stammfußbereich, welche die Bruchleiste funktionsunfähig machen können.

delhölzern erfolgt im gesamten Splintholz, bei den zerstreutporigen Laubholzarten (z.B. Buche) hingegen nur in den äußeren 10 bis 30 Jahresringen und bei ringporigen Hölzern in den äußeren drei bis zehn Jahresringen (z.B. Trauben- und Stieleiche). Das Kernholz liegt im Inneren eines Baumes. Kernholz enthält keine lebenden Zellen und keine Reservestoffe mehr. Sobald die zum Stofftransport erforderliche Breite des Splintholzes erreicht ist, beginnt die Umwandlung von Splint- zu Kernholz. Dabei verändern sich die Holzzellen strukturell und chemisch.

Bei abgestorbenen Bäumen fault meist das Splintholz vor dem Kernholz. Bei lebenden Bäumen kann das Kernholz weggefault sein. Bei der Stockfäule ist der untere Stammabschnitt betroffen. Holzfäulen werden ausnahmslos von Pilzen verursacht, die mit der Zeit die Holzstruktur auflösen. Diesen Auflösungsprozess nennt man Vermodern bzw. den Holzzustand Holzfäule. Je nach Pilzgruppe werden Braun-, Weiß- und Moderfäulen unterschieden.

Rindeneigenschaften

Die Rindendicke muss bei der Baumfällung mit berücksichtigt bzw. eingeschätzt werden, um vor allem das Mindestrelativmaß für die Fallkerbsohle einzuhalten, Keile im Fällschnitt richtig zu setzen und dadurch den Baum sicher zu fällen. Rinden weisen nämlich keine Holzzellen auf und besitzen daher keine Festigkeitseigenschaften, um dem Baum Halt bei der Fällung zu geben.

Rinden kommen in unterschiedlichen Dicken vor; das liegt vor allem am Alter des Baumes und an der Baumart. Gefährlich kann es bei Fällarbeiten mit der Motorsäge werden, wenn ein überproportional hoher Rindenanteil besteht und das Anfangsschnittmaß von 1/5 für die Sohle zu gering und damit falsch eingeschätzt und die Bruchleiste zu schmal dimensioniert wird. Zum anderen besteht die große Gefahr, dass der Sicherungskeil im Rindenbereich gesetzt wird und sich folglich nicht in den Fällschnitt zieht, da die Rindenzellen nichts halten. Der Baum kippt in diesem Fall eventuell sogar leicht nach hinten, die Schnittfuge des Fällschnitts schließt sich und ggf. klemmt die Schiene der Motorsäge ein. Im schlimmsten Fall reißt der Baum sogar von der Bruchleiste ab und fällt nach hinten um.

Man kann Rinden pragmatisch in drei verschiedene Typen einteilen: glatte, schuppige (abblätternd) und borkige Rinden. In derselben Reihenfolge (glatt – schuppig – borkig) nehmen die Dicken der Rinden i.d.R. zu. So besitzen die glatten Rinden von z.B. Buche, Hainbuche und Fichte Dicken von maximal 1,5 cm (dann handelt es sich bereits um sehr starke Bäume). Die abblätternden Rinden von z.B. Bergahorn, Rosskastanie oder Vogelkirsche weisen ähnliche Dicken auf. Nur die borkigen Rinden von z.B. Eiche, Birke, Linde oder Pappel können Dicken von bis zu 10 cm, die Nadelholzarten Douglasie, Lärche, Schwarz- und Waldkiefer sogar Dicken von mehr als 10 cm aufweisen.

Die Rindendicken am zu fällenden Baum müssen bei der Gefährdungsbeurteilung eingeschätzt werden. Ist man sich bei der visuellen Ansprache unsicher, sollte die Rinde in Fällungsrichtung sowie im hinteren Ansatzbereich des Fällschnitts mit einem Beil oder mit der Motorsäge entfernt werden. Bei dickborkigen Bäumen muss die Rinde in jedem Fall im hinteren Fällschnittbereich, dort, wo Keile zu setzen sind, entfernt werden. Wird sie mit der Motorsäge entfernt, sollte möglichst mit auslaufender Kette gearbeitet werden, da beim Schneiden ungesunde Stäube entstehen können. Die auslaufende Kette schleudert den Staub weg.

Links: Ältere Birke mit dicker Borke. In der Wachstumsschicht (Kambium) eines Baumes werden u.a. im Verlauf des Lebens zur Rinde hin Rindenzellen (Bast) und in Richtung Holzkörper Holzzellen (Xylem) ausgebildet.
Rechts: Lärche mit dicker Borke. Holzmerkmale im Inneren des Baumstamms können oft von außen, an der Rinde, erkannt werden (z.B. links im Bild eine überwallte Astnarbe, die auf veränderten Faserverlauf hindeutet).

Von oben nach unten, linke Seite:
Birke, Eiche, Robinie, Salweide, Fichte, Douglasie, Kastanie, Esche.

Von oben nach unten, rechte Seite:
Hainbuche, Haselnuss, Rotbuche, Kirsche, Eberesche, Ahorn, Lärche, schwarzer Holunder, Kiefer (mit beschädigter Rinde).

6.1.4. Verankerung im Boden

Bei der Baumfällung sollte ein Auge auf die Wurzelverankerung des zu fällenden Baumes und der ihn umgebenden Nachbarbäume geworfen werden – sie haben Einfluss auf die Arbeitssicherheit. Es kann z.B. passieren, dass der zu fällende Baum während des Falls seine Wurzel mitreißt und in eine falsche Richtung kippt. Der gefällte Baum kann aber auch einen oder mehrere Nachbarbäume dominoartig mit umfallen lassen, und es kommt dadurch zu einer weiteren Gefährdungslage, ähnlich dem Windwurf.

Die Standfestigkeit oder Verankerung von Bäumen im Boden kann man anhand von Kroneneigenschaften und dem Höhe-Durchmesser-Verhältnis (HD-Verhältnis), Baumart, Merkmalen des Wuchsstandorts, sowie Wissen über das frühere Pflanzverfahren und den Gesundheitszustand recht gut einschätzen.

Generell lässt ein großes Wurzelwerk (relativ zur Baumhöhe) auf eine gute Verankerung schließen und ein kleines auf eine schlechte. Eine „Pi-mal-Daumen-Regel" lautet: Radius der Krone bzw. längster seitlicher Ast = Radius des Wurzelwerks bzw. seitliche Ausdehnung des Wurzelwerks. Auch gelten Bäume als stabil im Boden verankert, die relativ zur Baumhöhe eine tief ansetzende Krone am Stamm aufweisen. Das HD-Verhältnis stellt ein drittes Maß für die Baumstabilität dar. Bäume gelten danach als stabil an ihrem Wuchsort verankert, wenn ihre HD-Verhältnisse < 80 sind. Demgegenüber sind Bäume mit einem HD-Verhältnis > 80 weniger fest im Boden verankert. Ihr Eigenhebel auf ihre Wurzeln ist größer, da bei ihnen der Wurzelballen kleiner ausgebildet ist.

Allerdings ist die Verankerung der Wurzel im Boden auch von Baumart zu Baumart verschieden. Man unterscheidet grob drei Wurzelsysteme bei den Baumarten: Tiefwurzler (z.B. Eiche und Kiefer), Herzwurzler (z.B. Buche, Birke) und Flachwurzler (z.B. Fichte), wobei die Wurzelarchitektur bei günstigen Wuchs- und Standortbedingungen bei allen Wurzlern im Boden stabil ist. Unterschiede gibt es nur hinsichtlich der Fähigkeit der Baumarten, flachgründige, verdichtete sowie staunasse Standorte zu durchwurzeln und eine gute Verankerung im Bodenfundament für den Baum zu erreichen. Solche Standorteigenschaften lassen sich u.a. anhand brettartiger Wurzelanläufe im Stammfußbereich vermuten.

Die Wurzel stellt, was die Verankerungseigenschaft des Baumes angeht, quasi sein Gedächtnis dar; sie vergisst gerade die ersten Lebensjahre nie. Die Hauptwurzelarchitektur bleibt über das gesamte Baumleben erhalten. So bewirken Samen- und Pflanzorte, die an verdichtete Böden angrenzen (z.B. Felsplatte, verdichteter Tonboden, Straßenkörper), eine überwiegend einseitige Ausrichtung des Wurzelwerks und damit nur eine einseitige Abstützfunktion des Baumes. Auch können einseitige Wurzelausrichtungen bereits aufgrund der Pflanzung entstanden sein. Flachgründige Böden, die im nahen Bodenuntergrund Festgestein besitzen, und Böden mit Stauwassereinfluss führen häufig zu einer flachen Ausbreitung der Wurzeln. Und Bäume, die im steileren Hanggelände wachsen, unterliegen häufig Bodenfließprozessen (sehr langsame, hangabwärts gerichtete Bewegung des gesamten oberen Bodens) und können von daher ihre Wurzeln im Lockersubtrat schlecht fest verankern.

Eine vermeintlich gesund aussehende Krone kann über die Bodenverankerung auch hinwegtäuschen. Ist der Baum im Stamminneren faul oder hohl, dann ist meistens auch die Wurzel des zu fällenden Baumes in größeren Teilen verfault, was zu einer einseitigen Ausbildung des Wurzelwerks und zur Instabilität des Baums führen kann.

Bildvordergrund: Einseitige Verankerung im Boden. Bildhintergrund: Brettartige Wurzeln deuten auf flachgründigen Untergrund und geringe Verankerung hin.

Höhe-Durchmesser-Verhältnis (HD-Wert): Angenommen, beide Bäume sind 24 m hoch. Der linke Baum hat einen BHD von 25 cm, sein HD-Wert beträgt dann 96. Der rechte Baum hat einen BHD von 32 cm, sein HD-Wert liegt bei 75. Bäume mit einem HD-Wert < 80 sind weniger sensibel gegenüber umfallenden Nachbarbäumen.

BHD

Kapitel 7
S. 181

6.1.5. Vitalität des Baumes

Die Baumvitalität hat beim Fällen eine enorme Bedeutung für die Arbeitssicherheit. Nur ein gesunder Baum besitzt nämlich i.d.R. auch eine intakte Holzstruktur und ausreichende Festigkeitseigenschaften, um ihn sicher fällen zu können. Eine sichere Fällung bedeutet hier vor allem, dass der Baum in die gewünschte Richtung fällt. Holz besteht aus verschiedenen Zellarten, die Wasserleit-, Befestigungs- und Speicherfunktionen ausüben. Bei Fäulnis jedoch, hervorgerufen durch Pilzarten, findet eine Zersetzung des Holzes im Splint- und Kernholz unter Verlust seiner Druck- und Zugfestigkeit statt. Holzfasern können allerdings auch von Insekten und Pflanzen zerstört werden (z.B. Ameisengänge, Larvenfraß, Mistelbewuchs). In allen Fällen macht die veränderte Holzstruktur eine Baumfällung unsicherer.
Hinweise auf die Baumvitalität bekommt man entweder visuell (z.B. Rindenverluste, Spechtabschläge, Pilze am Stamm, Waldameisenhaufen in Stammnähe, Stammschäden durch Rücke- oder Schälschäden, V- und Tiefzwiesel) oder durch eine Hör- und Fühlprüfung. Diese kann entweder durch ein Abklopfen des Baumstamms mit dem Hammer erfolgen (man horcht dann, ob der Stamm sich dumpf anhört) oder man führt einen senkrechten Stechschnitt mit der Motorsäge in Höhe des später anzulegenden Fallkerbs in Richtung des Fällziels durch. Anhand der Sägespäne sowie des Schienenwiderstands kann man das Stamminnere beurteilen.
Auf der anderen Seite kann die Holzstruktur eines abgestorbenen Baumes noch vollkommen intakt sein. Bei diesen Bäumen liegt jedoch die Gefahr darin, dass abgetrocknete Kronen häufig keine Schwungmasse mehr zur Fällung erbringen. Sind die Stämme schon länger tot, kommen Stammfäule und gefährliches Kronentotholz in Form loser Äste vor.

Links: Einer, der fast alles hat. Tiefzwiesel mit abgebrochenem V-Zwiesel, Bemoosung, Stammfäule und Totholzästen.

Mitte: Große Küstentanne – hier ein kleines Exemplar – mit Schälschaden durch Wild.

Rechts: Absterbende Fichten. Einmal abgetrocknet, fehlt ihnen bei der Fällung die Schwungmasse der schweren Krone.

6.1.6. Holz in Spannung

Jedes Stück Holz, ob stehend, hängend oder liegend, besitzt einen Spannungszustand. Es kommen im Holz drei verschiedene Arten von Spannungen vor: Zug-, Druck- und neutrale Holzspannungen. Bei den neutralen Holzspannungen heben sich die Zug- und Druckholzspannungen auf.

Die Stärke der Spannungsverhältnisse im Holz hängt davon ab, wie stark ein Ast, Stammteil oder Stamm gebogen ist. Die Holzbiegung entsteht z.B. durch die Eigenlast der Baumkrone oder dadurch, dass ein Holzstück verklemmt vorliegt. Dabei sind besonders die Zugspannungen für die Gefährlichkeit des geladenen Holzes verantwortlich. Bei Zugholzspannungen werden die Holzfasern gezogen, bei den im Inneren des Holzstücks immer gegenüberliegend vorkommenden Druckholzspannungen werden die Holzfasern hingegen zusammengedrückt. Die auftretenden Zugholzkräfte sind dabei doppelt so groß wie die Druckholzkräfte.

Schätzt man Faserverlauf und Holzspannungen falsch ein und wählt die falsche Fälltechnik aus, kann es insbesondere bei Vorhängerbäumen passieren, dass ein Baum vertikal bis zu 10 m hoch schlagartig aufplatzt, das abplatzende Stammstück nach hinten hochschlägt, der Baum abbricht und unkontrolliert fällt. Der „Rasierstuhl" ist für diese oft tödliche Gefahr ein anschaulicher Name.

Oben: Holzspannungen bei einem entwurzelten Baum; Z = Zugholzspannung, D = Druckholzspannung, N = neutrale Holzspannungen.
Unten: Aufplatzende Stämme sind lebensgefährlich; das Phänomen wird auch gerne „Rasierstuhl" genannt.

Der aufplatzende Stamm und sein Finale: Deutlich sichtbar wird, wie wichtig eine funktionierende Rückweiche ist, um nicht vom Stamm erschlagen zu werden.

Sturm- und Bruchholz
Kapitel 5
S. 162 f.

Trennschnitte
Kapitel 5
S. 147 ff.

Trenn-schnitte

Kapitel 5
S. 147 ff.

Rasieren

Kapitel 5
S. 155

Gebogene Bäumchen in Spannung

Werden Bäume gefällt, können neue Gefahren entstehen. Eine Gefahr besteht darin, dass Bäumchen des Jungwuchses (BHD bis ca. 10 cm) von gefällten Bäumen mitgerissen, teilweise begraben und dadurch stark umgebogen werden. Solche stark gebogenen Bäumchen enthalten eine ungeheure Holzspannung; sie müssen mit großer Umsicht gefällt werden. Wenn man sie nämlich „einfach so", unbedacht durchtrennt, peitschen sie mit enormer Kraft zurück und können den Arbeitenden schwer verletzen.

Praktischerweise besitzen diese Flitzebögen eine Schwachstelle: ihren stärksten Zugpunkt im gebogenen Stamm. Zuerst muss dieser ermittelt werden, dann kann an der Schwachstelle der gebogene Baum von der Druckholzseite aus durchtrennt werden (z.B. Rasieren, Treppenschnitt).

Den stärksten Zugpunkt kann man ermitteln, indem gedanklich ein rechter Winkel in die Biegung eingepasst wird. Dazu wird der eine Schenkel des Winkels senkrecht an den Stammfuß des Bäumchens gestellt. Der andere Schenkel wird gedanklich an die obere Biegung angelegt. In der kürzesten Entfernung vom Bogen zum Schnittpunkt des rechten Winkels befindet sich im Außenbogen des Stamms der stärkste Zugpunkt sowie die geeignetste Trennschnittstelle im Innenbogen.

6.2. Eigenschaften von liegendem, hängendem und geworfenem Holz

6.2.1. Liegendes Holz

Liegendes Holz muss man aus mehreren Gründen ordentlich einschätzen:

- Es kann unter Spannung stehen – was eine enorme Gefährdung für den Motorsägenführer darstellen kann.
- Äste, Nadeln und Blätter können die Sicht bei der Aufarbeitung stark vermindern. Das kann dazu führen, dass Holzspannungen und andere Gefahren (z.B. Bodenhindernisse) nicht oder erst sehr spät erkannt werden.
- Liegendes Holz kann rollen und gerade im Hang ungeheures Tempo und tödliche Wucht entwickeln. Insbesondere deshalb sollte niemals untereinander im Hang gearbeitet werden. Aber auch das Herumturnen auf gepoltertem Holz ist lebensgefährlich, wenn der Stapel ins Rutschen kommt.
- Es kann dornig und der Kontakt folglich ziemlich schmerzhaft sein.
- Es kann leicht oder schwer spaltbar sein und einiges an Muskelkraft kosten.

Extrem gefährlich: Eingeklemmte Bäumchen unter großer Spannung. Der stärkste Zugpunkt wird mit einem am Stamm angelegten, gedachten rechten Winkel ermittelt. In der kürzesten Entfernung der Dreieckspitze zum Bogen kann der Stamm anschließend in der Innenkurve rasiert oder mit dem Treppenschnitt gefällt werden.

6.2.2. Aufhängerbäume

Aufhängerbäume sind Bäume, die bereits gefällt wurden, die sich aber während des Falls in einem oder mehreren Nachbarbäumen verfangen (also aufgehängt) haben. Meistens lehnen sich die gefällten Bäume in einem recht steilen Winkel (>60°) an und sind i.d.R. über eine intakte Bruchleiste scharnierartig mit dem Stock verbunden. Die Scharnierfunktion ist beim Aufhänger allerdings verloren gegangen. Daher muss die Bruchleiste eines Aufhängerbaums mit gezielten Motorsägenschnitten zu einer Art Zapfengelenk verändert werden (Anlage eines Drehzapfens), damit der Stamm in sich selbst und die Krone seitlich aus dem Nachbarbaum herausgedreht werden kann. Häufig fallen Aufhängerbäume bereits bei der Anlage des Drehzapfens, spätestens aber nach dem ersten Drehen.

Bei den Aufhängerbäumen gibt es allerdings schwerer zu fällende Biester: Die Unterschiede liegen einerseits in der Dimension des Aufhängers begründet (dickere Bäume lassen sich schwerer zu Boden bringen) und andererseits im Verzweigungssystem (symmetrisch verzweigte Baumarten, wie z.B. Fichten oder Erlen, sind tendenziell leichter zu fällen als wild verzweigte Arten, wie z.B. Buche oder Eiche).

Auch Zwiesel-Aufhänger lassen sich häufig schlecht runterbringen. Unter einem Zwiesel-Aufhänger versteht man entweder einen Aufhängerbaum, der selbst ein Zwiesel ist und mit seiner Zwille in einem Nachbarbaum hängt, oder ein aufgehängter Baum ruht in der Zwille eines Zwieselbaums. Der letztere lässt sich besonders schlecht fällen. Hier hilft meist nur das Abziehen des Stammes mit einer kräftigen Winde, wobei die große Gefahr besteht, dass zugleich der aufhaltende Zwiesel mit umgezogen wird. Deswegen ist das wichtige Gebot bei der Fällung: Zeit für die Baumbeurteilung nehmen und auf die Ausrichtung einer geeigneten Fällschneise achten. Trotzdem lassen sich Aufhängerbäume bei der Waldarbeit nie ganz vermeiden.

Aufhängerbäume

Kapitel 5
S. 122 ff.

6.2.3. Sturm- und Bruchholz

Fegt ein gewaltiger Sturm durchs Land, fällt in den Wäldern häufig Sturm- und Bruchholz an. Damit sind vollkommen entwurzelte, schräg stehende bzw. angeschobene Bäume sowie abgebrochene Kronen und Stämme gemeint. Das wirklich schwierig zu bewältigende und äußerst gefährliche Sturm- und Bruchholz kommt meistens nicht vereinzelt (sogenannte Einzelwürfe) im Waldbestand vor, sondern als wirre Flächenwürfe. Hier hängen gerne lose Äste und abgebrochene Kronen in noch stehenden Bäumen, oder Stämme sind meterweise mikadoartig übereinandergeschichtet (sogenannte Verhausituation). Im Sturmholz geht die größte Gefahr von gebogenen Stämmen aus, deren starke Holzspannungen (Zugspannungen) oft sehr schwer einschätzbar sind, sowie von oben hängendem Holz (Kronen und Äste).

Sturmholzaufarbeitung ist damit die Königsdisziplin der Waldarbeit und darf nur von absoluten Holzprofis durchgeführt werden.

Flächenwurf im Buchenbestand

6.2.4. Spalteigenschaften von Holz

Die Spalteigenschaften von Holz sind von folgenden Punkten abhängig: Holzfrische, Astigkeit und Faserverlauf im Holz, Holzart (Faserlänge, Dichte und Härte des Holzes) und Holzdimension (Durchmesser und Länge). Alle Holzparameter zusammen besitzen Einfluss darauf, wie leicht – und damit auch zügig – sich ein Holzstück spalten lässt und wie viel Freude das Holzhacken letztendlich macht.

Spalten von Holz

Kapitel 5 S. 159 f.

Auch die Lage des Holzstücks beim Spalten, die Wahl des Gerätes, Wissen über die richtige Auftreffstelle am Holz sowie Übung im Treffen und Schwungholen mit Axt oder Spalthammer haben Einfluss. Das Stück Holz muss stabil auf festem Grund liegen oder stehen. Wackelige Arrangements sowie ein weicher, federnder Untergrund bewirken, dass man sich lange mit der Materie befassen muss, bis man Ergebnisse sieht.

Ein astfreies und zylinderförmiges (zweischnüriges) Holzstück lässt sich leichter spalten als eines mit Ästen, Wundüberwallungen oder Wucherungen im Holzkörper, da bei letzteren die Holzfasern im Rundling nicht mehr in eine Richtung parallel verlaufen, sondern schräg oder waagrecht zur Spaltrichtung. Auch lassen sich krumme bzw. bogige sowie in sich verwundene Holzstücke schlechter spalten als gerade Holzstücke. Z.B. lässt sich ein gedrehtes Ahornstück schwerer spalten als ein Buchenstück mit parallelem Faserverlauf. Astholz lässt sich schwerer spalten als Stammholz, da im Astholz die Jahresringe dichter gepackt sind. Im Übrigen verliert morsches bzw. vermoderndes Holz seine Spaltbarkeit.

Kurze und dünne Hölzer kosten weniger Kraft als längere und dickere Rundlinge. Eine optimale Größe für den Hauklotz stellen Durchmesser von 20 bis 30 cm bei einer Stücklänge von 20 bis 30 cm dar. Meterholz, wie der Name bereits verrät, sollte am besten auch nicht länger als 1 m sein. Sein optimaler Durchmesser beträgt ebenfalls 20 bis 30 cm. Dann lassen sich die Meterstücke in 4 bis 6 Prismen aufspalten, die anschließend aufgeschichtet oder in passende Scheitlängen (z.B. 33 und 50 cm) gesägt werden können.

Unterschiede hinsichtlich des Spaltens lassen sich auch zwischen den Holzarten feststellen. Der Hauptgrund für diese Unterschiede liegt vor allem in der Länge ihrer Holzfasern. Einen etwas geringeren Einfluss üben die Rohdichte, die Härte und die Rinden- bzw. Borkenstärke der Holzarten aus. Als allgemeine Regel kann Pi mal Daumen gelten: Schweres, langfaseriges und dichtes, hartes Holz lässt sich mühsamer spalten als leichtes, kurzfaseriges und weiches Holz. Hölzer mit dickerer Rinde bzw. Borke lassen sich aufgrund des Widerstandes der Rinde schlechter spalten als solche mit dünner Rinde. In einer Reihenfolge von „leichter zu spalten" bis „schwerer zu spalten" kann man die bekannteren Holzarten erfahrungsgemäß wie folgt einteilen: Fichte und Tanne, Birke und Erle, Ahorn und Waldkiefer, Roteiche und Buche, Eiche und Esche, Hainbuche und Robinie.

Frisches oder auch gefrorenes Holz lässt sich i.d.R. am besten spalten. Ist das Holz jedoch trocken, dann kleben die Holzfasern förmlich zusammen und lassen sich schwerer voneinander trennen. Trockenes Weiden- und Pappelholz ist extrem schlecht zu spalten; es springt wie Gummi vom Hauklotz weg. Auf der anderen Seite besitzt der makroskopische Holzaufbau der Nadelhölzer in Verbindung mit der Holzfeuchte einen Einfluss auf die Spaltbarkeit: Nadelhölzer sind im noch feuchten Zustand recht zäh, sie lassen sich in angetrocknetem Zustand besser spalten.

Fitnessstudio Wald: Holzspalten mit Muskelkraft an der frischen Luft.

7. Die Trickkiste: Tricks und Tipps rund um die Baumfällung

In diesem Kapitel verraten wir Tricks für eine perfekte Baumfällung. Im Zentrum stehen die Mittel, die wir ohnehin im Wald dabei haben: unseren Körper, die Motorsäge und anderes Hilfsgerät. Mit ihnen können wir Höhen, Dimensionen und Distanzen messen, peilen und die Säge elegant führen, damit der zu fällende Baum dort landet, wo wir ihn haben wollen.

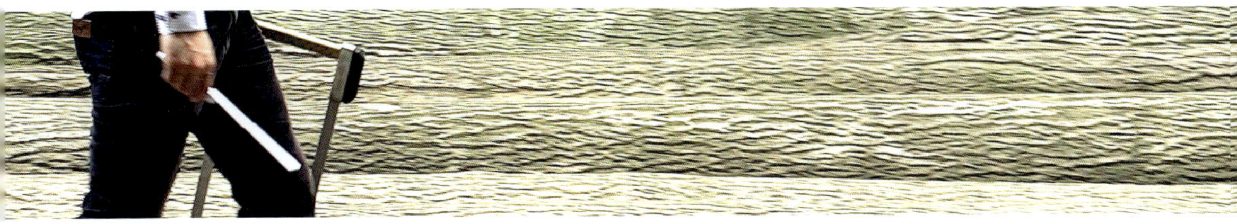

7.1. Verfügbare Maße bei der Waldarbeit

Wer gezielt Bäume fällen will, benötigt einige Maße. Viele dieser Maße haben wir am eigenen Körper, an der Motorsäge sowie am Hilfsgerät.

a. **Körpermaße:** Armlänge, Finger, Handspanne, Handbreite, Elle, Fuß, Schrittlänge, Hüfthöhe, Brusthöhe, Augenhöhe
b. **Maße der Motorsäge:** Gesamtlänge der Motorsäge, nutzbare Schienenlänge, Schienenbreite, Winkelmaße, Markierungen
c. **Maße von Hilfsgeräten:** Keil, Spalthammer, Fällheber, Sappie, Stock …

7.1.1. Einsatz von Körpermaßen

Der Holzfäller muss für eine sichere Baumfällung Distanzen und Dimensionen, Kronenradius und -verlagerung, Baumhöhe und Stammwalzen- bzw. Brusthöhendurchmesser (SWD/BHD) ermitteln, um

1. den äußeren und inneren Gefahrenbereich festlegen,
2. den Baum in der Fällschneise zielgenau fällen und
3. die relativen Schnittmaße am Stamm ableiten zu können.

Für die allermeisten Baumfällungen reichen Wissen und einige Körpermaße aus. Die Vorteile bei der Schätzung mit Hilfe von Körpermaßen liegen darin, dass kein weiteres Gerät eingesetzt werden muss und Längen, Höhen, Breiten und Durchmesser sehr schnell ermittelt werden können.

Motorsägengeometrie

Kapitel 3
S. 51

Baumdimensionen

Links: Axenia Schäfer vor einer ca. 500 Jahre alten Lärche im Zedlacher Paradies; 15 m hoch und 2,40 m BHD.

Rechts: Christoph Klose vor „The General", einer ca. 2000 Jahre alten Riesensequoie in Kalifornien; 84 m hoch und 8,25 m BHD.

Die verschiedenen Körpermaße

- Fingerlänge: gemessen vom Zeigefingergrundgelenk bis zur Fingerspitze.
- Spanne: gemessen zwischen Daumen und maximal abgespreiztem Mittelfinger.
- Handbreite: gemessen vom Grundgelenk des kleinen Fingers bis zum angelegten Daumen.
- Elle: gemessen vom Ellenbogen bis zur Mittelfingerspitze.
- Fuß: Länge des Fußes mit Schuh von der Ferse bis zur Spitze.
- Schrittlänge: gemessen von der Ferse des einen Fußes bis zur Spitze des anderen beim Schreiten.
- Hüfthöhe: gemessen vom Boden bis zur Hüfte.
- Brusthöhe: Höhe von 1,30 m, gemessen vom Boden bis zum entsprechenden Punkt auf der Brust.
- Augenhöhe: gemessen vom Boden bis zum Auge.

Links oben: Fingerlänge.
Links Mitte: Spanne und Elle.
Links unten: Handbreite vom Grundgelenk des kleinen Fingers bis zur Außenkante des Daumengrundgliedes.
Rechts oben: Fußlänge.
Rechts Mitte: Schrittlänge.

Bild unten:
(1) Augenhöhe,
(2) Brusthöhe (bei 1,30 m),
(3) Hüfthöhe.

7.1.2. Das Führungsauge

Das Führungsauge setzt man zum Schätzen von Baumhöhe und Baumneigung aus der Entfernung, zum Peilen bei der perfekten Fallkerbanlage und für präzise Schnitte mit der Motorsäge ein.
Wenn wir ein entfernt liegendes Objekt, etwa durch ein Zielfernrohr, genau anvisieren wollen, tun wir das normalerweise mit unserem Führungsauge. Dabei wird oft das Nicht-Führungsauge geschlossen.
Wie kann ich feststellen, welches Auge mein Führungsauge ist? 1. Mit beiden Augen wird ein kleineres Objekt in näherer Umgebung anvisiert (z.B. ein Aststummel an einem Baumstamm). Auf dieses anvisierte Ziel wird nun mit dem Zeigefinger der rechten oder linken Hand bei ausgestrecktem Arm gezeigt. Jetzt wird das linke oder rechte Auge geschlossen. Das Führungsauge ist das Auge, bei dem der Finger auf dem Zielobjekt „stehenbleibt". Beim anderen Auge „springt" der Finger vom Ziel weg; das ist das Nicht-Führungsauge. 2. Man visiert mit beiden Augen ein kleineres Objekt in näherer Umgebung an. Nun streckt man beide Arme in Objektrichtung aus, formt mit den ausgestreckten Zeigefingern und Daumen beider Hände ein Dreieck und umschließt mit diesem das anvisierte Objekt. Das Dreieck wird verkleinert, indem man die Hände übereinander schiebt, so dass ein Loch mit einem ungefähren Durchmesser von 6 cm entsteht. Nun wird das aus den beiden Händen geformte Loch zum Gesicht herangezogen; automatisch wird das „Handloch" zum Führungsauge gezogen.
Die Natur ist fantastisch! Falls Sie jetzt feststellen sollten, dass Sie keines Ihrer Augen als Führungsauge identifizieren können, dann machen Sie sich nichts daraus. Sie sind ganz normal, aber trotzdem etwas Besonderes. Bei vielen unserer Praxisschulungen zeigte sich, dass bei rund 65 % der Menschen das rechte Auge das Führungsauge ist. Bei bis zu 30 % führt das linke Auge. Und bei ca. 5 % der Menschen führen quasi beide Augen. Vielleicht können Sie, falls beide Augen Sie beim Visieren führen, einfach beide Augen offen lassen, so, wie das Profisportschützen auch machen. Probieren Sie es einfach aus.

7.2. Messen und Schätzen

Als Brusthöhendurchmesser (BHD) bezeichnet man den Stammdurchmesser mit Rinde in 1,30 m Höhe. Als Faustformel für die Ermittlung des Durchmessers im Stammfußbereich gilt: BHD (in Fällrichtung gemessen, aufgrund der Ovalität von Stämmen) + 1 cm. Der Durchmesser im Stammfußbereich wird vor allem benötigt, um relative Maße, z.B. für die Sohlenschnitttiefe, herzuleiten. Für die relativen Schnittmaße für Fallkerb und Fällschnitt die Rindenbreite abziehen.

Schätzmethoden: Den Durchmesser von runden Baumstämmen kann man abschätzen, indem man per Handspanne den Stammumfang misst und durch 3 teilt (Durchmesser = Umfang/π).
Handspannenmaß, Finger- und Ellenbogenlängen kann man einsetzen, um die Breite im Stumpf- oder BHD-Bereich von der Seite aus einzuschätzen. Bei ovalen, spannrückigen und ungleichförmigen Stämmen schätzt man am besten mit der Handspanne am ausgestreckten Arm und der Zeigefingerlänge den BHD in Fällungsrichtung, um die Relativmaße (v.a. Bruchleistenhöhe und -breite) für die Baumfällung zu erhalten.
Man kann auch einen Stock an den Stamm anlegen, peilen und die Strecke per Handmaß abmessen.

Links: Das Führungsauge mit dem „Handloch" bestimmen.

Rechts oben: Den BHD am ausgestreckten Arm mit der Handspanne messen.
Rechts unten: Den Stammdurchmesser mit der Elle abschätzen.

Wer nicht gerne schätzt, kann auch messen mit dem Biltmore-Stick (z.B. Göttinger Förster-Stick), einem Bandmaß (bei runden Bäumen) oder einer Kluppe (großer Messschieber bzw. Schieblehre). Die große Kluppe ist allerdings etwas unhandlich im Wald.

Mit der besonderen Messskala der **Biltmore-Methode** kann man den BHD eines Baumes ermitteln, z.B. mit dem Göttinger Förster-Stick. Dazu klappt man den längeren Durchmesserteil des Sticks aus und verwendet den Volumenprozentmesser als Handgriff. Nun das Ende des Sticks ans Auge führen, ihn im rechten Winkel abklappen und an den Stamm halten. Kopf, Arm- und Handposition müssen beibehalten werden.

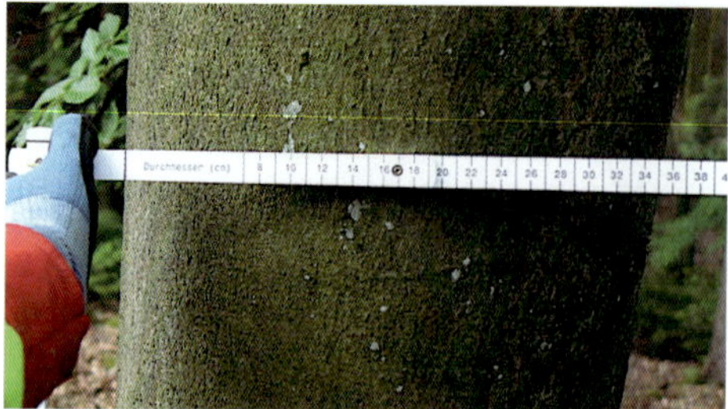

Spezialzollstock mit einer Messskala nach der Biltmore-Methode: Von einer definierten Position aus kann der BHD abgelesen werden.

Links wird der Durchmesserstrich auf dem Stick mit der linken Baumkante in eine Linie gebracht. Am rechten Baumrand lässt sich nun der Durchmesser des Stamms ablesen.

Strecken kann man am besten durch sein Schrittmaß abschätzen. Um es gut zu kennen, einfach eine bekannte Distanz (z.B. 100 m entlang einer genormten 1 m Bordsteinkante) mehrmals abschreiten und die Schrittzahl der Gänge mitteln.
***Beispiel**: 110 Einzel- bzw. 55 Doppelschritte = 100 m*

Um eine **Baumhöhe** zu ermitteln, benutzt der forstliche Profi normalerweise ein Höhenmessgerät. Diese liefern, bei richtiger Anwendung, exakte Höhenmesswerte, sind aber gerne teuer. Kommt es nicht auf absolute Genauigkeit an, was bei Baumfällungen meistens der Fall ist, kann man die Höhe von Bäumen auch schätzen bzw. mit einfachen Tricks und Hilfsmitteln oder selbstgebautem Messgerät mit folgenden Methoden recht sicher erfassen:

a. Bauchgefühl- bzw. Intuitionsmethode
b. Mini-Max-Methode
c. Spazierstockmethode
d. Försterdreieckmethode
e. Klappmethode

Ist man sich bei der Höhenschätzung unsicher, so kann man mehrere Schätzmethoden anwenden, die Ergebnisse vergleichen und bei Bedarf den Mittelwert daraus verwenden. Aber Obacht! Kommt es auf den letzten Meter an, weil die Fällschneise kurz ist, besser die Baumhöhe größer schätzen.

Diese große Kluppe misst genau, ist aber unhandlich im Wald.

Unabhängig davon, welche Methode man anwendet, sind drei Regeln einzuhalten, um hinreichend genaue Ergebnisse zu erzielen:

Regel 1: Eine Baumhöhenschätzung oder -messung kann nur mit Sicht zur Baumkrone und Distanz zum Baum sicher erfolgen. Als Höhenschätzer sollte man deshalb mindestens 2/3 der ungefähren Baumhöhe (das sind meistens 15 bis 25 m) vom Stammfuß des Baumes entfernt stehen. Falls man die ungefähre Höhe des Baumes bereits „fühlt", dann sollte man gleich diese Entfernung zum Baum einnehmen, also: geschätzte Höhe des Baumes = einzunehmende Distanz zum Baum.
Regel 2: Bei der Höhenschätzung im Hanggelände muss die Messperson ihren Standort in derselben Ebene zum Stammfuß des zu messenden Baumes einnehmen, um optische Verzerrungen beim Schätzen zu vermeiden. Also am Hang nicht bergauf oder bergab schätzen oder messen.
Regel 3: Eine allgemeine Schwierigkeit bei der Höhenermittlung der meisten Laubbäume stellt ihre kugelartige Kronenform dar. Bei vielen Laubbäumen, aber auch bei ein paar Nadelbaumarten (z.B. bei der Waldkiefer), besteht aufgrund der Kugelartigkeit der Krone die starke Tendenz, sie zu hoch einzuschätzen. Hier muss man deshalb einfach mutig sein und die jeweilige Baumspitze „angeschnitten durch die Krone" annehmen.

Bauchgefühl- bzw. Intuitionsmethode
Eine ganz hervorragende Methode, um die Höhe von Bäumen zu schätzen, ist die Bauchgefühl- bzw. Intuitionsmethode. Wir Menschen besitzen ein sehr gutes inneres Gefühl für Sicherheiten. Das machen wir uns zunutze. Gehen Sie so weit vom Baum in Richtung Fällziel weg, bis sie das Gefühl haben, dass wenn der Baum jetzt umfallen würde, er Ihnen genau vor die Füße fällt, Sie aber nicht trifft. Haben Sie diesen Punkt im Gelände gefunden, markieren Sie ihn. Ihr Schrittmaß von dieser Markierungsstelle bis zum Baum stellt die ungefähre Baumhöhe in Metern dar.

Die Mini-Max-Methode
Wenn man allgemein ein gutes Schätzvermögen besitzt, dann funktioniert eine sehr einfache Schätzformel, um zu einem passablen Baumhöhenergebnis zu gelangen:
(Minimumhöhe + Maximumhöhe) / 2 = Schätzwert für die Baumhöhe.
Der Schätzer sagt z.B. zu sich selbst: „Der Baum ist maximal 25,5 m und mindestens 21,5 m hoch." Dann teilt er die errechnete Summe durch zwei und setzt die ungefähre Baumhöhe nach dieser Regel auf (25,5 m + 21,5 m) / 2 = 23,5 m fest. Als nächstes geht er zum Baumstamm zurück und schreitet dann von diesem die angenommene Distanz in Fällrichtung ab (also hier im Beispiel 23,5 m).

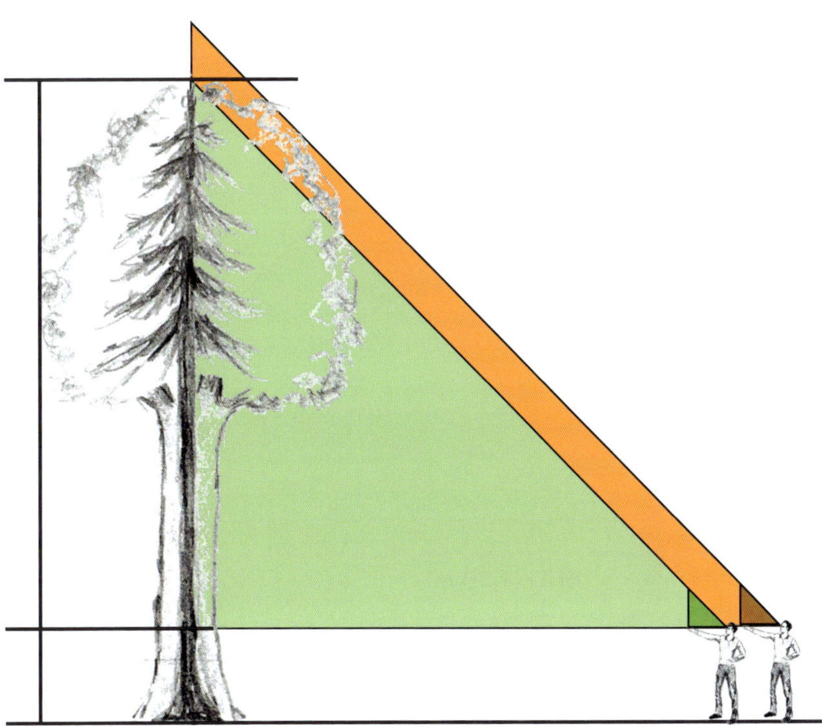

Aufgrund der Kugelform von Laubbäumen besteht die Tendenz, sie zu hoch einzuschätzen. Deshalb einfach mutig die Baumspitze durch die angeschnittene Krone anpeilen (grünes Dreieck; vgl. Spazierstockmethode).

Die Spazierstockmethode

Eine ziemlich einfache und faszinierend genaue Methode zur Baumhöhenschätzung ist die Spazierstockmethode. Dieser Schätzmethode liegen die Prinzipien des Strahlensatzes zugrunde. Mit ihr kann man Baumhöhen und andere Höhen, aber auch Breiten bzw. Distanzen recht leicht ermitteln (z.B. die Breite eines Flusses). Basis der Methode sind zwei gleichschenklige Dreiecke, wobei sich die gleich langen Dreieckschenkel jeweils im rechten Winkel befinden (90°-Winkel).

Das eine gleichschenklige Dreieck (das kleine) wird durch die aufnehmende Messperson selbst hergestellt. Es entsteht, wenn man am ausgestreckten Arm einen Spazierstock oder einen im Wald gefundenen Ast senkrecht in die Höhe hält. Über die Astspitze muss der Aufnehmende dann die Spitze des Baumes mit dem Führungsauge anvisieren. Dabei entfernt man sich vom Baum, bis man mit seinem Auge die Baumspitze in einer Visierlinie auf der Astspitze erkennt.

Für die Aufnahme ist es wichtig, dass der Stock in seiner Länge genau der Armdistanz des Aufnehmenden entspricht. Man passt ihn der Armlänge an, indem man einen Arm waagrecht ausstreckt und den Ast so greift, dass sich die Spitze des Stocks an der Schläfe, also auf Führungsaugenhöhe, befindet. Diese Stocklänge entspricht dann der Armlänge (Strecke: „geschlossene Hand zum Auge", bzw. im Dreieck „Gegenkathete = Ankathete").

Nun richtet man den Stock am langen Arm im rechten Winkel auf. So entsteht das gleichschenklige wie rechtwinklige Dreieck.

Dann muss nur noch dieses kleine Dreieck in das größere ähnliche Dreieck eingepasst werden. Und das geht so: Wenn ich die Position erreicht habe, in der ich die Baumspitze über meine Stockspitze anpeilen kann, messe ich von dort die Distanz zum Fuß des Baums (z.B. durch Abschreiten). Die Distanz vom Aufnehmenden zum Baum zuzüglich der Körperlänge bis zur Augenhöhe des

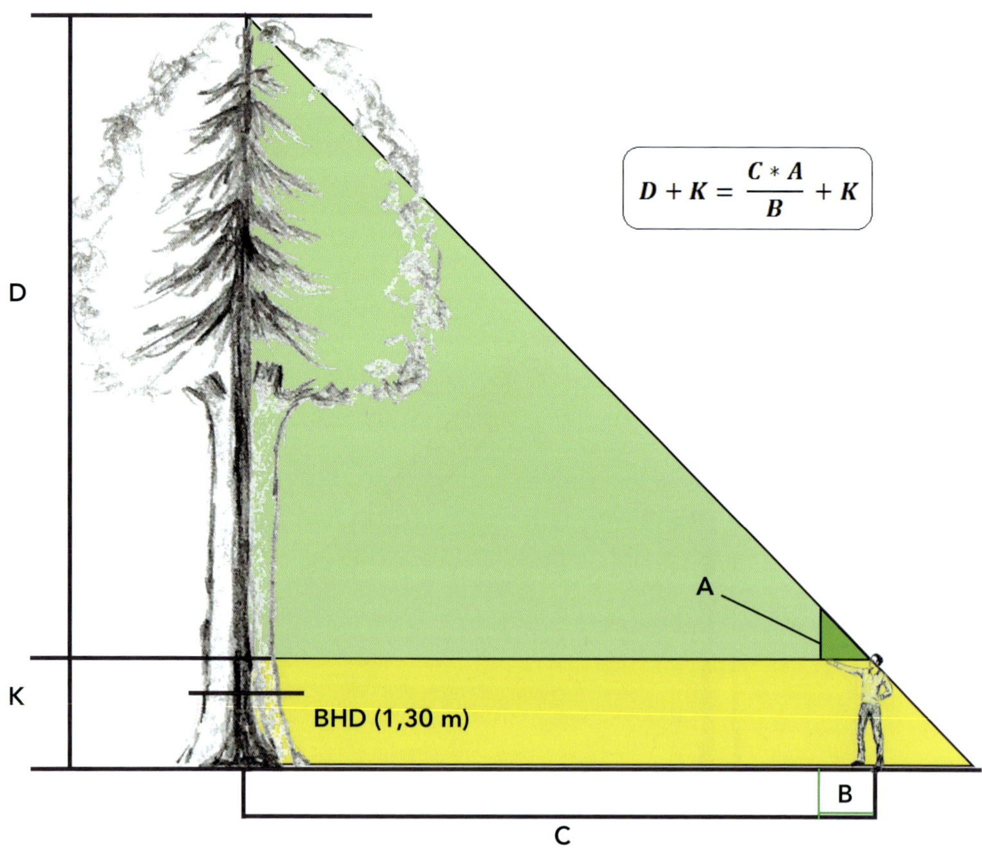

Die Baumhöhe (D+K) ermitteln: Schrittmaß in Metern (von der Messposition aus) multipliziert mit der Kathete A des Spazierstocks oder Försterdreiecks und geteilt durch Kathete B (waagrechter Abstand von Spazierstock oder Försterdreieck zum Auge). Die Kathetenlängen lassen sich also wegkürzen! Zum Ergebnis des Schrittmaßes wird die Augenhöhe K addiert.

Schätzers entspricht dann ziemlich genau der Baumhöhe. Bin ich also 20 Meter vom Baum weg und meine Augenhöhe liegt bei 1,60 m, ist der Baum 21,60 m hoch. Wer es ein bisschen mathematischer möchte: Die Distanz zum Baum entspricht dem Mehrfachen der Armlänge des Schätzers zuzüglich der Augenhöhe. Analog entspricht die Baumhöhe dem Mehrfachen der Stocklänge plus Augenhöhe; das ist nach dem Strahlensatzprinzip D + K = (C * A / B) + K.

Beispiel: *Das Schrittmaß zum Baum beträgt 21 m (= C), beide Katheten besitzen eine Länge von 60 cm (= A und B), und die Körperlänge des Schätzers bis zur Augenhöhe beträgt 1,70 m (= K); die Baumhöhe (= D + K) beträgt dann:*

(21 m × 0,60 m / 0,60 m) + 1,70 m = 22,7 m.

Das Försterdreieck

Man kann anstelle des Spazierstocks auch ein sogenanntes Försterdreieck als Hilfsmittel zur Höhenmessung verwenden. Zur Herstellung benötigt man lediglich etwas handwerkliches Geschick und zwei schmale, möglichst glatte Holzleisten gleicher Länge (25 bis 30 cm), einen 35 bis 45 cm langen Faden, einen kleinen Nagel oder eine Schraube und ein Lotgewicht (z.B. eine größere Eisenmutter), außerdem eine Säge, Holzleim (oder zwei Schrauben), ein Geodreieck, ggf. Schleifpapier.

Zunächst werden die Enden der beiden Leisten übereinander gelegt – mithilfe des Geodreiecks im rechten Winkel. Die beiden Leisten können mit Holzleim verklebt oder mit zwei Schrauben miteinander verbunden werden. Das Lot des Försterdreiecks wird an einem der freien Leistenenden mit einem kleinen Nagel oder einer kleinen Schraube befestigt. Es erlaubt bei der Höhenermittlung die genaue senkrechte Ausrichtung der Gegenkathete bzw. Einpassung des kleinen gleichschenkligen Dreiecks in das große Dreieck.

Den einen Schenkel des Försterdreiecks hält der Aufnehmende bei der Höhenmessung an den Wangenknochen unterhalb des peilenden Auges. Der andere Schenkel, über dessen freies Ende die Baumspitze anvisiert wird, muss senkrecht stehen. Die weitere Vorgehensweise ist dieselbe wie bei der Spazierstockmethode. Alternativ kann die Schnur mit Lotgewicht auch am Ende eines rechtwinklig aufgeklappten Zollstockmessgliedes befestigt werden.

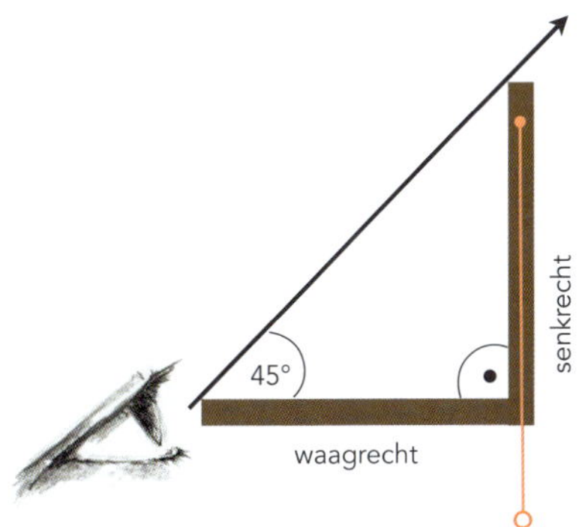

Die Spazierstockmethode ist besonders faszinierend, weil man mit Material aus dem Wald arbeiten kann: Am ausgestreckten Arm die Länge zwischen Hand und Schläfe mit dem Stock festlegen und anschließend den Stock um 90° aufrichten. Nun entfernt man sich vom Baum, bis sich dessen Spitze und die Spitze des Stocks in einer Visierlinie befinden. Von diesem Punkt aus die Distanz zum Baum mit dem Schrittmaß ermitteln und die eigene Augenhöhe dazu addieren. Das Ergebnis entspricht der Baumhöhe.

Anstelle des Spazierstocks kann man auch ein (selbstgebautes) Försterdreieck zur Baumhöhenmessung einsetzen.

Die Klappmethode

Mit etwas Übung kann auch mit der Klappmethode in der Ebene die Baumhöhe recht genau abgeschätzt werden. Wie der Name bereits vermuten lässt, wird mit dieser Schätzmethode der stehende Baum gedanklich in Richtung der Fällrichtung abgeklappt.

Dazu tritt man im rechten Winkel seitlich zur Fällrichtung vom Baum mindestens 20 m (besser ungefähre Baumlänge) weg. Von diesem Schätzort aus wird der Baum nun gedanklich zur Seite mit einem Hilfsmittel abgeklappt: Dazu eignen sich Hand, Stock und Zollstock.

Die Hand wie ein Karatekämpfer beim Handkantenschlag mit ausgestrecktem Arm an der Stammachse des zu fällenden Baumes ausrichten. Nun die Hand zum Führungsauge ziehen, bis die untere Kante auf Höhe des Stammfußes und die Spitze des Mittelfingers auf Höhe der Baumspitze ist. Jetzt kann man die flache Hand 90° beugen und findet an der Spitze des Mittelfingers den Auftreffort der Baumspitze im Gelände. Verwendet man einen kurzen Stock, wird dieser wie die Hand der Länge nach in den Baum eingepasst und anschließend zur Seite hin abgeklappt.

Vom Zollstock kann man praktischerweise ein Messglied ausklappen und gleich einen 90°-Winkel herstellen. Der senkrechte Teil des Zollstocks wird so weit zum Führungsauge gezogen, bis der untere Teil am Stammfuß endet und der obere an der Baumspitze. Die Spitze des waagrechten Schenkels endet dann automatisch dort im Gelände, wo die Baumspitze des gefällten Baumes auftreffen wird.

Der Zollstock stellt eine besonders gute, schnelle und vor allem genaue Klapphilfe dar, da mit ihm zwei gleichlange Messglieder vorliegen und diese konturschärfer hinsichtlich des zu erwartenden Auftreffortes sind.

Den Punkt im Gelände, wo das Ende des Zollstocks oder die Spitze des Mittelfingers/Stocks liegen, muss man sich genau merken, z.B. anhand eines bestimmten Baumes oder Strauches, und zu diesem Merkpunkt laufen. Die Strecke „Merkpunkt zum Stammfuß" entspricht der ungefähren Baumhöhe, die sich mit dem Schrittmaß ermitteln lässt.

Mit der Klappmethode kann man den Auftreffort der Baumspitze beim Fällen bestimmen und damit, durch Abschreiten der Distanz im Gelände, die Baumhöhe. Die Messperson steht im rechten Winkel zur geplanten Fällrichtung und zieht die senkrecht gehaltene Hand, einen Stock oder einen aufgeklappten Zollstock aus mindestens 20 m Entfernung zum Baum an das Führungsauge heran, bis Stammfuß und Baumspitze in Deckung mit Fingerspitze und Handwurzel, den Stockenden oder den beiden Enden des senkrecht stehenden Zollstockarms sind.

7.3. Tipps und Tricks zur Baumfällung

7.3.1. Anlage der Fallkerbe

Eine gute **Vorbereitung des Stammfußbereichs** ist für eine perfekte Anlage von Fallkerb und Fällschnitt unersetzlich: Dazu den Stammfußbereich von Moos, Erde, Ästen und ähnlichem säubern und ggf. den untersten Stammbereich von Ästen und Astaustrieben freischneiden.

Eine perfekte Schnittführung mit der Motorsäge hinbekommen

Grundvoraussetzung für sicheres, ergonomisches und präzises Fällen ist die richtige Positionierung des Motorsägenführers am Baum. Zugleich ist sie der beste Trick für eine perfekte Schnittführung.

Vor dem ersten Fallkerbschnitt am Baum (Sohlen- oder Dachschnitt) positioniert sich der Motorsägenführer mit seinem Körper in Richtung des beabsichtigten Fällziels. Dabei befindet er sich mit seiner Motorsäge auf der rechten Seite des Stamms, seine linke Schulter zeigt zum Baum. In dieser Position verfeinert er das Fällziel und sucht sich bei gerader Kopfhaltung mit dem Führungsauge ein Fällziel in weiter Distanz aus (mindestens 20 m), wo die Baumspitze auftreffen soll.

Den klassischen Fallkerb schneiden und mit dem Sohlenschnitt beginnen

Wird mit dem Sohlenschnitt bei der Anlage der klassischen Fallkerbe begonnen, dann setzt der Motorsägenführer die Schiene der gestarteten Motorsäge mit einlaufender Kette, möglichst weit unten am Stamm und in Fällrichtung waagrecht, ans Holz an. Hier gibt er mit dem Daumen (gerades Handgelenk!) etwas Gas, so dass sich die Kette wenige Zentimeter ins Holz hineinbewegt. Die Säge wird dabei leicht zum Körper hingezogen. Über den vorderen Handgriff (der Griff verläuft im 90°-Winkel zur Motorsägenschiene) oder einen Markierungsstrich auf dem Gehäuse visiert der Motorsägenführer nun das Fällziel an. Lehnt er sich dabei etwas nach hinten zurück und hält die Motorsäge mit langen Armen, kommt er mit seinem Führungsauge tiefer. So kann er die Sehne im 90°-Winkel zur Fällrichtung über die Markierungslinie der Motorsäge schneiden.

Man kann für die komplette Anlage des Sohlenschnitts die Motorsäge zum Körper hinziehen. Mit dem Krallenschlag an der Säge kann man sich jedoch die Arbeit etwas erleichtern, indem man am Krallenanschlagpunkt die Schiene der laufenden Motorsäge ins Holz einschwenkt, bis man eine Linie zwischen eigener Position, Markierung auf der Säge oder vorderem Handgriff und dem Fällziel erkennt.

Anschließend steht man auf und dreht den Körper um 90°, Blick Richtung Schienenspitze. Geübte Sägenführer ziehen die Schiene entlang der Sehne parallel aus dem Sohlenschnitt heraus, behalten die Schienenrichtung bei und kippen lediglich die Motorsäge in den gewünschten Öffnungswinkel von 45° bis 60°. Danach erfolgt der Dachschnitt. Diese Säge- und Schnittposition ist recht exakt. Sie eignet sich zudem bei dickeren Stämmen, bei denen die Schiene zu kurz für die Ausformung des gesamten Dach- und Sohlenschnitts in einem Arbeitsgang ist. Geschickt ist die Dachschnittanlage deswegen, weil die Schnittführung des Dachs auf der rechten Seite vorgegeben ist und lediglich auf der linken Baumseite zu Ende geführt werden muss.

Stammfuß
Kapitel 5
Seite 140

Motorsägengeometrie
Kapitel 3
S. 51

Mit dem Sohlenschnitt beginnen: Die Motorsäge wird mit Daumengas zum Körper hingezogen.

Peilen über den vorderen Handgriff. Der Motorsägenführer lehnt sich dabei etwas zurück (Sohlenschnitt im Bild hoch ausgeführt wegen Verdachts auf Stammfäule).

Einen waagrechten Sohlenschnitt führen

Mit diesem Trick kann man viel Zeit sparen, da man nicht lästig nachschneiden muss. Unmittelbar bevor die Motorsägenschiene ans Holz zum Sohlenschnitt angehalten wird, lässt man den hinteren Handgriff der Säge kurz vollkommen los (rechte Hand). Dadurch wippt die Schienenspitze i.d.R. leicht nach oben, da das Motorgewicht der Säge schwerer als die Schiene ist und Motorsägen meist nicht ausbalanciert sind. Die linke Hand am vorderen Handgriff stellt den Drehpunkt der Wippe dar.

Nun ergreift man wieder den hinteren Motorsägenhandgriff mit der rechten Hand, schaut dabei von oben auf die Schiene und hebt den hinteren Handgriff soweit an, bis man glaubt, dass die Schiene waagrecht steht. Jetzt führt man die Kette ans Holz und beginnt mit dem Sohlenschnitt – es wird ein waagrechter Schnitt. Dieser Trick ist verblüffend, da die Motorsägenschiene fast immer waagrecht austariert wird, wenn man den hinteren Handgriff wieder festhält und die Waagrechte dabei mit den Augen prüft.

Eine saubere Sehne schneiden

Man kann für einen präzisen Dachschnitt die Fallkerbsehne nach außen hin mit Hilfe zweier kleiner Stöckchen verlängern. Die beiden Stöckchen liegen dann am Ende des Sohlenschnitts eng an der Sehne an und deuten damit deren Verlauf im Holzkörper an. Nun kann der Dachschnitt ganz einfach erfolgen, indem über die Motorsägenschiene vorne und hinten die beiden Stöckchen anvisiert werden. Verschwinden sie hinter der Schienenflucht, wird der Schnitt optimal ausgeführt.

Oben links und rechts: Verblüffend ist der Wippentrick, bei dem man unmittelbar vor Anlage des Sohlenschnitts den hinteren Handgriff kurz loslässt und die Säge anschließend fast immer perfekt waagrecht austariert werden kann. Unten links und rechts: Mit Stöckchen an der Fallkerbsehne lässt sich der Dachschnitt perfekt anlegen, indem man Stöckchen und Schiene in Deckung bringt.

Den klassischen Fallkerb schneiden und mit dem Dachschnitt beginnen:
Beginnt der Motorsägenführer mit dem Dachschnitt am Fallkerb, muss er die Säge beim Regelbaum nur leicht kippen auf den ungefähren Öffnungswinkel von 45° bis 60°. Das heißt, der Motorsägenführer peilt sein Fällziel auf der Höhe des Fallkerbdaches zunächst so an, als wolle er einen Sohlenschnitt durchführen; dann kippt er die Säge zu sich hin und schneidet den Dachschnitt.
Beim anschließenden Sohlenschnitt wird die Motorsägenschiene waagrecht im Sehnenbereich angehalten, um die genaue Höhe für den Sohlenschnitt zu erhalten. Zur präzisen Ausformung der Fallkerbsehne blickt man beim Einfächern (einfacher Fächerschnitt) der Schiene in den Dachschnitt hinein: Wird die Schiene der Säge im gesamten Schnitt sichtbar, ist der Fallkerb perfekt.

Oben: Waagrechtes Anhalten der Säge in Dachschnitthöhe.
Unten: Ankippen der Motorsäge für den Dachschnitt.

Fallkerbanlage bei dicken Bäumen, wenn die Schiene kürzer als die Stammwalze ist
Ist der Stamm ein wenig zu dick oder die Schiene ein bisschen zu knapp für einen Dachschnitt, kann man sich für einen sauberen Schnitt auf die in Fällrichtung linke Seite des Baumes stellen. Bei dieser Position ist nämlich der Motorblock der Säge nicht im Weg (denn die Schiene läuft auf der rechten Seite des Motorblocks).

Den negativen Fallkerb schneiden
In der Regel beginnt man diesen Schnitt mit dem Sohlen- bzw. Unterschnitt (Undercut). Beginnt man nämlich mit dem waagrechten Dachschnitt auf klassischer Sohlenebene und führt dann den Unterschnitt aus, kann die Schiene leicht einklemmen, da das Holz des Fallkerbs nach unten drückt. Für den Undercut steht der Motorsägenführer auf der in Fällrichtung rechten Seite des Baumes. Die flache Schiene zeigt in Fällrichtung, der Krallenanschlag befindet sich auf Höhe der geplanten Sehne. Jetzt nur noch die Motorsäge im nötigen Winkel nach vorne hin abkippen und die Säge mit einlaufender Kette in den Stamm einschwenken.

Oben: Schneiden des Fallkerbs von der linken Baumseite aus bei dicken Bäumen.
Unten: Sägenführung für den negativen Fallkerb.

Kasten-schnitt

Kapitel 5
S. 90 ff.

Motor-sägen-geometrie

Kapitel 3
S. 51

Die Fällrichtung überprüfen

Die waagrecht angelegte Sehne des Fallkerbs verläuft immer im 90°-Winkel zur Fällrichtung bzw. zum Richtungsschnitt des Kastenschnitts. Dieser Winkel – und damit die beabsichtigte Fällrichtung – lässt sich prüfen

- über den vorderen Handgriff bzw. die Markierung der Motorsäge (beim Sohlen- oder Dachschnitt),
- mit den Händen und Armen (vor dem Baum stehen, links und rechts zur Sehne greifen und dann die Arme nach vorne führen),
- mit einer Hand/einem Arm in Fällungsrichtung rechts neben dem Baum stehend und im 90°-Winkel zur Sehnenmitte nach vorne peilend (bei fertigem Fallkerb),
- mit dem Zollstock, dessen ausgeklappte Enden an die Fallkerbsehnenenden gelegt werden, wodurch ein gleichschenkliges Dreieck entsteht (bei geschnittener Sohle oder fertigem Fallkerb),
- mit dem Fällheber, dessen flaches Ende umgedreht an die Fallkerbsehne gelegt wird (fertiger Fallkerb),
- mit der Kluppe, die in den Fallkerb gelegt wird (fertiger Fallkerb) und
- durch Anschauen der Lage der Fallkerbe und Schiefe der Sohle von vorne, vom Fällziel aus.

Oben links: Peilen über den vorderen Handgriff der Motorsäge.
Oben rechts: Peilen mit dem in den Fallkerb eingelegten Fällheber (flache Seite nach oben).
Unten links: Peilen mit der in den Fallkerb eingelegten kleinen Kluppe.
Unten rechts: Prüfen der Fallkerbanlage von vorne.

Bilder linke Seite:
Peilen mit Händen und Armen. Der Motorsägenführer lehnt sich mit dem Rücken so in Fällungsrichtung an den Baumstamm, dass er zwischen seinen Beinen hindurch links und rechts an die Enden der Fallkerbsehne greifen kann. Richtet er sich dann mit aneinandergelegten Handflächen und ausgestreckten Armen auf, zeigen die Fingerspitzen in die Fällrichtung.

Bilder rechte Seite:
Alternativ kann man die Enden eines in der Hälfte abgeklappten Zollstocks an die Fallkerbsehnenenden stecken. Er formt dann ein gleichschenkliges Dreieck, über dessen Spitze der Motorsägenführer die Fällrichtung überprüfen kann.

Fällschnitttricks für eine optimal ausgeformte Bruchleiste und Bruchstufe

Um einen **waagrechten Fällschnitt** zu schneiden, kann man die Schiene vor dem Ansetzen zum Fällschnitt auf die Fallkerbsohle legen. So findet man das richtige Parallelmaß zwischen Fällschnitt und Sohle und erhält eine gut ausgeformte Bruchstufe. Der Fällschnitt muss selbstverständlich bei einem Regelbaum das Bruchstufenmaß von 10 % des Stammwalzendurchmessers einhalten. Also wird die Motorsägenschiene nach dem Maßholen (zuvor gesetzte Fällmarkierung für die Bruchstufe) entsprechend nach oben angehoben.

Motorsägengeometrie

Kapitel 3
S. 51

Eine gleichmäßig breite Bruchleiste kann man ausformen, indem man Parallelität zwischen ein- oder auslaufender Kette und der Sehne herstellt. Dazu die Sehne von schräg oben mit dem Führungsauge einsehen oder sie mit einem geraden Stöckchen nach außen verlängern.

Wenn ein Richtungsschnitt (z.B. bei der Kastenschnittanlage) am Baum geschnitten wurde, so kann die Parallelität der Bruchleiste leicht durch den 90°-Winkel der Schiene zum Richtungsschnitt hergestellt werden. Hier gibt es den zusätzlichen Trick des hessischen Fachlehrers Klingelhöfer, auf der Motorsägenschiene mehrere Markierungen aufzuzeichnen. Die Markierungen verlaufen im 90°-Winkel zur Schiene; also im Verlauf zur Fällrichtung.

Sehr hilfreich ist auch, die Schiene beim mehrfach gezogenem Fächerschnitt und der 50/50-Technik im Fällschnitt zu belassen, d.h. nicht noch einmal anzusetzen.

Oben und Mitte links: Die Schiene wird in den Fallkerb gelegt, um sich das Parallelmaß zu holen.
Unten links: Anheben der so justierten Motorsägenschiene auf Fällschnitthöhe.

Oben und unten rechts: Verlängerung der Fallkerbsehne mit einem Stöckchen, um die Bruchleiste parallel auszuformen.

7.3.2. Die Baumneigung ermitteln

Die Neigung von Seiten- und Rückhängern wird von derselben Position aus ermittelt. Beim Seitenhänger steht man in Fällrichtungsflucht, beim Rückhänger im rechten Winkel zur Fällrichtung.

Um die Kronenspitzenabweichung festzustellen, kann man das bloße Auge oder einen nicht ganz ausgeklappten Zollstock verwenden. Zwischen Daumen und Zeigefinger locker gehalten, hängt das schwere Ende des Zollstocks senkrecht nach unten. Das Gleiche kann mit Hilfe des Spalthammers bei ausreichender Muskelkraft erfolgen. Das Hammerende dient als Senkblei.

Als erstes wird die gewünschte Fällrichtung festgelegt und ein Punkt auf der Fällschneise bzw. im 90°-Winkel zur Fällschneise in 20 bis 30 m (besser noch in einer der ungefähren Baumhöhe entsprechenden) Entfernung aufgesucht. Von jenem Standort aus ermittelt man die Kronenspitzenabweichung zum Stammfuß. Zu diesem baumnahen Lotpunkt läuft man dann zurück und ermittelt dessen Abstand zum Stammfuß mit dem Schrittmaß **(a)**.

Seitenhänger

Kapitel 5
S. 118 ff.

Um eine geeignete Fälltechnik für einen Baum mit Seitenneigung zu ermitteln, z.B. durch Überrichten des Fallkerbs oder Schneiden nach dem Prinzip „Holz zieht Holz", geht man wie folgt vor:

Für das Überrichten des Fallkerbs läuft man wieder zum markierten Fällschneisenpunkt zurück und spiegelt das ermittelte Schrittmaß der Neigungsabweichung **(a)** an der Fällschneise **(a')**. Dieser neu ermittelte Punkt stellt nun das überrichtete Fällziel für die Baumfällung des seitlich hängenden Baumes dar. Für die einseitige Bruchleistenverbreiterung nach dem Prinzip „Holz zieht Holz" wird am Fällschneisenpunkt eine Markierung in Neigungsrichtung mit dem Schrittmaß der Lotabweichung festgelegt **(b)**.

einseitige Bruchleistenverbreiterung

Kapitel 5
S. 120

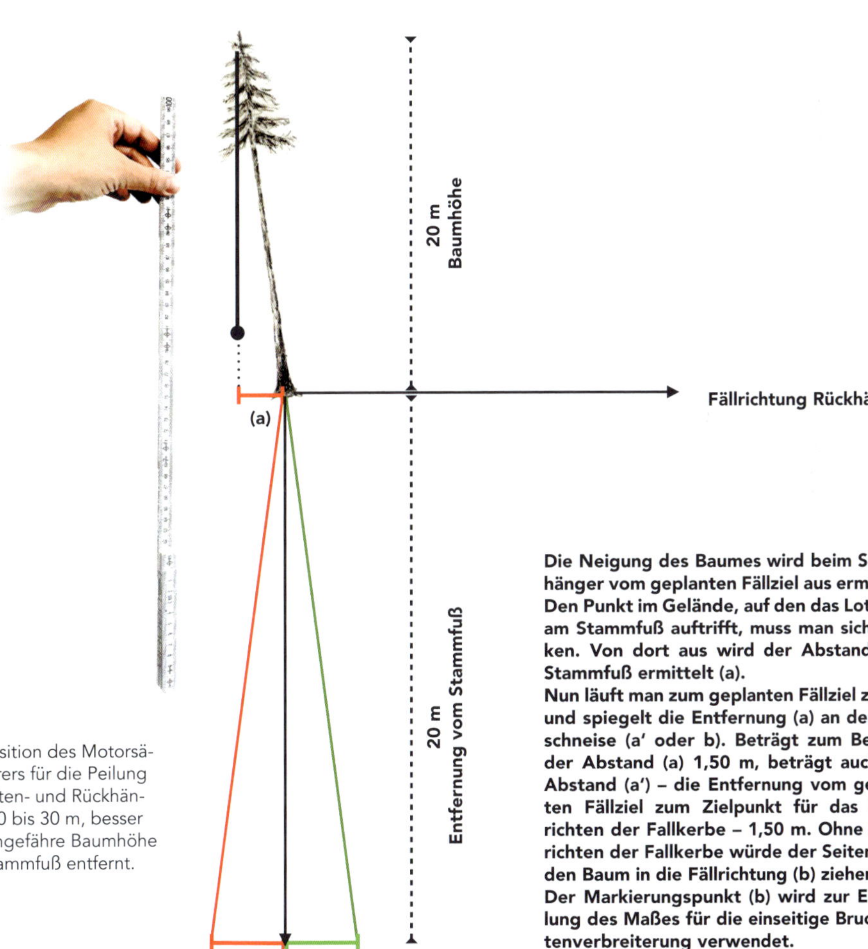

PMS: Position des Motorsägenführers für die Peilung von Seiten- und Rückhängern: 20 bis 30 m, besser noch ungefähre Baumhöhe vom Stammfuß entfernt.

Die Neigung des Baumes wird beim Seitenhänger vom geplanten Fällziel aus ermittelt. Den Punkt im Gelände, auf den das Lot nahe am Stammfuß auftrifft, muss man sich merken. Von dort aus wird der Abstand zum Stammfuß ermittelt (a).
Nun läuft man zum geplanten Fällziel zurück und spiegelt die Entfernung (a) an der Fällschneise (a' oder b). Beträgt zum Beispiel der Abstand (a) 1,50 m, beträgt auch der Abstand (a') – die Entfernung vom geplanten Fällziel zum Zielpunkt für das Überrichten der Fallkerbe – 1,50 m. Ohne Überrichten der Fallkerbe würde der Seitenhang den Baum in die Fällrichtung (b) ziehen.
Der Markierungspunkt (b) wird zur Ermittlung des Maßes für die einseitige Bruchleistenverbreiterung verwendet.

7.4. Packhaken- und Packzangentrick

Beim Westernhelden hängt links und rechts am Gürtel je ein Revolver, so dass er bei Bedarf zwei Waffen ziehen kann. Ähnlich kann sich der Waldarbeiter für die Aufarbeitung von gefällten Bäumen bewaffnen, wobei die Revolver durch Packhaken und Packzange ersetzt werden.

Hindern Äste und Stammteile beim Nachvornegehen am Stamm, können diese z.B. schnell mit Hilfe der beiden Geräte zur Seite weggezogen werden. In der linken Gürteltasche wird der Packhaken platziert; sein Haken zeigt in der Tasche nach vorn. Die Packzange hängt auf der rechten Seite. Das Ende des Zangengriffs zeigt nach hinten. Das jeweils benötigte Gerät kann so fürs ergonomische und effiziente Arbeiten sofort gezogen werden.

Mit dem **Packhaken** wird ein Ast wie folgt zur Seite geschafft: Die Motorsäge wird in der linken Hand am vorderen Handgriff getragen. Die Säge hängt dabei am langen Arm. Mit der rechten Hand greift man den Packhaken in der linken Tasche und zieht diesen aus dem Holster. Mit dem Haken können so Äste ausgezeichnet eingehakt und lässig beiseite geräumt werden.

Mit der **Packzange** werden i.d.R. größere Äste und Stammteile zur Seite weggezogen. Dazu braucht man meistens beide Hände. Die Packzange kann als Zange oder als Kurzsappie verwendet werden.

Packzange

Kapitel 4
S. 64 ff.

7.5. Seil aufnehmen: Wie geht man vor?

Zuerst wird die Mitte des gesamten Seils gesucht (z.B. liegt die Mitte bei einem 50 m langen Seil bei 25 m). Die Mitte lässt sich leicht finden, indem man beide Seilenden nimmt und von diesen aus das Seil entlang streift, bis die Seilmitte in einem Bogen erreicht ist **(1)**.

Der Seilaufnehmer ergreift den Bogen im Seil (= Seilmitte) mit einer Hand (Sammelhand) und lässt die zwei Seilenden zu Boden fallen. An einer ganzen Armlänge wird nun mit der anderen Hand (Führungshand) das Doppelseil gestreckt. Das geht am leichtesten, indem man den Arm der Sammelhand mit dem Seilbogen zur Seite hin waagrecht wegstreckt und die Führungshand vor die Brust hält. Man lässt das doppelte Seil durch die Führungshand fließen, bis der Arm der Sammelhand komplett ausgestreckt ist. In dieser Position hält die Führungshand das Seil fest **(2)**.

Nun werden einfach die Handpositionen am Doppelseil verändert: Die Hand im Seilbogen, die Sammelhand, greift zur Position der anderen Hand, der Führungshand, und hält das doppelte Seil an dieser Stelle fest. Das Seilende mit dem Bogen bildet damit die erste Seilwicklung und hängt zur Seite herab **(3)**.

Jetzt fährt die Führungshand am Doppelseil entlang, bis beide Arme zur Seite voll ausgestreckt eine ganze Armspanne bilden **(4)**.

In die Sammelhand übergibt die Führungshand ihren Seilteil. Die Sammelhand greift dazu die gesamte Seillänge der Armspanne. Dabei muss darauf geachtet werden, dass die neu entstandene Seilwicklung entgegengesetzt zur ersten Wicklung über die Sammelhand gelegt wird **(5)**.

Die Seilaufnahme wird so lange wiederholt **(6)**, bis man die zwei losen Endstücke sieht. Die Enden müssen in etwa eine Restlänge von 2,5 m aufweisen. Über das Handgelenk der Sammelhand ist nun das Seil aufgenommen; die Seilgabe ist zu sehen **(7)**.

Die beiden losen Enden werden mehrmals unterhalb der Sammelhand um die Seilgabe herumgewickelt **(8 und 9)**. Bei jeder Umwickelung kann man mit der Sammelhand die beiden Seilenden festhalten, bis die Führungshand die Enden wieder übernimmt. Die Führungshand wird i.d.R. hinter der Seilgabe geführt **(10 bis 13)**.

Zuletzt verbleiben 1,2 bis 1,5 m der beiden Seilenden. Jetzt wird der sogenannte Gasketknoten gebunden. Dazu zieht man die Sammelhand nach hinten durch die Seilgabe hindurch **(14)** und nimmt dabei die beiden Seilenden mit. Es entsteht eine Seilschlaufe **(15)**. Diese Seilschlaufe wird – wie eine Kapuze, weshalb wir den Knoten Kapuzenknoten nennen – über die Seilgabe gestülpt **(16)**. Schon fertig **(17)**.

Man kann die fertige Seilgabe wie einen Rucksack transportieren; das erleichtert das Tragen wesentlich. Der Seilrucksack entsteht, indem man die beiden Seilenden trennt und zu Schultergurten umfunktioniert **(18)**. Die Seilenden werden über die Schulter hinter den Rücken geführt und dort über der Seilgabe überkreuz geschlagen **(19)**. Anschließend werden die beiden Seilenden wieder nach vorne vor den Bauch geführt **(20)**. Nochmals die Seilenden hinter den Rücken führen **(21)** und schließlich vor dem Bauch verknoten bzw. einen einfachen Knoten und eine schöne Schleife binden. Fertig ist der Seilrucksack **(22)**, der im Übrigen (wie das Bergsteiger in Notsituationen machen) auch als Rückentrage für einen transportfähigen Verletzten dienen kann.

So nimmt man ein Seil auf: (1) Seilmitte suchen, (2) Seilmitte in die Sammelhand nehmen und den Arm ausstrecken, das Seil gleitet durch die Führungshand vor der Brust. (3) Die Sammelhand greift an die Position der Führungshand.

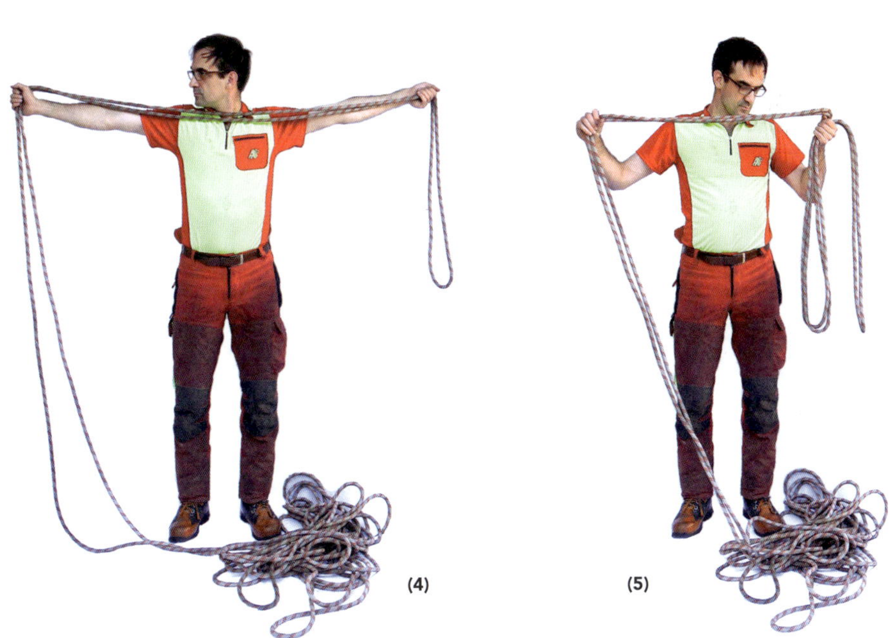

(4) Das Seil mit Führungshand und Sammelhand über die ganze Armspanne laufen lassen. (5) Die Sammelhand ergreift das Seil an der Handposition der Führungshand. Diese Seilschlaufe liegt auf der Seite der Handinnenfläche, während die erste Schlaufe auf der Handrückenseite liegt.

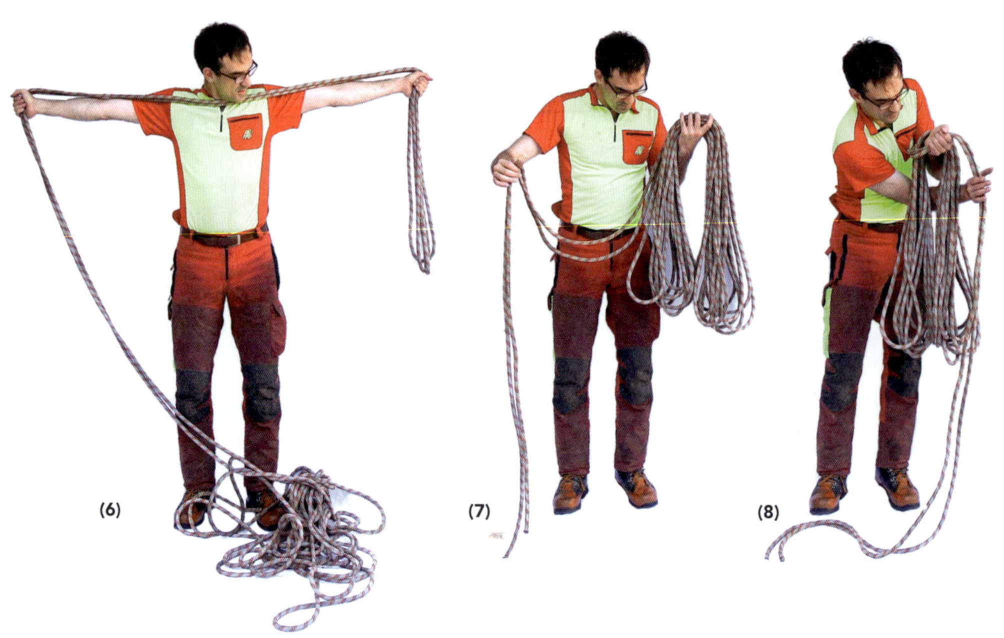

(6 und 7) Die Seilaufnahme wird so lange wiederholt, bis man die zwei losen Endstücke sieht (Restlänge 2,5 m). In der Handfläche der Sammelhand ist nun das Seil aufgenommen (Seilgabe).
(8 und 9) Die losen Enden des Seils mehrmals unterhalb der Sammelhand um die Seilgabe wickeln.

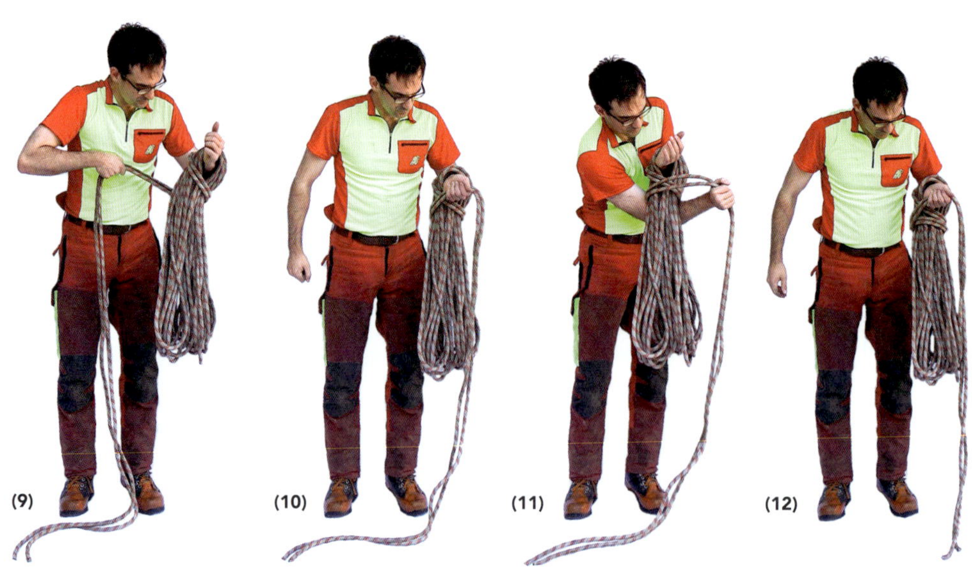

(10 und 11) Bei jeder Umwickelung kann man mit der Sammelhand die Seilenden festhalten, bis die Führungshand sie wieder übernimmt. Die Führungshand wird i.d.R. hinter der Seilgabe geführt.
(12) Zuletzt verbleiben ca. 1,50 m doppeltes Seilende, das in der Sammelhand gehalten wird.

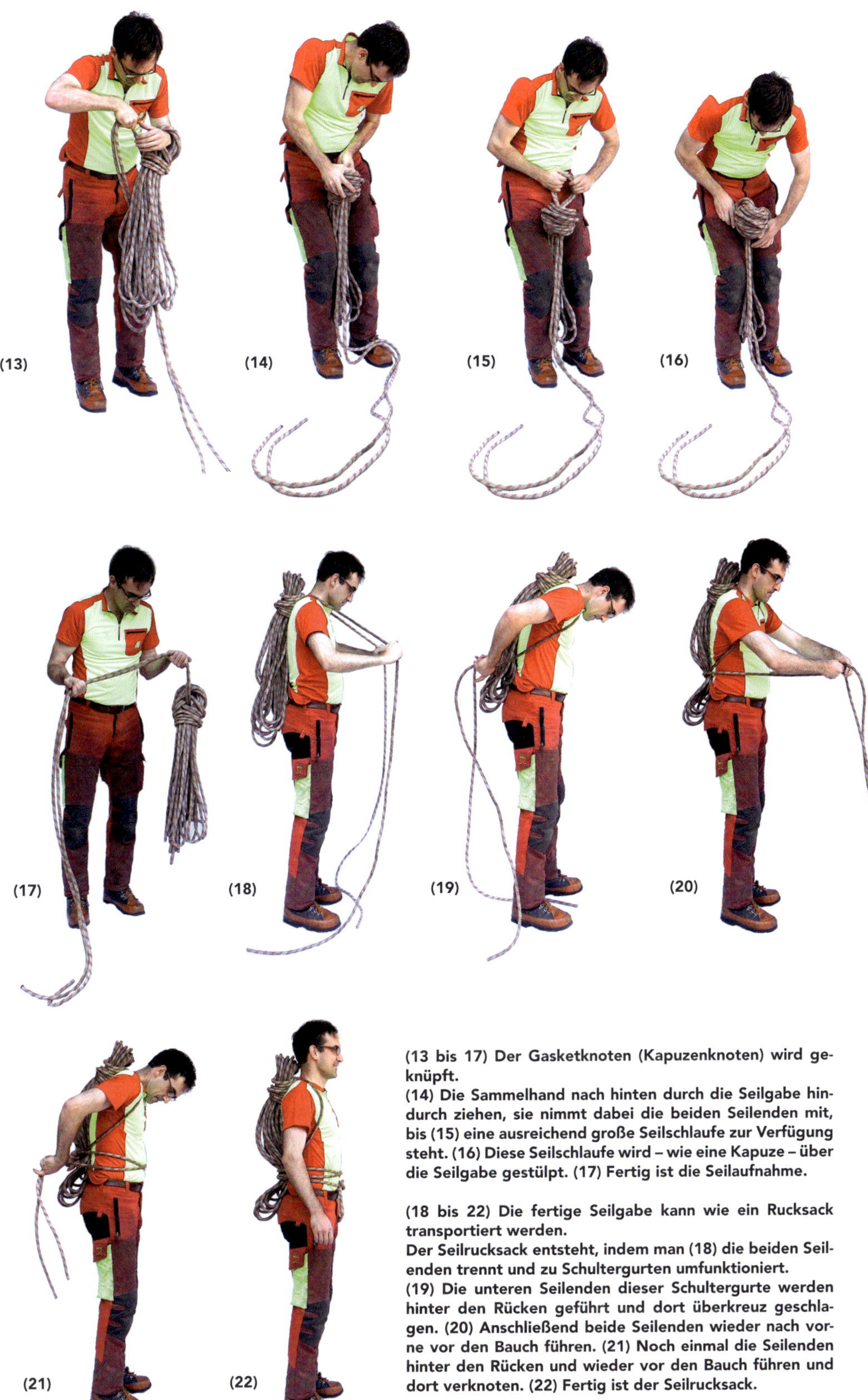

(13 bis 17) Der Gasketknoten (Kapuzenknoten) wird geknüpft.
(14) Die Sammelhand nach hinten durch die Seilgabe hindurch ziehen, sie nimmt dabei die beiden Seilenden mit, bis (15) eine ausreichend große Seilschlaufe zur Verfügung steht. (16) Diese Seilschlaufe wird – wie eine Kapuze – über die Seilgabe gestülpt. (17) Fertig ist die Seilaufnahme.

(18 bis 22) Die fertige Seilgabe kann wie ein Rucksack transportiert werden.
Der Seilrucksack entsteht, indem man (18) die beiden Seilenden trennt und zu Schultergurten umfunktioniert.
(19) Die unteren Seilenden dieser Schultergurte werden hinter den Rücken geführt und dort überkreuz geschlagen. (20) Anschließend beide Seilenden wieder nach vorne vor den Bauch führen. (21) Noch einmal die Seilenden hinter den Rücken und wieder vor den Bauch führen und dort verknoten. (22) Fertig ist der Seilrucksack.

Stichwortverzeichnis

Abkürzungen

AVS = Antivibrationssystem
BHD = Brusthöhendurchmesser
CE = Conformité Européenne
DGUV = Deutsche Gesetzliche Unfallversicherung
D = Druckholzseite
DIN = Deutsches Institut für Normung
DST = Darmstädter Seilzugtechnik
F = Formelzeichen für „Kraft"
FPA = Forsttechnischer Prüfungsausschuss
FTF = Forest Tractive Force
GMV = Gesunder Menschenverstand
HD-Wert = Höhe-Durchmesser-Verhältnis
i.d.R. = in der Regel
KAT = Königsbronner Anschlagtechnik
KST = Königsbronner Stahlseiltechnik
KWF = Kuratorium für Waldarbeit und Forsttechnik
MGV = Modifiziertes Goldberger Verfahren
MKS = „Mach kein Schiet" oder Motorkettensäge
N = neutrale Holzspannung
PMS = Position Motorsägenführer
PSA = Persönliche Schutzausrüstung
SVLFG = Sozialversicherung für Landwirtschaft, Forsten und Gartenbau
SWD = Stammwalzendurchmesser
TOP = Technik, Organisation, Personen
VSG = Vorschriften für Sicherheit und Gesundheitsschutz (SVLFG)
WLL = Work Load Limit
Z = Zugholzseite

Einheiten

cm: Zentimeter
cm^3: Kubikzentimeter
kg: Kilogramm
kN: Kilonewton
kW: Kilowatt
m: Meter
min: Minuten
mm: Millimeter
PS: Pferdestärke
s: Sekunden
t: Tonne
" : Zoll
° : Grad

Nachwort

So mancher stand uns bei der Herstellung dieses Kompendiums mit klugem Rat und kräftiger Tat, Akribie bei der Durchsicht des Manuskriptes und wertvollen Hinweisen zur Seite.
Unser Dank gilt: Andreas Bosk, Anton Wilhelm, Björn Schäfer, Gotlind Klose, Gudrun Schäfer, Jörg Clees, Dr. Johannes Klose, Paula Schäfer, Thomas Jäger und Torsten Drübert.

Achtung! Baum fällt!